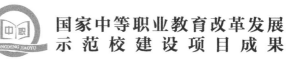
国家中等职业教育改革发展
示范校建设项目成果

机械技术基础
——机械制图与零件测绘

jixie jishu jichu

主　编　张秀红

副主编　梁灵活

参　编　朱亚林　朱雪华　肖　煜

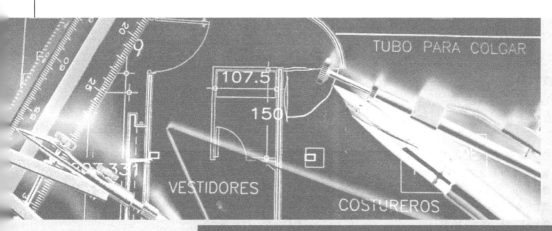

知识产权出版社
全国百佳图书出版单位

责任编辑：石陇辉　　　　　　　　责任校对：韩秀天

封面设计：刘　伟　　　　　　　　责任出版：卢运霞

图书在版编目（CIP）数据

机械技术基础：机械制图与零件测绘 /张秀红主编．
—北京：知识产权出版社，2013.7
　　国家中等职业教育改革发展示范校建设项目成果
　　ISBN 978 - 7 - 5130 - 2192 - 0

　Ⅰ．①机…　Ⅱ．①张…　Ⅲ．①机械学—中等专业学校
—教材　Ⅳ．①TH11

中国版本图书馆 CIP 数据核字（2013）第 175817 号

国家中等职业教育改革发展示范校建设项目成果

机械技术基础

——机械制图与零件测绘

张秀红　主编

出版发行：**知识产权出版社**

社　　址：北京市海淀区西外太平庄55号　　　　　邮　　编：100081

网　　址：http：//www.ipph.cn　　　　　　　　邮　　箱：bjb@cnipr.com

发行电话：010－82000860 转 8101/8102　　　　传　　真：010－82005070/82000893

责编电话：010－82000860 转 8175　　　　　　责编邮箱：shilonghui@cnipr.com

印　　刷：北京中献拓方科技发展有限公司　　　经　　销：新华书店及相关销售网点

开　　本：787mm×1092mm　1/16　　　　　　印　　张：22

版　　次：2014 年 1 月第 1 版　　　　　　　　印　　次：2015 年 8 月第 2 次印刷

字　　数：485 千字　　　　　　　　　　　　　定　　价：68.00 元

ISBN 978-7-5130-2192-0

审定委员会

主　任：高小霞

副主任：郭雄艺　　罗文生　　冯启廉　　陈　强

　　　　刘足堂　　何万里　　曾德华　　关景新

成　员：纪东伟　　赵耀庆　　杨　武　　朱秀明　　荆大庆

　　　　罗树艺　　张秀红　　郑洁平　　赵新辉　　姜海群

　　　　黄悦好　　黄利平　　游　洲　　陈　娇　　李带荣

　　　　周敬业　　蒋勇辉　　高　琰　　朱小远　　郭观棠

　　　　祝　捷　　蔡俊才　　张文库　　张晓婷　　贾云富

序

根据《珠海市高级技工学校"国家中等职业教育改革发展示范校建设项目任务书"》的要求，2011年7月至2013年7月，我校立项建设的数控技术应用、电子技术应用、计算机网络技术和电气自动化设备安装与维修四个重点专业，需构建相对应的课程体系，建设多门优质专业核心课程，编写一系列一体化项目教材及相应实训指导书。

基于工学结合专业课程体系构建需要，我校组建了校、企专家共同参与的课程建设小组。课程建设小组按照"职业能力目标化、工作任务课程化、课程开发多元化"的思路，建立了基于工作过程、有利于学生职业生涯发展、与工学结合人才培养模式相适应的课程体系。根据一体化课程开发技术规程，剖析专业岗位工作任务，确定岗位的典型工作任务，对典型工作任务进行整合和条理化。根据完成典型工作任务的需求，四个重点建设专业由行业企业专家和专任教师共同参与的课程建设小组开发了以职业活动为导向、以校企合作为基础、以综合职业能力培养为核心，理论教学与技能操作融合贯通的一系列一体化项目教材及相应实训指导书，旨在实现"三个合一"：能力培养与工作岗位对接合一、理论教学与实践教学融通合一、实习实训与顶岗实习学做合一。

本系列教材已在我校经过多轮教学实践，学生反响良好，可用做中等职业院校数控、电子、网络、电气自动化专业的教材，以及相关行业的培训材料。

珠海市高级技工学校

前　　言

　　本书是数控技术应用专业优质核心课程的教材。课程建设小组以数控技术应用职业岗位工作任务分析为基础，以国家职业资格标准为依据，以综合职业能力培养为目标，以典型工作任务为载体，以学生为中心，运用一体化课程开发技术规程，根据典型工作任务和工作过程设计课程教学内容和教学方法，按照工作过程的顺序和学生自主学习的要求进行教学设计并安排教学活动，共设计了13个学习任务，每个学习任务下设计了多个学习活动，每个学习活动通过多个教学环节完成学习活动。通过这些学习任务，重点对学生进行数控技术应用行业的基本技能、岗位核心技能的训练，并通过完成机械技术基础典型工作任务的一体化课程教学达到与数控技术应用专业对应的数车、数铣/加工中心方向岗位的对接，实现"学习的内容是工作，通过工作实现学习"的工学结合课程理念，最终达到培养高素质技能人才的培养目标。

　　本书由我校数控技术应用专业相关人员与旺磐精密机械有限公司等单位的行业企业专家共同开发、编写完成。全书由张秀红担任主编，梁灵活担任副主编，参加编写的人员有朱亚林、朱雪华、肖煜，全书由张秀红统稿，陈强、蓝韶辉对本书进行了审稿与指导。本书在编写过程得到过阳意慧、方小芬、曾健老师的支持帮助，在此表示衷心的感谢！

　　由于时间仓促，编者水平有限，加之改革处于探索阶段，书中难免有不妥之处，敬请专家、同仁给予批评指正，为我们的后续改革和探索提供宝贵的意见和建议。

编者

目　　录

学习任务一
减速器认知

【学习目标】

专业能力
(1) 测绘基本能力（零件测绘的方法）。
(2) 绘图基本能力（制图技能：徒手绘图、尺规绘图）。
(3) 专业资料查询能力（查阅有关资料、说明书等认知减速器）。
(4) 掌握减速器的结构特点及组成零件类型。

方法能力
(1) 自学能力（通过图书资料或网络获取信息）。
(2) 分析判断能力（减速器组成零件的类型等）。
(3) 分析问题和解决问题的能力（对图样基础知识的简单运用）。
(4) 观察和动手能力（测绘能力）。

社会能力
(1) 团队协作意识的培养。
(2) 语言沟通和表达能力。
(3) 展示学习成果能力。

【建议课时】

28 学时

【工作流程与活动】

学习活动一：领取任务、制订工作计划	2 学时
学习活动二：分组、查阅资料	2 学时
学习活动三：6S 管理	2 学时
学习活动四：减速器认知	4 学时
学习活动五：图样基础知识	6 学时
学习活动六：测绘视孔盖板，绘制平面图形	10 学时
学习活动七：工作总结、展示与评价	2 学时

【工作情景描述】

某企业要研发新型单级圆柱齿轮减速器，需要测绘同类产品的全部零件，供设计时参考。现委托学习小组整理 ZD99 型单级圆柱齿轮减速器的相关技术资料——工作原理、功能结构特点及各零件的类型等。

【学习任务描述】

各学习小组接受减速器认知任务后，在老师的指导下，仔细观察、分析 ZD99 型单级圆柱齿轮减速器，参阅有关资料、说明书，掌握该部件的功用、工作原理、结构特点以及各零件的类型（见图 1-1）。

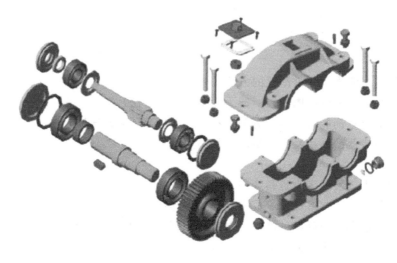

图 1-1

学习活动一　领取任务、制订工作计划

【学习目标】

（1）能解读减速器认知的工作任务。
（2）能制订工作计划书。
建议学时：2 学时
学习地点：制图一体化实训室

【学习准备】

组织教学、准备资料、现场讲解。

【学习过程】

一、引导问题

机械制造行业中，根据什么来组装、检验、使用和维修机器以及进行技术交流？

在初中，我们学习过六面体、圆柱体等简单形体的表达方式，那么，对于复杂物体，例如减速器，我们又该如何表示呢？

二、任务描述

配合多媒体课件，指导学生完成下面的工作页填写。

1. 提出工作任务

减速器认知。

2. 任务讲解

各学习小组接受减速器认知任务后，在老师的指导下，根据 ZD99 型减速器的结构特点，掌握单级圆柱齿轮减速器功用、工作原理、功能结构特点及零件类型，并掌握机械图样的基础知识。

3. 知识点、技能点

知识点：①减速器的功能结构；②国家制图基本规定。

技能点：①减速器的零件分类；②尺规绘图的技能技巧。

三、做一做

（1）请谈谈学习"机械技术基础——机械制图与零件测绘"这门一体化实训课程的方法，与以往的课程学习方法有何不同。

（2）解读减速器认识的工作任务，并制订工作计划书（见表 1-1）。

表 1-1

任务一	减速器认识		
工作目标			
学习内容			
执行步骤			
接受任务时间	年　月　日	完成任务时间	年　月　日
计划制订人		计划承办人	

学习活动二　分组、查阅资料

【学习目标】

（1）能借助技术资料、手册及网络，查阅减速器的功能及其组成零件。

（2）了解测绘的意义和作用。

建议学时：2学时

学习地点：制图一体化实训室

【学习准备】

（1）讲解收集资料与制定方案的方法。

（2）准备资料、手册，开放网络连接。

【学习过程】

一、引导问题

前面我们已经初步了解了本任务的学习目的、学习内容与执行步骤，接下来我们该如何开展呢？首先我们要有团队协作意识！

二、任务描述

通过完成本任务的第一个学习活动，大家都已经明确了工作任务，本学习活动完成信息查询、制订方案，并通过网络及其他途径查阅减速器的功能及其零件类型。

具体要求是：各小组发挥团队合作精神，通过分工合作查阅资料，讨论完成工作计划书，在此过程中，每一位同学必须初步掌握减速器的结构特点及其组成零件，并能回答工作页中提出的问题。

三、做一做

现在你已经进入了一个工作团队并了解了教学内容，接下来你应该：

（1）跟团队的其他同事讨论一下，写出你的职责说明书，明确个人与他人、个人与团队合作过程中的角色特点。

（2）查阅相关技术资料，试说明减速器的类型及其功能。

（3）请查阅、整理下一步要学习的知识点的相应资料。

学习活动三　6S 管理

【学习目标】

（1）能按 6S 理念管理实训工作现场。

（2）能严格遵守制图与测绘一体化实训室管理规章制度。

建议学时：2 学时

学习地点：制图一体化实训室

【学习准备】

（1）6S 管理与 ISO 标准。

（2）减速器。

（3）计算机、移动投影、投影布幕、实物投影仪（辅助教学）。

（4）多媒体课件。

【学习过程】

一、引导问题

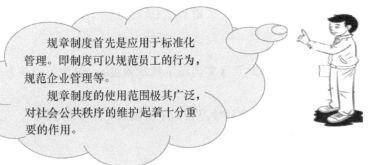

规章制度首先是应用于标准化管理。即制度可以规范员工的行为，规范企业管理等。

规章制度的使用范围极其广泛，对社会公共秩序的维护起着十分重要的作用。

二、任务描述

配合多媒体课件，指导学生完成下面的工作页填写。

"6S 管理"由日本企业的 5S 扩展而来，是现代工厂行之有效的现场管理理念和方法，其作用是：提高效率、保证质量、使工作环境整洁有序、以预防为主、保证安全。6S 的本质是一种有执行力的企业文化，强调纪律性的文化，不怕困难，想到做到，做到做好。落实基础性的 6S 工作，能为其他管理活动提供优质的管理平台（见图 1-2）。

图 1-2

图 1-2（续）

三、做一做

（1）查阅《实训学员守则》及《实训场室规章制度》，包含了哪些方面的内容，并谈谈你该如何遵守。

（2）请列举学习 6S 后你在今后学习实训中应做的有关 6S 的事例。

（3）整理、整顿、清扫实训室。

学习活动四　减速器认知

【学习目标】

（1）能正确认知单级圆柱齿轮减速器的结构、功用。

（2）能正确认知单级圆柱齿轮减速器的工作原理。

（3）能正确认知单级圆柱齿轮减速器的零件分类。

（4）能正确使用简单的测量工具并测绘机械零件。

建议学时：4 学时

学习地点：制图一体化实训室

【学习准备】

（1）教材：《机械制图》、《部件测绘实训教程》。

（2）专业资料：《机械设计手册》。

（3）减速器。

（4）测量工具、绘图工具。

（5）计算机、移动投影、投影布幕、实物投影仪（辅助教学）。

（6）多媒体课件。

【学习过程】

一、引导问题

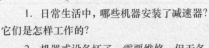

1. 日常生活中,哪些机器安装了减速器?它们是怎样工作的?

2. 机器或设备坏了,需要维修,但无备件又无图样,我们该怎么办呢?

二、任务描述（见表 1-2）

配合多媒体课件,指导学生完成下面的工作页填写。

表 1-2

学习活动	学习任务	任务目标	课时
减速器认知	(1) 减速器的结构、功用	(1) 能正确认知单级圆柱齿轮减速器的结构、功用、工作原理、零件类型 (2) 能正确测绘机械零件	4
	(2) 减速器的工作原理		
	(3) 减速器的组成零件及其分类		
	(4) 机械零件测绘的方法、步骤与注意事项		

三、做一做

(1) 分组查资料并描述减速器零件名称、结构、功用、工作原理、零件分类。

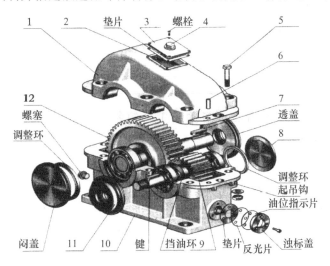

图 1-3

1) 在表 1-3 中填写图 1-3 中各序号的零件名称。

表 1 - 3

序号	名称	序号	名称	序号	名称
1		5		9	
2		6		10	
3		7		11	
4		8		12	

2）回答以下问题。

减速器结构：_____

_____

_____

减速器功用：_____

_____

_____

减速器工作原理：_____

_____

_____

_____

_____

3）减速器零件按形状分类（见表 1 - 4）。

表 1 - 4

零件分类	所属零件名称
轴套类	
盘盖类	
箱壳类	
常用件	
标准件	

（2）分组查资料，讨论并描述各测量工具的名称、规格、功能及使用。

1）图 1 - 4 中工具的名称：_____；

工具的规格：_____；

工具的功能：_____；

工具的使用方法：_____

_____

_____

_____；

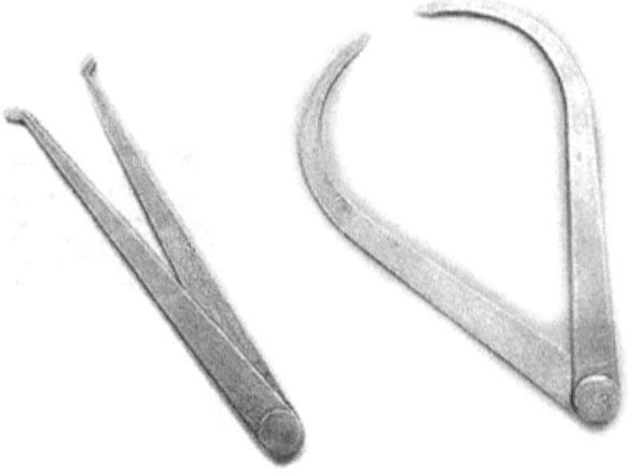

图 1 - 4

2）图 1 - 5 中工具的名称：_____；

工具的规格：_____；

工具的功能：_____；

工具的使用方法：_____

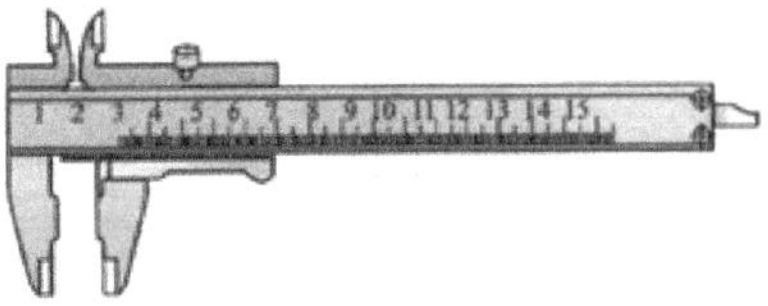

_____

_____。

3）图1-6中工具的名称：_____；

工具的规格：_____；

工具的功能：_____；

工具的使用方法：_____

_____

_____；

4）图1-7中工具的名称：_____；

工具的规格：_____；

工具的功能：_____；

工具的使用方法：_____

_____

_____

_____。

图1-5

图1-6

图1-7

学习活动五　图样基础知识

【学习目标】

（1）能正确区分装配图与零件图。

（2）能根据《机械制图》国标的基本规定进行绘图及标注尺寸。

（3）能掌握圆弧连接作图的技能技巧。

建议学时：6学时

学习地点：制图一体化实训室

【学习准备】

（1）教材：《机械制图》、《机械制图新国家标准》。

（2）专业资料：《机械设计手册》。

（3）减速器。

（4）测量工具、绘图工具。

（5）计算机、移动投影、投影布幕、实物投影仪（辅助教学）、多媒体课件。

【学习过程】

一、引导问题

图样被称为工程技术上的语言，工程图样被称为"工程话"。人们在工厂里经常听到这样一句话，就是"按图施工"，如果我们没有掌握机械制图的知识，就无法做到按图施工。这就从一个侧面告诉我们，图样在工业生产中有着极其重要的地位和作用。作为一个工程技术人员，如果不懂得画图，不懂得看图，在企业里就无法从事技术生产工作。

二、任务描述

配合多媒体课件，指导学生完成下面的工作页填写。

（1）机械图样（零件图与装配图）；

（2）制图基本规定（图幅、比例、字体、图线）；

（3）尺寸标注（基本规则、尺寸标注的三要素）；

（4）尺规绘图（绘图工具的使用、平面图形画法）。

三、做一做

（1）参阅图1-8，试说说机械图样中包含哪些内容。

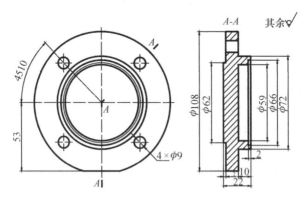

图 1-8

（2）图纸的基本幅面代号有哪几种？请完成表1-5。（你能发现其中的规律吗？）

表 1 - 5

幅面代号	幅面尺寸	周边尺寸		
	B×L	a	b	c
A0				
A1				
A2				
A3				
A4				

（3）图线有 _____ 、_____ 、_____ 、_____ 、_____ 、_____ 、_____ 、_____ 、_____ 9种类型。画可见轮廓线时，需使用 _____ ；画轴线时，需使用 _____ ；绘制尺寸线及尺寸界线时，需使用_____ 。

（4）请列出在机械制图中图线画法需要注意的地方（两点即可）。

_____

_____

（5）请列出标注尺寸的基本规则（五条即可）。

_____

_____

_____

_____

_____

（6）标注时，圆的直径数字前面加注 _____ ，圆弧半径数字前面加注 _____ ，符号 C 的含义是_____ ，符号 SR 的含义是_____ 。

（7）在图 1-9 中完成尺寸标注练习（补箭头，量取长度，标注尺寸）；量取角度，标注角度。

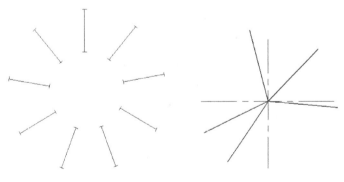

图 1-9

（8）在图 1-10 中仿照左图标注尺寸。

（9）图 1-11 为某零件加工图纸的一部分，请将其中错误的尺寸标注改正过来。

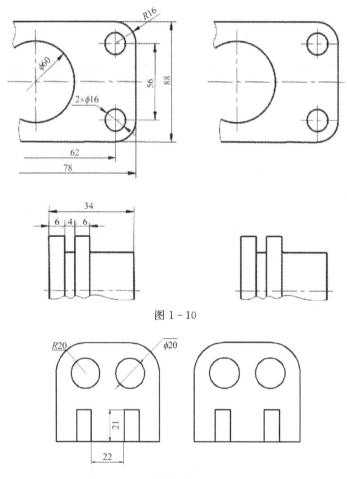

图 1-10

图 1-11

（10）请按 1：1 的比例绘制图 1-12 所示图形。

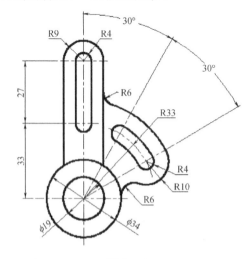

图 1-12

(11) 请按 2：1 的比例抄画图 1－13 所示图形。

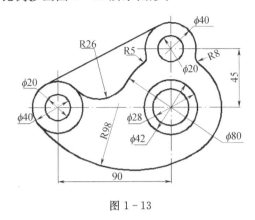

图 1－13

学习活动六 测绘视孔盖板，绘制平面图形

【学习目标】

(1) 能正确选择图纸，合理布图，绘制零件图。
(2) 能按国标规定正确标注尺寸。
(3) 能按照尺规绘图的操作步骤绘制简单平面图形。
建议学时：10 学时
学习地点：制图一体化实训室

【学习准备】

(1) 教材：《机械制图》、《机械制图新国家标准》。
(2) 专业资料：《机械设计手册》。
(3) 减速器。
(4) 测量工具、绘图工具
(5) 计算机、移动投影、投影布幕、实物投影仪（辅助教学）、多媒体课件。

【学习过程】

一、引导问题

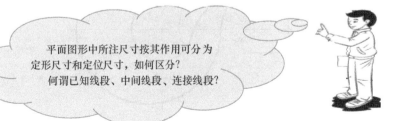

平面图形中所注尺寸按其作用可分为
定形尺寸和定位尺寸，如何区分？
何谓已知线段、中间线段、连接线段？

二、任务描述

配合多媒体课件，指导学生完成下面的工作页填写。

1. 提出工作任务

（1）绘制齿轮减速器的视孔盖板零件图。

（2）绘制机械手柄等平面图形。

2. 任务讲解

本次学习任务是绘制齿轮减速器的视孔盖板零件图，绘制机械手柄等平面图形，在绘制零件图之前，我们必须要学习测量的一些基本知识及机械制图绘图的一些技能技巧。

（1）平面图形的分析与作图。

（2）尺规绘图的操作步骤。

（3）测绘的基本方法。

三、做一做

（1）分析减速器，测绘视孔盖板零件，并选用 A4 图纸，绘制视孔盖板零件工作图。

（2）分析手柄线段，选用 A4 图纸，按 2∶1 绘制图 1-14 中机械手柄零件工作图。

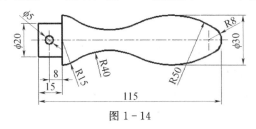

图 1-14

【小拓展】

（1）分析吊钩线段，选用 A4 图纸，按 2∶1 抄画图 1-15 中吊钩零件工作图（选做）。

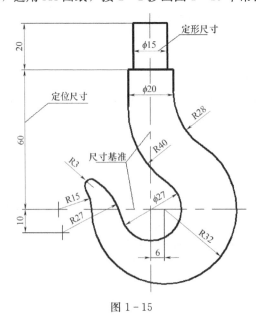

图 1-15

14

（2）分析挂轮架线段，选用 A4 图纸，按 1：2 抄画挂轮架平面图（选做）见图 1–16。

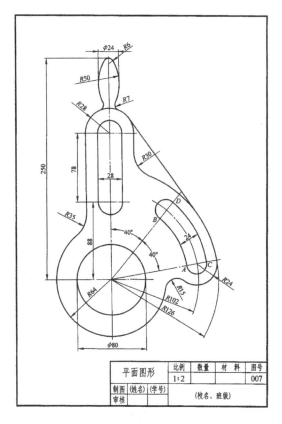

平面图形	比例	数量	材料	图号
	1：2			007
制图 (姓名)(学号)				
审核		(校名、班级)		

图 1–16

学习活动七　工作总结、展示与评价

【学习目标】

（1）掌握总结报告的格式与写法，独立撰写工作总结。

（2）了解 PPT 的制作方法。

（3）能展示工作成果并进行工作总结。

建议学时：2 学时

学习地点：制图一体化实训室

【学习准备】

（1）任务书。

（2）演示文稿 PPT。

（3）互联网资源、多媒体设备、工作页、计算机。

【学习过程】

一、引导问题

通过本任务学习，你学会了些什么？你对工作过程满意吗？你觉得还有哪些地方是需要改进的？你将如何通过PPT制作，把减速器认知的工作过程及工作成果展示出来？

二、任务描述

（1）学习总结报告的书写格式与写法。

（2）了解演示文稿PPT的制作方法。

（3）学生自评、互评，独立书写工作总结报告，通过小组评价和成果展示，培养自信心，提高表达能力。

（4）指导学生演讲、展示工作成果、工作总结报告。

配合多媒体课件，介绍优秀的PPT总结报告，指导学生自评、互评，独立撰写工作总结报告，讲授演讲技巧，指导学生展示、汇报学习成果。

三、做一做

（1）你准备通过什么样的形式来展示你的成果？

（2）试说明减速器认知的工作过程，并展示你的工作成果。

（3）你对工作过程满意吗？你觉得还有哪些地方是需要改进的？

（4）试概括总结你整个学习过程的收获与感受。

四、工作总结报告（见表1－6）

表1－6

一体化课程名称	机械技术基础——机械制图与零件测绘		
任务	减速器认知		
姓 名		地 点	
班 级		时 间	
一体化课程名称	机械技术基础——机械制图与零件测绘		
学习目的			
学习流程与活动			
收获与感受			

【评价与分析】

评价方式：自我评价、小组评价、教师评价，结果请填写在表1-7中。

任务一：减速器认知 技能考核评分标准表

表1-7

序号	项目	项目配分	子 项	子项配分	表现结果	评分标准	自我评价	小组评价	教师评价
1	纪律	12	迟 到	1		违规不得分			
			走 神	1		违规不得分			
			早 退	1		违规不得分			
			串 岗	1		违规不得分			
			旷 课	6		违规不得分			
			其他（玩手机）	2		违规不得分			
2	安全文明	10	衣着穿戴	2		不合格不得分			
			行为秩序	2		不合格不得分			
			6S	6		每S至少扣1分			
3	操作过程	8	安全操作	4		酌情扣分至少扣1分			
			规范操作	4		酌情扣分至少扣1分			
4	课题项目	70	完成学习活动一工作页	5		酌情扣分至少扣1分			
			完成学习活动二工作页	5		酌情扣分至少扣1分			
			完成学习活动三工作页	10		酌情扣分至少扣2分			
			完成学习活动四工作页	15		酌情扣分至少扣2分			
			完成学习活动五工作页	15		酌情扣分至少扣2分			
			完成学习活动六工作页	15		酌情扣分至少扣2分			
			完成学习活动七工作页	5		酌情扣分至少扣1分			
5	总分	100							

学习任务二
轴类零件绘制

【学习目标】

(1) 能明确工作任务，读懂任务书。
(2) 能使用制图的基本规定绘制图形。
(3) 能根据实体绘制三视图。
(4) 能根据零件的某两个视图补画第三个视图，并绘制轴测图。
(5) 能灵活运用画组合体视图的方法画图。
(6) 能正确使用游标卡尺。
(7) 能正确测绘减速器的主动轴和输出轴的零件图。

【建议课时】

28 学时

【工作流程与活动】

学习活动一：领取任务、查阅资料、制订工作计划　　　　　2 学时
学习活动二：正投影和三视图　　　　　　　　　　　　　　6 学时
学习活动三：轴测图　　　　　　　　　　　　　　　　　　4 学时
学习活动四：组合体　　　　　　　　　　　　　　　　　　6 学时
学习活动五：游标卡尺的正确使用　　　　　　　　　　　　2 学时
学习活动六：绘制主动轴、输出轴零件图　　　　　　　　　6 学时
学习活动七：工作总结、展示与评价　　　　　　　　　　　2 学时

【工作情景描述】

　　在生产实践中，为了推广和学习先进技术，某企业要仿制和改造一减速器设备，现需对减速器装配体进行实物测量，并绘出装配图和零件图。

　　企业员工在此以前没有接触过机械制图方面的知识，所以必须对员工进行培训，使得工厂员工能够掌握机械制图的基本知识与技能，并且能够运用制图的知识，绘制减速器中的输入轴和输出轴的零件图（见图 2-1）。

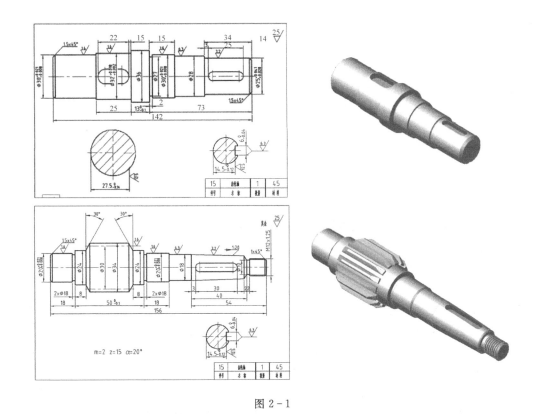

图 2-1

学习活动一 领取任务、查阅资料、制订工作计划

【学习目标】

（1）理解轴类零件的分类、用途。

（2）了解常用的长度测量工具及其应用范围。

（3）利用现有资源进行资料收集。

（4）制订工作计划。

建议学时：2学时

学习地点：制图一体化实训室

【学习准备】

教材、学生工作页、联网计算机。

【学习过程】

一、引导问题

我们在接到一个工作任务以后，是从哪些方面入手去了解它？要通过一些什么途径才能够获取到与任务相关的知识?

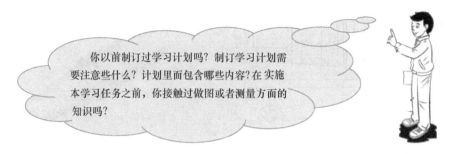

你以前制订过学习计划吗?制订学习计划需要注意些什么?计划里面包含哪些内容?在实施本学习任务之前,你接触过做图或者测量方面的知识吗?

二、任务描述

配合多媒体课件,指导学生完成下面的工作页填写。

1. 提出工作任务

绘制齿轮减速器的主动轴和输出轴的零件图。

2. 任务讲解

本次学习任务是要把齿轮减速器的主动轴和输出轴的零件图绘制出来,在绘制零件图之前,我们必须学习一些机械制图和测量的基本知识。

(1)学习正投影法和三视图的投影关系,平面立体与曲面立体的三视图;

(2)根据三视图投影规律读懂视图并补画视图、轴测图;

(3)学习游标卡尺的使用方法;

(4)掌握减速器轴类零件(输入轴、输出轴)的测绘方法、视图表达方法;

(5)学会在团队中表达自己的观点,学会制订工作计划。

三、做一做

根据学习活动的需要,请同学完成以下几个问题。

(1)通过网络或书本查阅资料,完成以下关于轴的问题。

1)什么是轴?轴的作用是什么?

2)在日常生活中你见过轴类零件吗?以自行车为例,你能否找出其中的轴类零件并分别说明其作用?

3)如果有一根轴,试用你的方法来描述它。

(2)通过网络或书本查阅资料,试说出图 2-2 中工具、量具的名称。

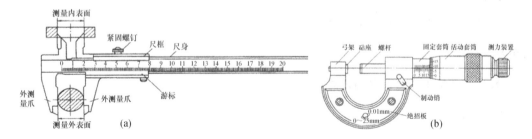

图 2-2

(3)分析减速器,找出其中的轴类零件,并试着将其描述出来。

（4）结合你以前曾制订的学习计划，通过组内同学的讨论，试说明一个计划，需要包括哪些内容。按照你的理解，制订工作计划应该突出哪些重点？

（5）通过咨询高年级的学生和查阅资料，制订一个工作计划，说明你将通过何种手段完成本次学习任务。在本次学习任务中，你将要掌握哪些知识，并将它们写在下面。

（6）解读轴套类零件绘制的工作任务，并制订工作计划书（见表2-1）。

表2-1

任务二	轴套类零件绘制		
工作目标			
学习内容			
执行步骤			
接受任务时间	年 月 日	完成任务时间	年 月 日
计划制订人		计划承办人	

学习活动二 正投影和三视图

【学习目标】

（1）理解投影法的概念，熟悉正投影的特性。

（2）掌握简单三视图的作图方法，并能识读简单零件的三视图。

建议学时：6学时

学习地点：制图一体化实训室

【学习准备】

教材、学生工作页、联网计算机、制图工具、机械制图模型。

【学习过程】

一、引导问题

拿到一个零件以后，我们怎样才能完整准确地把它表达出来？

视图的表达方法有许多种，其中应用最为广泛的是三视图表达法，本次活动中我们将理解三视图的形成，以及各个视图之间的尺寸关系。

二、任务描述

配合多媒体课件，指导学生完成下面的工作页。

1. 提出工作任务

三视图的画法。

2. 任务讲解

在上一个任务中我们已经了解了制图的一些基本规定，在本次学习活动中，我们将学习如何准确地表达零件，主要是三视图的相关知识。

（1）正投影特性；

（2）三视图的构成原理（长对正、高平齐、宽相等，见图 2 - 3）；

（3）平面立体与曲面立体的三视图投影规律。

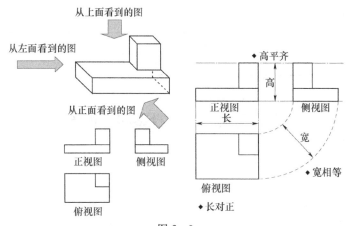

图 2 - 3

三、做一做

根据学习活动的需要，请同学完成以下几个问题。

（1）填空。

1）根据投影法分类，投影分_____、_____，绝大多数的工程图都是采用_____。

2）正投影的基本特性有_____，_____，_____。

3）三视图的投影关系可简化为_____，_____，_____。

（2）三视图补画图线（见图 2 - 4～图 2 - 8）。

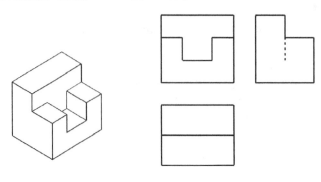

图 2 - 4

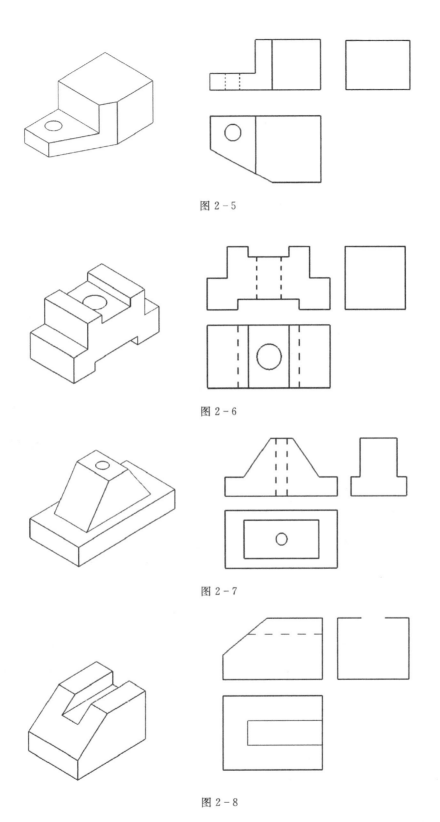

图 2 - 5

图 2 - 6

图 2 - 7

图 2 - 8

23

（3）请根据投影规律画出图 2-9、图 2-10 中立体的三视图。（尺寸可在图中量取）

（4）分析轴类零件的结构特点，试画出图 2-11 中轴类零件的三视图。（尺寸自拟）

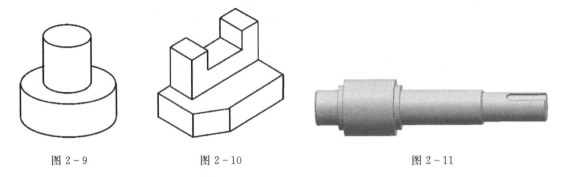

图 2-9   图 2-10   图 2-11

【小拓展】

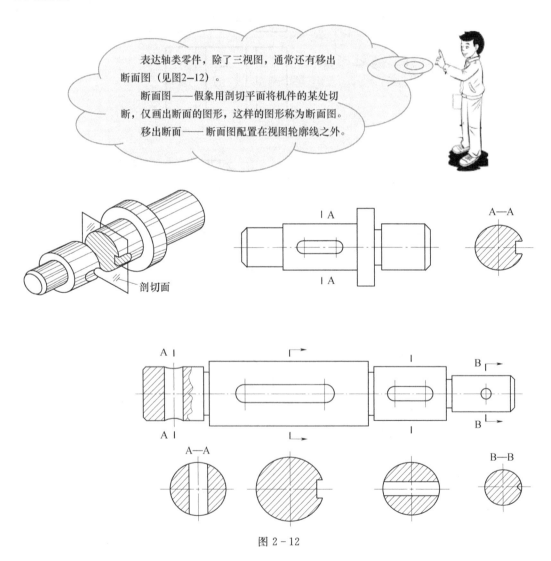

表达轴类零件，除了三视图，通常还有移出断面图（见图2-12）。

断面图——假象用剖切平面将机件的某处切断，仅画出断面的图形，这样的图形称为断面图。

移出断面——断面图配置在视图轮廓线之外。

剖切面

A

A—A

A

B

B

A

A—A   B—B

图 2-12

24

想一想

断面图主要表达轴类零件的什么结构？若用三视图表达哪一种方法比较清晰？

做一做

请用适当的表达方法，画出图 2-13 中轴类零件的主视图与断面图，并进行尺寸标注（尺寸可在图上量取，精确到 mm）。

图 2-13

学习活动三 轴 测 图

【学习目标】

（1）了解轴测图基本知识、分类及正等轴测图、斜二轴测图的轴间角和轴向伸缩系数。

（2）绘制简单形体的正等轴测图、斜二轴测图。

建议学时：4 学时

学习地点：制图一体化实训室

【学习准备】

教材、学生工作页、联网计算机、制图工具、机械制图模型。

【学习过程】

一、引导问题

拿到一个零件以后，我们怎样才能把它的立体形状准确地表达出来？

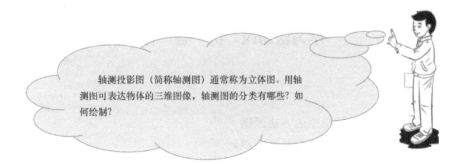

轴测投影图（简称轴测图）通常称为立体图。用轴测图可表达物体的三维图像，轴测图的分类有哪些？如何绘制？

二、任务描述

配合多媒体课件，指导学生完成下面的工作页。

1. 提出工作任务

轴测图画法。

2. 任务讲解

（1）正等测的形成及投影特点。

（2）正等测图的画法（平面立体，圆柱体）。

（3）斜二测图画法简介。

三、做一做

根据三视图想象物体形状，试画出其简单轴测图（见图 2-14～图 2-17）。

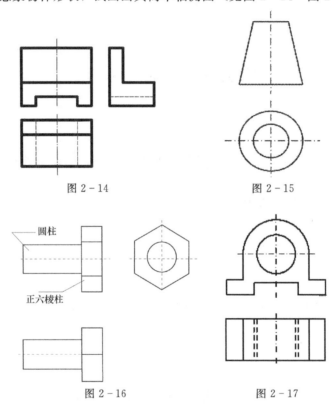

图 2-14   图 2-15

圆柱

正六棱柱

图 2-16   图 2-17

学习活动四 组 合 体

【学习目标】

（1）灵活运用画组合体视图的方法画图。

（2）根据组合体的两个视图补画第三视图。

（3）掌握组合体的尺寸标注。

建议学时：6 学时

学习地点：制图一体化实训室

【学习准备】

教材、学生工作页、联网计算机、制图工具、机械制图模型。

【学习过程】

一、引导问题

什么是组合体？你能通过一些什么方法根据两个视图补画第三个视图？

> 组合体是我们最常见的零件形状，组合体零件三视图的绘制是我们必须掌握的基本技能，根据两个视图补画第三视图有助于提高我们的空间想象力和理清各视图之间的尺寸关系。

二、任务描述

配合多媒体课件，指导学生完成下面的工作页。

1. 提出工作任务

组合体视图画法及尺寸标注。

2. 任务讲解

在上一个学习活动中我们已经学习了三视图的一些基本知识，在本次学习活动中，我们将进行制图的基本知识与技能的训练，主要是组合体的相关知识。

（1）组合体的组合形式和相交部分的画法；

（2）根据两个视图补画第三视图的方法；

（3）组合体的尺寸标注。

画图是把空间形体表达在图纸上；读图是则是根据投影图想象出物体的空间形状和大小（见图2-18）。

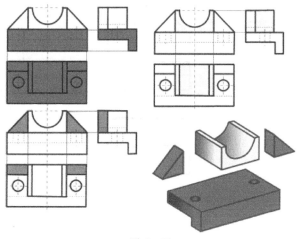

图 2-18

三、做一做

根据学习活动的需要，请同学完成以下几个问题。

(1) 组合体的组合形式有_____和_____。

(2) 根据组合体相邻形体表面的连接关系，分析图 2-19，补画所缺图线。

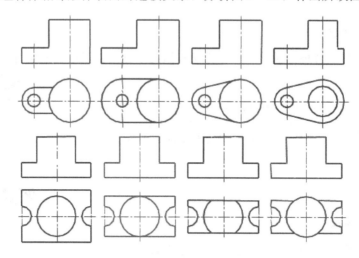

图 2-19

(3) 请根据所给立体的两面投影补画第三面投影（见图 2-20～图 2-24）。

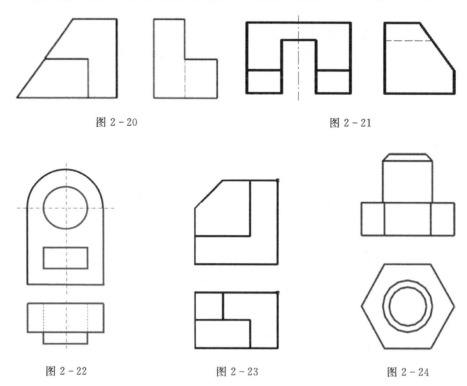

图 2-20　　　　　　　　　　　　图 2-21

图 2-22　　　　　图 2-23　　　　　图 2-24

（4）给图 2-25、图 2-26 中组合体标注尺寸（测量尺寸取整数）。

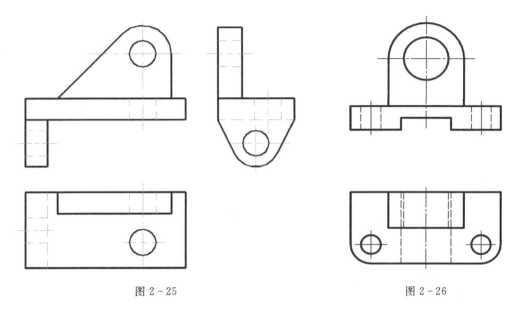

图 2-25　　　　　　　　　　　　　　图 2-26

（5）完成本次学习活动以后，你有什么疑问需要老师帮助解答吗？对老师的授课有何要求？

学习活动五　游标卡尺的正确使用

【学习目标】

（1）能正确使用游标卡尺并掌握其读数方法。
（2）能灵活运用游标卡尺对零件的实际尺寸进行测量。
建议学时：2 学时
学习地点：制图一体化实训室

【学习准备】

教材、学生工作页、联网计算机、游标卡尺、机械制图模型、减速器。

【学习过程】

一、引导问题

你已经接触过一些什么测量工具，这些测量工具的最小刻度是多少？与游标卡尺相比有何异同？

二、任务描述

配合多媒体课件，指导学生完成下面的工作页。

要准确知道各个零件的尺寸，必须要进行测量，游标卡尺是最常用的测量工具，必须掌握其读数方法并且能够灵活运用它进行零件的测量。

1. 提出工作任务

游标卡尺的正确使用。

2. 任务讲解

在上一个学习活动中我们已经学习了组合体的一些基本知识，在本次学习活动中，我们将学习游标卡尺的正确使用。

（1）游标卡尺的读数方法；

（2）灵活运用游标卡尺对零件尺寸进行测量。

三、做一做

根据学习活动的需要，请同学完成以下几个问题。

（1）查阅资料，写出图 2-27 中游标卡尺各部分的名称：

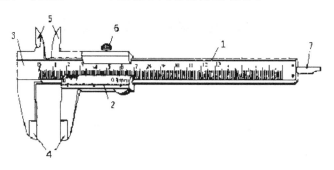

图 2-27

1：_____ 2：_____ 3：_____ 4：_____

5：_____ 6：_____ 7：_____

（2）查阅资料，说明精度为 0.02 的游标卡尺的刻线原理。

_____

_____

_____

（3）查阅资料，说明精度为 0.02 的游标卡尺的读数原理。

_____

_____

_____

(4) 读出图 2-28 中游标卡尺的数值。

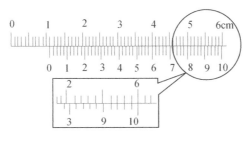

图 2-28

(5) 请简述游标卡尺使用的注意事项（3 条即可）。

_____

_____

_____

_____

_____

(6) 正确使用游标卡尺测量减速器的主动轴和输出轴的直径（最大处的外径尺寸），填入表 2-2。

表 2-2

工件	主动轴			输出轴		
测量次数	第 1 次测量	第 2 次测量	第 3 次测量	第 1 次测量	第 2 次测量	第 3 次测量
测量值						
平均值						

学习活动六　绘制主动轴、输出轴零件图

【学习目标】

(1) 能正确使用游标卡尺进行零件的尺寸测量。

(2) 能根据测量的尺寸绘制零件图。

建议学时：6 学时

学习地点：制图一体化实训室

【学习准备】

教材、学生工作页、联网计算机、游标卡尺、机械制图模型、减速器。

【学习过程】

一、引导问题

在根据测量得到的尺寸绘制零件图时，我们应该遵循怎样的步骤？注意哪些问题？

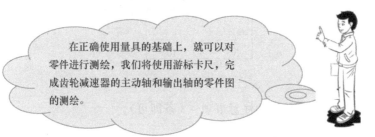

在正确使用量具的基础上，就可以对零件进行测绘，我们将使用游标卡尺，完成齿轮减速器的主动轴和输出轴的零件图的测绘。

二、任务描述

配合多媒体课件，指导学生完成下面的工作页。

1. 提出工作任务

绘制主动轴和输出轴的零件图。

2. 任务讲解

在上一个学习活动中我们已经学习了游标卡尺的正确使用，在本次学习活动中，我们将利用游标卡尺完成齿轮减速器的主动轴和输出轴的零件图的测绘。

（1）游标卡尺的灵活运用。

（2）测绘零件的方法与步骤。

（3）齿轮减速器主动轴（齿轮轴）和输出轴的零件图表达方案选择。

（4）简介齿轮轴齿轮部分的规定画法。

三、做一做

根据学习活动的需要，请同学完成以下几个问题。

（1）测绘输出轴零件草图，选用 A4 图纸绘制输出轴零件工作图（若有需要，绘图时可以按比例缩放），并进行尺寸标注。

（2）测绘齿轮轴零件草图，选用 A4 图纸绘制齿轮轴零件工作图（简单介绍齿轮部分的规定画法，比例自定），并进行尺寸标注。

学习活动七　工作总结、展示与评价

【学习目标】

（1）用正确的格式撰写总结报告。

（2）了解 PPT 的制作方法。

（3）在教师的引导下进行小组讨论。

（4）通过小组评价和成果展示培养学生自信心，锻炼学生表达能力。

建议学时：2 学时

学习地点：制图一体化实训室

【学习准备】

工作页。

【学习过程】

一、引导问题

你将通过什么方式来展示你的工作成果？你能想出多少种展示的方法？

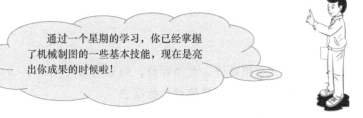

通过一个星期的学习，你已经掌握了机械制图的一些基本技能，现在是亮出你成果的时候啦！

二、任务描述

配合多媒体课件，指导学生完成下面的工作页。

1. 提出工作任务

工作总结。

2. 任务讲解

你从对机械制图和测量一无所知到顺利地完成了轴的零件图的绘制，在此过程中，你有哪些收获？有什么经验？将你的收获和经验与同学分享和交流。

三、做一做

根据学习活动的需要，请同学完成以下几个问题。

（1）你准备通过什么样的形式来展示你的成果？

（2）你对工作过程满意吗？觉得还有哪些地方是需要改进的？

（3）你们小组的成员对你的评价怎么样，请把他们的评价填入表 2-3。

表 2-3

小组成员	评　语

（4）试概括总结你在整个学习过程中的收获与感受。

四、工作总结报告（见表 2-4）

表 2-4

一体化课程名称	机械技术基础——机械制图与零件测绘		
任务	轴类零件绘制		
姓名		地点	
班级		时间	
学习目的			
学习流程与活动			
收获与感受			

【评价与分析】

评价方式：自我评价、小组评价、教师评价，结果请填写在表 2-5 中。

任务二：轴套类零件绘制　技能考核评分标准表

表 2-5

序号	项目	项目配分	子项	子项配分	表现结果	评分标准	自我评价	小组评价	教师评价
1	纪律	12	迟到	1		违规不得分			
			走神	1		违规不得分			
			早退	1		违规不得分			
			串岗	1		违规不得分			
			旷课	6		违规不得分			
			其他（玩手机）	2		违规不得分			
2	安全文明	10	衣着穿戴	2		不合格不得分			
			行为秩序	2		不合格不得分			
			6S	6		每 S 至少扣 1 分			
3	操作过程	8	安全操作	4		酌情扣分至少扣 1 分			
			规范操作	4		酌情扣分至少扣 1 分			
4	课题项目	70	完成学习活动一工作页	5		酌情扣分至少扣 1 分			
			完成学习活动二工作页	15		酌情扣分至少扣 2 分			
			完成学习活动三工作页	10		酌情扣分至少扣 2 分			
			完成学习活动四工作页	15		酌情扣分至少扣 2 分			
			完成学习活动五工作页	5		酌情扣分至少扣 1 分			
			完成学习活动六工作页	15		酌情扣分至少扣 2 分			
			完成学习活动七工作页	5		酌情扣分至少扣 1 分			
5	总分	100							

学习任务三
盘类零件绘制

【学习目标】

专业能力

（1）识图能力（能看懂剖视图）。

（2）绘图能力（能综合运用国家标准《机械制图》中规定的各种表达方法，用简单的视图表达复杂的机件结构）。

（3）测绘能力（能正确使用测量工具——千分尺）。

（4）空间想象能力（能识读视图，改画剖视图）。

（5）掌握减速器盘盖类零件（大通盖、大闷盖）的测绘方法、视图表达方法及材料选择方法。

方法能力

（1）通过图书资料或网络获取信息的能力。

（2）空间思维和逻辑思维能力。

（3）分析判断能力。

社会能力

（1）团队协作意识的培养。

（2）语言沟通和表达能力。

（3）展示学习成果能力。

【建议课时】

28 学时

【工作流程与活动】

学习活动 一：领取任务、解读任务书   2 学时

学习活动二：查阅资料、制订方案   2 学时

学习活动三：方案优化、知识引导   14 学时

学习活动四：绘制盘盖类零件图   8 学时

学习活动五：工作总结、展示与评价   2 学时

【工作情景描述】

在生产实践中，为了推广和学习先进技术，某企业要求我们仿制和改造一台减速器设备，现需对减速器装配体进行实物测量，并绘出装配图和零件图（见图 3－1）。

对装配体测绘的基本要求是：了解装配体的工作原理，熟悉拆装顺序，绘制装配示意图、零件草图、装配图及零件图。

学生在完成轴套类零件测绘学习后，接着安排学习盘盖类零件测绘，本任务重点学习机件的表达方法、金属的性能及分类、千分尺的正确使用，为绘制装配图和零件图做准备（见表 3－1）。

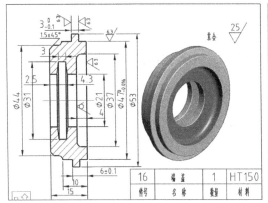 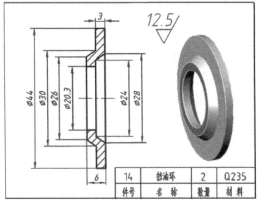

图 3-1

表 3-1

任务		活 动 内 容	总课时	课时分配
盘盖类零件绘制	学习活动一	领取任务、解读任务书	28	2
	学习活动二	查阅资料、制订方案		2
	学习活动三	方案优化：知识引导		6
		（1）机件的表达法		
		（2）金属的性能及分类		4
		（3）千分尺的正确使用		2
	学习活动四	绘制大（小）通盖、大（小）闷盖等零件图		10
	学习活动五	工作总结、展示与评价		2

学习活动一　领取任务、解读任务书

【学习目标】

（1）能解读盘盖类零件绘制的工作任务，并制订工作计划书。

（2）能描述减速器盘盖类零件的零件特点。

建议学时：2 学时

学习地点：制图一体化实训室

【学习准备】

教材、学生工作页、联网计算机。

【学习过程】

一、引导问题

我们在接到一个工作任务以后，为了完成这个任务，我们需要完成哪些方面的知识储备？

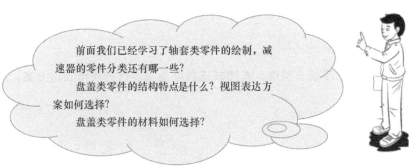

前面我们已经学习了轴套类零件的绘制，减速器的零件分类还有哪一些？

盘盖类零件的结构特点是什么？视图表达方案如何选择？

盘盖类零件的材料如何选择？

二、任务描述

配合多媒体课件，指导学生完成下面的工作页填写。

1. 提出工作任务

盘盖类零件的拆卸与测绘。

2. 任务讲解

绘制大通盖、大闷盖零件图，需要掌握机件的表达方法（剖视图画法）；了解金属材料的选择；正确使用测量工具（千分尺）。

3. 知识点、技能点

知识点：①机件的表达方法（全剖、半剖、旋转剖视图的画法、标注及应用）；②金属的性能及分类；③千分尺的正确使用。

技能点：如何用简洁、合理的表达方案把零件的内外形状表达清楚。

三、做一做

（1）分析减速器，找出盘盖类的零件。

（2）用三视图绘制大通盖零件草图，试分析其表达方案的不足之处，想一想还有什么更好的表达方法？

（3）解读盘盖类零件绘制的工作任务，并制订工作计划书（见表 3 - 2）。

表 3－2

任务三	盘盖类零件 绘制（大通盖、大闷盖等）		
工作目标			
学习内容			
执行步骤			
接受任务时间	年 月 日	完成任务时间	年 月 日
计划制订人		计划承办人	

学习活动二 查阅资料、制订方案

【学习目标】

（1）能借助资料、手册及网络，查阅减速器泵盖类零件的视图表达方案，所用材料的牌号。

（2）能填写工作计划书。

建议学时：2学时

学习地点：制图一体化实训室

【学习准备】

（1）讲解收集资料与制订方案的方法。

（2）准备资料、手册，开放网络连接。

【学习过程】

一、引导问题

前面我们已经学习了用三视图表示物体的方法。然而，在实际生产中，仅用三视图不足以完整 清晰地表达出物体的形状和结构。机件的表达方法还有哪些？

二、任务描述

通过完成本任务的第一个学习活动，大家都已经明确工作任务，本次学习活动完成信息查询、方案制订、工作计划书制定，通过网络及其他途径了解减速器泵盖类零件的视图表达方案、所用材料的牌号。

具体要求是：各小组发挥团队合作精神，通过分工合作查阅资料，在此过程中，每一位同学必须独立完成大通盖、大闷盖的视图初步表达方案，并回答工作页中提出的问题。

三、做一做

（1）查阅资料，除了三视图，机件的表达方法还有哪些？请详细列举填入表 3 - 3。

表 3 - 3

	分　类		应　用
机件的表达方法	一、三视图	1.	
		2.	
		3.	
		4.	
	二、剖视图	1.	
		2.	
		3.	
		4.	
		5.	
		6.	
		7.	
	三、断面图	1.	
		2.	
	四、其他表达法	1.	
		2.	

（2）查阅资料，试描述盘盖类零件的结构特点、视图表达方案的选择方法。

（3）什么叫金属？什么叫金属材料？盘盖类零件是用什么材料制作的？

（4）请查阅、整理你下一步要学习的知识所需的资料。

学习活动三　方案优化、知识引导

【学习目标】

（1）描述机件的表达方法，掌握全剖、半剖、旋转剖视图的画法及应用，能用简单的视图表达复杂的机件结构。

（2）描述金属材料的性能、分类，掌握减速器零件的选材方法。

（3）正确使用千分尺，掌握测绘的方法。

（4）填写工作计划书。

建议学时：14 学时

学习地点：制图一体化实训室

【学习准备】

（1）《机械制图》、《机械制图新国家标准》、《金属材料与热处理》、《极限配合与技术测量基础》。

（2）减速器、千分尺。

（3）测量工具、绘图工具。

（4）计算机、移动投影、投影布幕、实物投影仪（辅助教学）。

（5）多媒体课件。

【学习过程】

一、机件的表达法

1. 引导问题

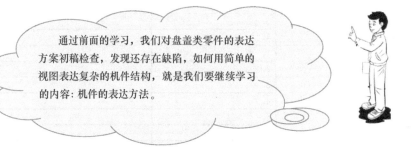

> 通过前面的学习，我们对盘盖类零件的表达
> 方案初稿检查，发现还存在缺陷，如何用简单的
> 视图表达复杂的机件结构，就是我们要继续学习
> 的内容：机件的表达方法。

2. 任务描述

配合多媒体课件，指导学生完成下面的工作页填写。

知识点：①各种视图、剖视图、断面图的定义，画法标注及适用范围；②局部放大图和简化画法；③第三角画法

技能点：如何根据机件的结构特点，用较少的图形把机件的结构形状完整、清晰地表达出来。

3. 做一做

（1）把主视图改画成全剖视图，把左视图画成半剖视图。（请在图3-2中改画剖视图）

（2）把主视图改画成全剖视图，并补画半剖视图的左视图。（请在图3-3中改画剖视图）

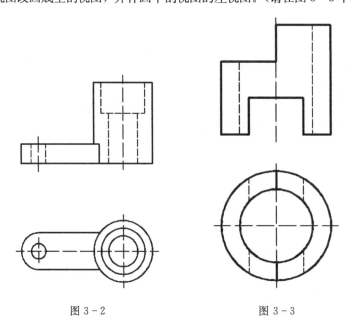

图3-2   图3-3

40

（3）把主视图改画成全剖视图，左视图画成半剖视图。（请在图 3-4 中改画剖视图）

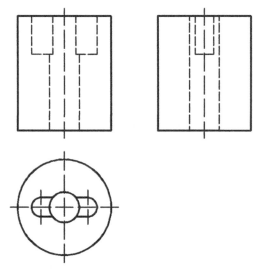

图 3-4

（4）把主视图改画成全剖视图，左视图画成半剖视图。（请在图 3-5 中改画剖视图）

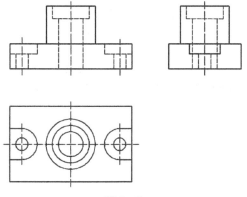

图 3-5

（5）把主视图改画成半剖视图，左视图画成全剖视图。（请在图 3-6 中改画剖视图）

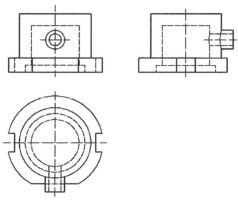

图 3-6

（6）把主视图改画成全剖视图，左视图改画成半剖视图。（请在图 3-7 中改画剖视图）

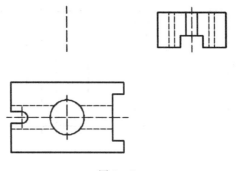

图 3-7

【小拓展】

基本视图有两种画法：

第一角画法（第一象限法）。凡将物体置于第一象限内，以"视点（观察者）"→"物体"→"投影面"关系而投影视图的画法，即称为第一角法，也称第一象限法。

第三角画法（第三象限法）。凡将物体置于第三象限内，以"视点（观察者）"→"投影面"→"物体"关系而投影视图的画法，即称为第三角法，也称第三象限法。

世界上大多数国家，如中国、法国、英国、德国等都是采用第一角画法；但美国、加拿大、日本、澳大利亚等国家则采用第三角画法。为了便于国际间的技术交流与合作，必要时我们也要掌握第三角的画法。

第三角画法与第一角画法的比较见图 3-8。

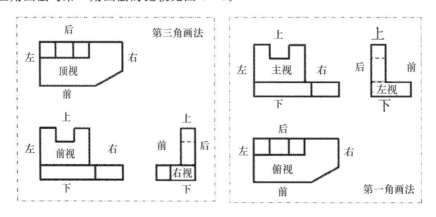

图 3-8

做一做

（1）将第一角画法的三视图转化成第三角画法（见图3-9）。

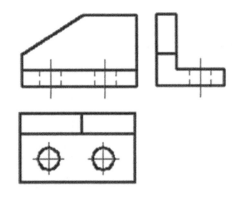

图 3-9

（2）识读视图，在图3-10中补画出 A 向斜视图和 B 向局部视图。

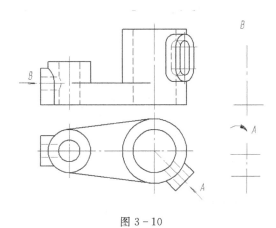

图 3-10

（3）把图3-11中主视图改画成阶梯剖视图。

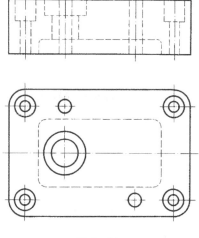

图 3-11

（4）把图 3-12 中主视图改画成旋转剖视图。

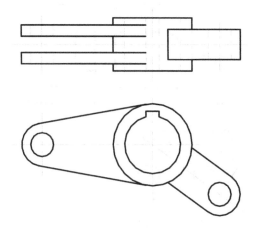

图 3-12

（5）将图 3-13 中主视图改画成全剖视图。

（6）将图 3-14 中主视图改画成复合剖视图。

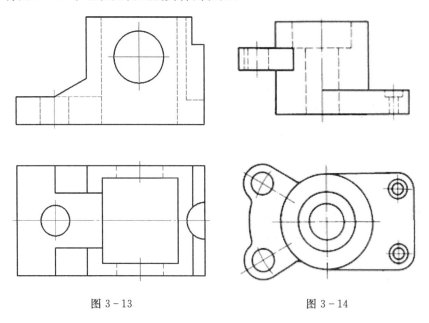

图 3-13   图 3-14

（7）在图 3-15 中按箭头所指位置画断面图并标注（左键槽深 2.5，右键槽深 1.5）。

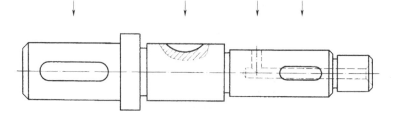

图 3-15

二、金属材料的性能、分类、牌号及选材方法

1. 引导问题

什么叫金属材料？为了合理地使用和加工金属材料（减速器零件），以及充分发挥其性能潜力，我们必须要学习掌握金属材料的性能、分类、牌号及选材的方法。

2. 任务描述

配合多媒体课件，指导学生完成下面工作页的填写。

知识点：①金属的力学性能；②金属材料分类。

技能点：能根据金属的力学性能，对减速器零件进行合理的材料选择。

3. 做一做

（1）材料的力学性能是指什么？选用金属材料大多以什么性能为主要依据？

（2）根据金属的力学性能及其分类，在表 3－4 中填写其衡量指标，并解析其重要性及应用意义。

表 3－4

	分　类	衡量指标	重要性及应用意义
金属的力学性能	（1）强度		
	（2）塑性		
	（3）硬度		
	（4）冲击韧性		
	（5）疲劳强度		

45

（3）根据金属材料的分类，请查阅资料对照学习，并在表 3－5 中填写用途一栏所空缺的内容。

表 3－5

		分 类		常用钢号	用 途
金属材料分类	黑色金属	碳素钢	碳素结构钢 普通碳素结构钢	Q235（A3）	
			碳素结构钢 优质碳素结构钢	08F	
				45	齿轮
			碳素工具钢	T8	
				T10A	
			铸造碳钢	ZG230	
				ZG340	
		合金钢	合金结构钢 低合金结构钢	60Si2Mn	
			合金结构钢 合金渗碳钢	20Cr	齿轮、齿轮轴
			合金结构钢 合金调质钢	40Cr	齿轮、齿轮轴
			合金结构钢 合金弹簧钢	65Mn	
			合金结构钢 滚动轴承钢	GCr6	
			合金结构钢 超高强度钢	35Si2MnMoVA	飞机起落架
			合金工具钢 合金刃具钢 高速钢	W18Cr4V	
			合金工具钢 合金模具钢	5Cr.iMo	热锻模
			合金工具钢 合金量具钢	CrWMn	千分尺
			特殊性能钢 不锈钢	3Cr13	医疗器具
			特殊性能钢 耐热钢	15CrMo	锅炉用钢
			特殊性能钢 耐磨钢	ZGMn13	挖掘机铲斗
		铸铁	灰铸铁	HT150	箱体、端盖
			可锻铸铁	KTH350－10	汽车制动器
			球墨铸铁	QT700－2	柴油机曲轴
			蠕墨铸铁	RUT380	活塞
	有色金属	铜及其合金	纯铜 二号铜（T1－T3）	T2	电线
			普通黄铜 68 黄铜	H68	弹壳
		铝及其合金	纯铝 一号铝（L1－L6）	L1	电容器
			超硬铝	LC4	飞机起落架
		钛及其合金	纯钛 （TA1－TA3）	TA2	飞机骨架
			a＋β钛合金	TC10	飞机结构件
		轴承合金	锡基轴承合金 11－6 锡锑 轴承合金	ZchSnSb 11－6	高速内燃机轴承
			铅基轴承合金 15－10 铅锑 轴承合金	ZchPbSb 15－10	中等压力机械、高温轴承
			铝基轴承合金 高锡铝基 轴承合金		汽车轴承
		硬质合金（红硬性高 900～1000℃ 仍保持较高硬度）	钨钴类 硬质合金	YG8	刀具（加工铸铁）
			钨钴钛类 硬质合金	YT5	刀具（适于加工钢）

（4）根据金属材料的性能、分类及牌号，试对减速器各零件进行材料选择（见表3-6）。

表 3-6

序号	零件名称	件数	材料	序号	零件名称	件数	材料
1	底座	1		13	大闷盖	1	
2	箱盖	1		14	小闷盖	1	
3	视孔盖	1		15	大透盖	1	
4	视孔盖垫片	1		16	小透盖	1	
5	视孔盖板	1		17	齿轮轴	1	
6	大调整垫片	2		18	大齿轮	1	
7	小调整垫片	2		19	输出轴	1	
8	机体螺栓	6		20	轴套	1	
		2		21	定位卡环	1	
9	视孔盖螺栓	4		22	小弹簧挡圈	1	
10	透盖螺栓	16		23	大弹簧挡圈	2	
11	深沟球轴承（大）	2		24	螺塞	1	
				25	销	2	
12	圆锥滚子轴承（小）	2		26	键 C8×45	2	
				27	键 C12×8	1	

三、零件测绘与千分尺的正确使用

1. 引导问题

图形表达零件的形状，尺寸表达零件的大小。前面我们已经对盘盖类零件的结构特点、视图表达方案、材料选择进行了讨论学习。下面要对盘盖类零件进行测绘，关于测量工具的使用方法，我们已经对游标卡尺进行了学习，现在还要学习千分尺的正确使用。

2. 任务描述

配合多媒体课件，指导学生完成下面的工作页填写。

知识点：①千分尺的构造；②千分尺工作原理；③千分尺读数。

技能点：能正确使用千分尺。

3. 知识链接

（1）千分尺的构造见图 3-16。

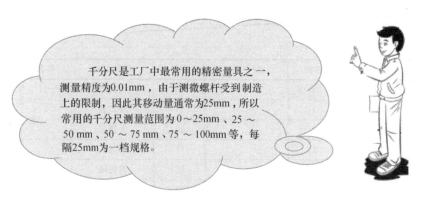

千分尺是工厂中最常用的精密量具之一，测量精度为0.01mm，由于测微螺杆受到制造上的限制，因此其移动量通常为25mm，所以常用的千分尺测量范围为0～25mm、25～50mm、50～75mm、75～100mm等，每隔25mm为一档规格。

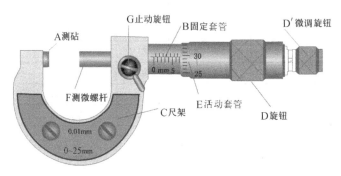

图 3-16

（2）千分尺的工作原理。

测微螺杆螺距 0.5mm（单线）。当活动套管转一周时测微螺杆就移动一个螺距，即为 0.5mm。活动套管共 50 格，每转动一格，测微杆移动 0.01mm，即 0.5mm/50＝0.01mm（精度：0.01mm）。

（3）用千分尺读数。

读数规则：

1）整数部分从固定套筒上读微分筒边缘左侧可见值。

注意半毫米刻线是否露出。

2）小数部分从微分筒上刻线与固定套筒基准线对准的刻线读数，从下往上读，有多少格读多少。

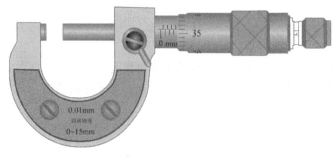

图 3-17

在图 3-17 中，先读固定套管整毫米数（3mm），再读固定套管半毫米数（0.5mm），然后读活动套管小数（0.36mm，与固定套管基准线对齐的刻线数），最后读活动套管估计值（0.001mm），读数值＝3＋0.5＋0.36＋0.001＝3.861（mm）。

（4）读数范例（见图 3-18）。

读数	1.283	错误
读数	1.783	正确

图 3-18

4. 做一做

（1）读数练习（见图 3-19）

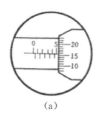 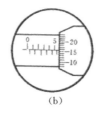 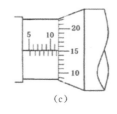

| (a) | (b) | (c) |

图 3-19

（2）四人一个小组，一人测量、读数，其余三人检查、记录、评分。完成后轮换，每人至少测一个尺寸并计入表 3-7。

表 3-7

	组员姓名				
测量结果	头发的直径				
	板料的厚度				
	棒料的直径				
测量评分	姿势是否正确（5分）				
	测量位置是否正确（5分）				
	读数是否准确（5分）				
	使用保养是否规范（5分）				
	合计（满分20分）				

（3）查阅资料，填写出表 3-8 中各量具的名称及作用，并试述如何使用。

表 3－8

序号	图　　示	名　称	作　　用
1			
2	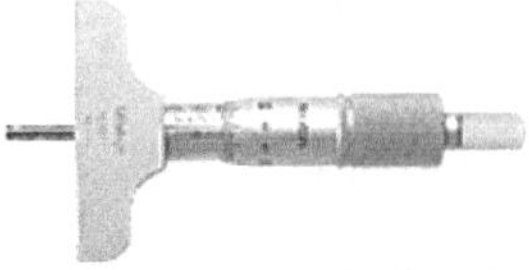		
3	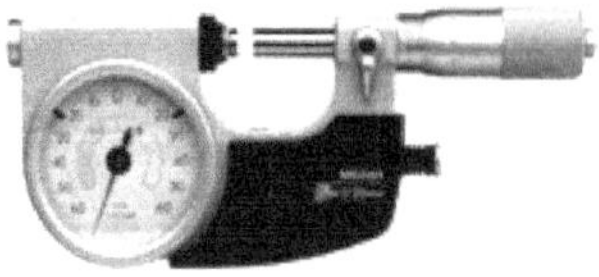		
4	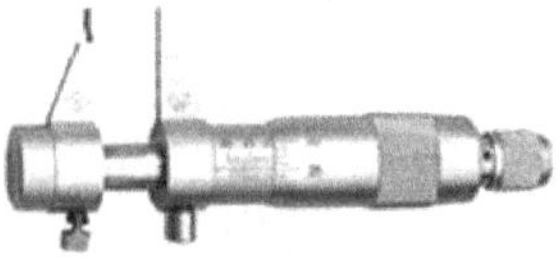		
5	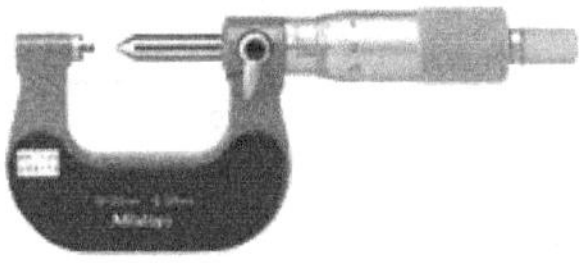		
6	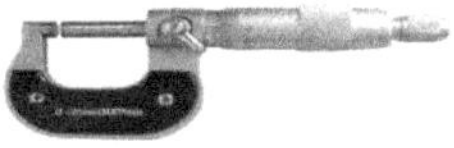		

（4）选择适当的测量工具，测绘减速器盘盖类零件。

学生：组内互查草图绘制，提出修改意见并修改。

教师：点评共性问题。

学习活动四　绘制盘盖类零件图

【学习目标】

（1）能理解绘制零件图的方法和步骤。

（2）能正确使用参考资料、手册、标准及规范等，能正确使用常用测量工具和绘图工具

建议学时：8学时

学习地点：制图一体化实训室

【学习准备】

(1) 准备资料、手册。

(2) 减速器。

(3) 测量工具、绘图工具。

(4) A4 图纸（每人 2 张）。

【学习过程】

(1) 用 A4 图纸，按 1：1 的比例绘制大通盖、大闷盖零件工作图。要求做到：视图数目要恰当，表达方案的选择要正确，尺寸和技术要求的标注要齐全、合理。

(2) 图面要整洁、清晰，图线要光滑，同类图线的粗细要一致，圆弧连接处要平滑过渡。

(3) 正确使用参考资料、手册、标准及规范等，正确使用常用测量工具和绘图工具。

(4) 在绘图中要注意培养独立分析问题和解决问题的能力，并且保质、保量、按时地完成减速器盘盖类零件图绘制工作任务。

一、引导问题

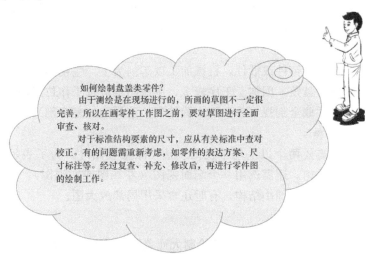

如何绘制盘盖类零件？

由于测绘是在现场进行的，所画的草图不一定很完善，所以在画零件工作图之前，要对草图进行全面审查、核对。

对于标准结构要素的尺寸，应从有关标准中查对校正。有的问题需重新考虑，如零件的表达方案、尺寸标注等。经过复查、补充、修改后，再进行零件图的绘制工作。

二、任务描述

配合多媒体课件，指导学生完成下面工作页的填写。

1. 提出工作任务

绘制盘盖类零件图。

2. 任务讲解

知识点：画零件工作图的方法步骤。

技能点：如何选择不同的剖视图，能完整清晰地表达盘盖类零件。

画零件工作图的方法步骤：

(1) 定比例：根据零件的复杂程度和尺寸大小，确定画图比例。

（2）选图幅：根据表达方案及所选定的比例，估计各图形布置所占的面积，对所需标注的尺寸留有余地，选择合理的图幅。

（3）画底稿：先定出各视图的基准线，再画图。

（4）检查、描深。

（5）标注尺寸，注写技术要求，填写标题栏。

盘盖类零件结构有何特点？通常主视图如何选择？其他视图又如何选择？

三、知识链接

1. 结构分析

轮盘类零件包括端盖、阀盖、齿轮等，这类零件的基本形体一般为回转体或其他几何形状的扁平盘状体，通常还带有各种形状的凸缘、均布的圆孔和肋等局部结构。轮盘类零件的作用主要是轴向定位、防尘和密封，如减速器的大通盖、大闷盖等。

2. 主视图选择

轮盘类零件的毛坯有铸件或锻件，机械加工以车削为主，主视图一般按加工位置水平放置，但有些较复杂的盘盖，因加工工序较多，主视图也可按工作位置画出。为了表达零件内部结构，主视图常取全剖视（单一剖、旋转剖、阶梯剖、复合剖）。

3. 其他视图的选择

轮盘类零件一般需要两个以上基本视图表达，除主视图外，为了表示零件上均布的孔、槽、肋、轮辐等结构，还需选用一个端面视图（左视图或右视图），以表达凸缘和均布的通孔。此外，为了表达细小结构，有时还常采用局部放大图。

四、做一做

（1）测绘大通盖零件，选用 A4 图纸绘制大通盖零件工作图（单一剖）。

（2）测绘大闷盖零件，选用 A4 图纸绘制大闷盖零件工作图（旋转剖）。

（3）测绘视孔盖板零件，选用 A4 图纸绘制视孔盖板零件工作图（阶梯剖）。

（4）测绘小通盖零件，选用 A4 图纸绘制小通盖零件工作图（单一剖）。

（5）测绘小闷盖零件，选用 A4 图纸绘制小闷盖零件工作图（旋转剖）。

学习活动五　工作总结、展示与评价

【学习目标】

（1）掌握总结报告的格式与写法，独立撰写工作总结。

（2）了解 PPT 的制作方法。

（3）能展示工作成果并进行工作总结。

建议学时：2 学时

学习地点：制图一体化实训室

【学习准备】

（1）任务书。

（2）演示文稿 PPT。

（3）泵盖类零件图工作图（大通盖、大阀盖）。

（4）互联网资源、多媒体设备、工作页、计算机。

【学习过程】

一、引导问题

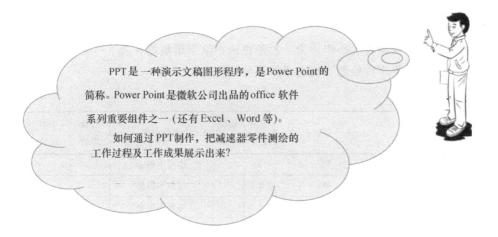

PPT 是一种演示文稿图形程序，是 Power Point 的

简称。Power Point 是微软公司出品的 office 软件

系列重要组件之一（还有 Excel、Word 等）。

如何通过 PPT 制作，把减速器零件测绘的

工作过程及工作成果展示出来？

二、任务描述

（1）学习总结报告的书写格式与写法。

（2）了解演示文稿 PPT 的制作方法。

（3）学生自评、互评，独立书写工作总结报告，通过小组评价和成果展示，培养自信心，提高表达能力。

（4）指导学生演讲、展示工作成果、作工作总结报告。

三、做一做

（1）你准备通过什么样的形式来展示你的成果？

（2）你对工作过程满意吗？你觉得还有哪些地方是需要改进的？

（3）试制作 PPT 演示文稿，展示减速器泵盖类零件绘制的工作过程，并展示你的工作成果。

（4）试概括总结你整个学习过程的收获与感受。

四、工作总结报告（见表3-9）

表3-9

一体化课程名称	机械技术基础——机械制图与零件测绘		
任务	盘盖类零件绘制		
姓名		地点	
班级		时间	
学习目的			
学习流程与活动			
收获与感受			

【评价与分析】

评价方式：自我评价、小组评价、教师评价，结果请填写在表3-10中。

任务三：盘盖类零件绘制　技能考核评分标准表

表3-10

序号	项目	项目配分	子项	子项配分	表现结果	评分标准	自我评价	小组评价	教师评价
1	纪律	12	迟到	1		违规不得分			
			走神	1		违规不得分			
			早退	1		违规不得分			
			串岗	1		违规不得分			
			旷课	6		违规不得分			
			其他（玩手机）	2		违规不得分			
2	安全文明	10	衣着穿戴	2		不合格不得分			
			行为秩序	2		不合格不得分			
			6S	6		每S至少扣1分			
3	操作过程	8	安全操作	4		酌情扣分至少扣1分			
			规范操作	4		酌情扣分至少扣1分			
4	课题项目	70	完成学习活动一工作页	10		酌情扣分至少扣1分			
			完成学习活动二工作页	10		酌情扣分至少扣1分			
			完成学习活动三工作页	20		酌情扣分至少扣2分			
			完成学习活动四工作页	20		酌情扣分至少扣2分			
			完成学习活动五工作页	10		酌情扣分至少扣2分			
5	总分	100							

学习任务四

叉架类零件认知

【学习目标】

（1）能结合减速器分析零件结构表达方案的选择，并了解减速器零件的工艺结构，了解零件尺寸的合理标注。

（2）认识常用金属材料的牌号，能对减速器零件进行材料选择。

（3）了解金属材料热处理基本知识，能对减速器典型零件（齿轮轴等）进行热处理分析。

（4）了解叉架类零件的结构特点、主要加工方法、视图表达方法、尺寸标注方法、技术要求等，掌握绘制叉架类零件图的方法与步骤。

（5）能主动获取有效信息，展示工作成果，对学习与工作进行总结反思。

【建议课时】

24 学时

【工作流程与活动】

学习活动一：领取任务、制订工作计划　　　　　　　　　2 学时

学习活动二：叉架类零件视图表达方案分析　　　　　　　3 学时

学习活动三：零件上常见的工艺结构　　　　　　　　　　2 学时

学习活动四：零件尺寸的合理标注　　　　　　　　　　　3 学时

学习活动五：常用金属材料的牌号　　　　　　　　　　　4 学时

学习活动六：金属材料热处理基本知识　　　　　　　　　4 学时

学习活动七：绘制叉架类零件工作图　　　　　　　　　　4 学时

学习活动八：工作总结、展示与评价　　　　　　　　　　2 学时

学习活动一　领取任务、制订工作计划

【学习目标】

（1）独立阅读学习任务书，明确学习任务。

（2）独立查阅参考资料、网络资料等，小组讨论学习任务书。

建议学时：2 学时

学习地点：制图室、多媒体教室、资料查阅室

【学习准备】

学习任务书的分发，叉架类零件的模型及图片、录像、教材。

【学习过程】

企业通常要求技术工人能看懂工件图纸，认识金属材料的基本知识，了解金属材料的热处理基本知识。为了看懂图纸，在岗前培训时要求工人能绘制简单的零件图，了解零件常见的工艺结构、零件尺寸的合理标注。

一、引导问题

我们在接到一个工作任务以后，为了完成这个任务，我们需要完成哪些方面的知识储备？

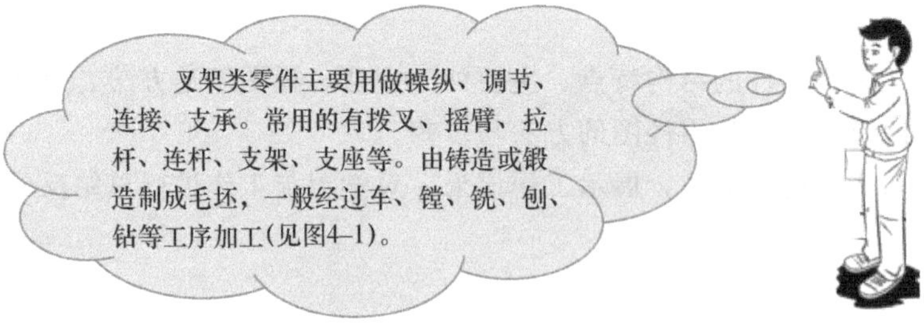

叉架类零件主要用做操纵、调节、连接、支承。常用的有拨叉、摇臂、拉杆、连杆、支架、支座等。由铸造或锻造制成毛坯，一般经过车、镗、铣、刨、钻等工序加工(见图4-1)。

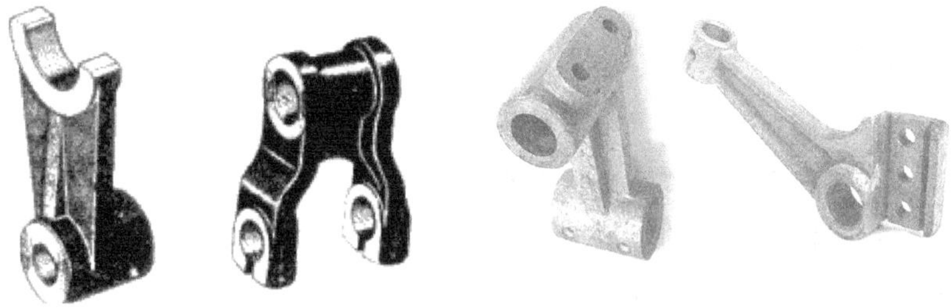

图 4-1

二、做一做

(1) 请通过视频、图片、资料查找，列举出三个叉架类零件。

1) 名称：_____

作用：_____

2) 名称：_____

作用：_____

3) 名称：_____

作用：_____

金属的工艺性能是指什么？叉架类零件通常采用什么方法制作？什么叫铸造？什么叫锻造？什么叫镗孔？

【小拓展】

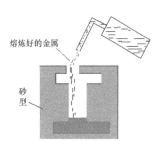

熔炼好的金属

砂型

图4-2

（1）铸造。熔炼金属，制造铸型，并将熔融金属浇入铸型，凝固后获得一定形状和性能铸件的成形方法，称为铸造（见图4-2）。

（2）锻压。锻压是锻造与冲压的合称，指借助于外力作用，使金属坯料产生塑性变形，从而获得要求的形状、尺寸和力学性能的毛坯或零件的一种压力加工方法。

做一做

（1）金属材料的工艺性能是指金属材料对不同加工方法的_____，它包括_____、_____、_____、_____和_____等。工艺性能直接影响零件制造的工艺、质量及成本，是选材和_____时必须要考虑的重要因素。

（2）结合实际，试简单分析减速器各零件的制造方法。

（3）解读叉架类零件认知的工作任务，并制订工作计划书（见表4-1）。

表4-1

任务四	叉架类零件认知		
工作目标			
学习内容			
执行步骤			
接受任务时间	年 月 日	完成任务时间	年 月 日
计划制订人		计划承办人	

学习活动二 叉架类零件视图表达方案分析

【学习目标】

借助资料、手册及网络，查阅减速器叉架类零件的主要功用、常用材料、结构特点、加工方法、视图表达方法、尺寸标准要求、技术要求等知识。

建议学时：3 学时

学习地点：制图室、多媒体教室、资料查阅室。

【学习准备】

叉架类零件、视频资料、教材。

【学习过程】

一、引导问题

看懂零件图是对技术工人的基本要求，通过典型零件的分析，有助于对知识的认识、归纳及总结，从而更好地掌握知识及技能。

前面我们已学习了轴套类零件、盘盖类零件，典型零件还有哪些?

二、做一做

(1) 查阅资料，回答叉架类零件的问题（见表 4－2）。

表 4－2

主要功用	
结构特点	
加工方法	
视图表达方法	
尺寸标准要求	
技术要求	

(2) 零件图应把零件的结构形状_____、_____、_____地表达出来。要满足这些要求，首先要对零件的_____进行分析，并了解零件在机器或部件中的_____、_____及_____，然后灵活地选择_____、_____、_____及其它各种表示法，在零件表达清楚的前提下尽量减少_____。

(3) _____是一组图形的核心，画图和看图都是从其开始的。选择主视图时，一般应综合考虑两个方面：

1) _____；

2) _____。

58

主视图的选择,应根据具体情况进行
分析,从有利于看图出发,在满足形体特
征原则的前提下,充分考虑零件的工作位
置和加工位置。

其他视图又如何选择?

(4) 读图 4 – 3 中托架零件图,回答问题。

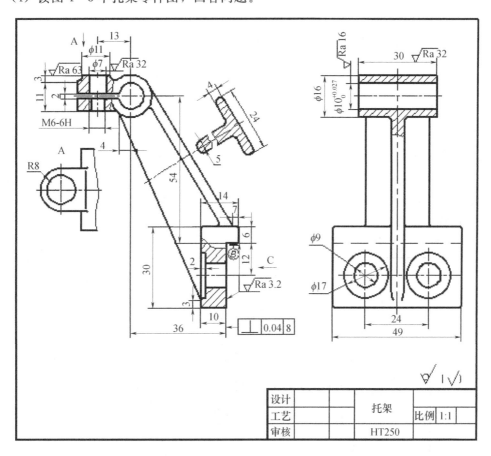

图 4 – 3

1) 托架零件图共用_____个图形表达。

2) 主视图上有两处采用_____剖视,上方注有 "A" 的图形是_____视图;
主视图中上、下的连接部分采用了_____图表达。

3) 用符号▲指出长、宽、高方向的尺寸基准。

(5) 读图 4 – 4 中拨叉 1 零件图,回答问题。

59

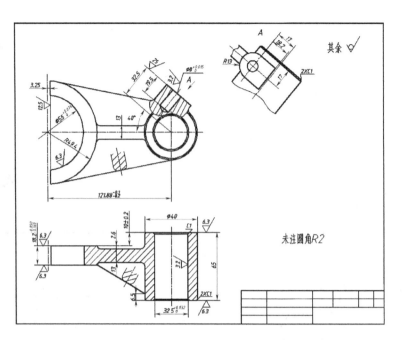

图 4-4

1）零件图共用_____个图形表达。

2）主视图上有一处采用_____剖视，上方注有"A"的图形是_____视图；主视图中左、右的连接部分采用了_____图表达。

3）用符号▲指出长、宽、高方向的尺寸基准。

（6）读图 4-5 中拨叉 2 零件图，回答问题。

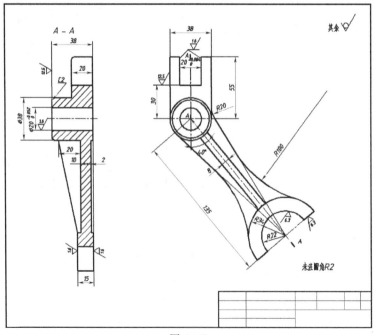

图 4-5

60

1）拨叉 2 零件图由_____组成。

2）主视图采用_____剖视，绘图时要注意的顺序是：_____
_____，此时，旋转部分的下部圆弧叉口结构与原图形不再保持投影关系。

3）上方注有"$A-A$"的图形是_____视图；主视图中圆弧形叉口与圆台之间的连接板，采用了_____图表达。

4）拨叉的主要形状：

①_____

②_____

③_____

④_____

5）用符号▲指出长、宽、高方向的尺寸基准。

6）拨叉 1 与拨叉 2 在零件图的绘图上有什么不同？为什么？

_____

_____

_____

【评价与分析】

评价方式：自我评价、小组评价、教师评价，结果请填写在表 4-3 中。

表 4-3

项次	项目要求	配分	得 分			备 注
			自评	小组评	教师评	
1	零件图的组成	10				
2	主视图的表达	20				
3	"$B-B$"的图形	20				
4	拨叉的主要形状	10				
5	尺寸基准	20				
6	两拨叉的视图比较	20				
合 计						

分析造成不合格项目的原因：

_____

改进措施：

_____

教师指导意见：

_____

学习活动三 零件上常见的工艺结构

【学习目标】

(1) 能表述减速器铸造工艺结构。

(2) 能表述减速器的机械加工工艺结构。

建议学时：2学时

学习地点：制图室、多媒体教室、资料查阅室

【学习准备】

模型及图片、录像、教材、减速器。

【学习过程】

一、引导问题

零件结构的工艺性是指什么？

零件结构的工艺性是指所设计零件的结构在一定生产条件下是否适合制造、加工工艺的一系列特点，能否质量好、产量高、成本低地把它制造出来，以得到较好经济效果。

二、做一做

(1) 零件上常见工艺结构有_____和_____。

(2) 在前面学习活动的拓展知识里介绍了铸造，常见的铸造工艺结构有：

1) _____；

2) _____；

3) _____。

(3) 由于铸造圆角的存在，零件上表面交线就显得不明显，称为_____；其画法与相贯线基本相同，只是_____。

(4) 铸件壁厚的要求_____

_____。

(5) 常见的机械加工工艺结构有：

1) _____；

2) _____；

3) _____;

4) _____。

（6）应用所学的知识，分析减速器的工艺结构。

学习活动四　零件尺寸的合理标注

【学习目标】

（1）能正确选择叉架零件的尺寸基准。

（2）能表述叉架零件合理尺寸标注。

（3）能表述叉架零件尺寸合理标注的方法和步骤。

建议学时：3 学时

学习地点：制图室、多媒体教室、资料查阅室

【学习准备】

模型及图片、录像、教材、减速器。

【学习过程】

一、引导问题

如何标注零件尺寸？

> 零件图上的尺寸是加工和检验零件的重要依据，是零件图的重要内容之一，是图样中指令性最强的部分。
>
> 标注尺寸的合理性，就是要求图样上所标注的尺寸既要符合零件的设计要求，又要符合生产实际，便于加工和测量，并有利于装配。

二、做一做

（1）在零件图上标注尺寸，必须做到：_____、_____、_____、_____。

（2）根据不同作用基准可分为：_____和_____。从设计角度考虑，为满足零件在机器或部件中对其结构、性能要求而选定的一些基准为_____；从加工工艺的角度考虑，为便于零件的加工、测量而选定的一些基准，称为_____。

（3）指出图 4-6 中拨叉的长、宽、高尺寸基准。

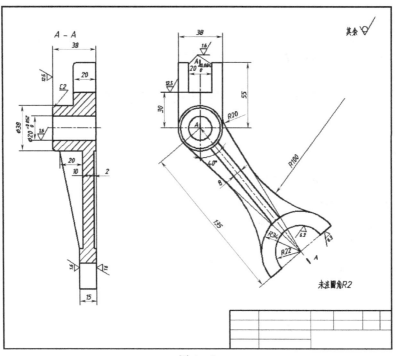

图 4 - 6

（4）合理标注尺寸的原则是：

1) _____ ；

2) _____ ；

3) _____ ；

4) _____ 。

（5）分析图 4 - 7 至图 4 - 10 尺寸标注的合理性、正确性。

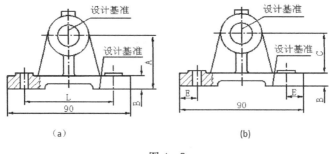

图 4 - 7

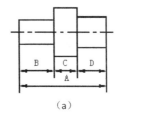 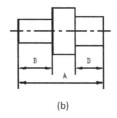

图 4 - 8

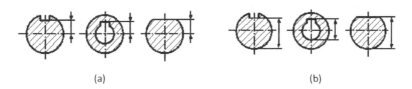

(a)   (b)

图 4 - 9

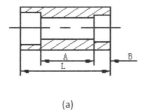 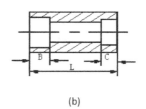

(a)   (b)

图 4 - 10

（6）关联零件间的尺寸应协调（见图 4 - 11）。

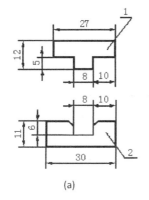 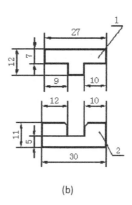

(a)   (b)

图 4 - 11

（7）不同工种的尺寸宜分开标注（见图 4 - 12）。

上面尺寸为_____尺寸；下面尺寸为_____尺寸。

（8）零件的内、外结构尺寸宜分开标注（见图 4 - 13）。

上面尺寸为_____尺寸；下面尺寸为_____尺寸。

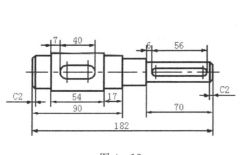 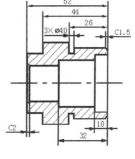

图 4 - 12   图 4 - 13

（9）某一结构同工序尺寸宜集中标注（见图 4-14）。

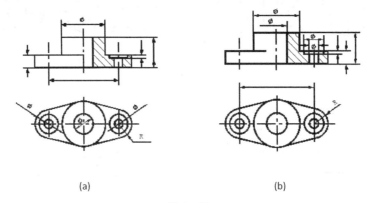

(a)   (b)

图 4-14

【评价与分析】

评价方式：自我评价、小组评价、教师评价，结果请填写在表 4-4 中。

表 4-4

项次	项目要求		配分	得 分			备 注
				自评	小组评	教师评	
1	零件尺寸的要求		10				
2	尺寸基准		10				
3	标识基准		15				
4	合理标注尺寸的原则		15				
5	分析尺寸标注的合理性、正确性	1	5				
		2	5				
		3	5				
		4	5				
		5	5				
		6	5				
		7	5				
		8	5				
合　计							

分析造成不合格项目的原因：

改进措施：

教师指导意见：

学习活动五　常用金属材料的牌号

【学习目标】

（1）能正确表述钢铁产品牌号表示方法的基本原则。

（2）能正确表述常用金属材料牌号。

建议学时：4学时

学习地点：制图室、多媒体教室、资料查阅室

【学习准备】

模型及图片、录像、教材、减速器。

【学习过程】

一、引导问题

金属材料是如何分类的？

机械零件所用金属材料多种多样，为了使生产、管理方便有序，有关标准对不同金属材料规定了它们牌号的表示方法，使其统一和便于采纳、使用。

二、做一做

（1）我国钢材的牌号表示，一般采用_____符号、_____字母和_____数字相结合的方法来表示。

（2）我国合金钢牌号采用_____、_____及_____来编号，简单明了，比较实用。

（3）碳素钢简称_____，碳素钢中除铁和碳两种元素外，还含有_____、_____、_____、_____、_____，其中有益元素有_____，有害元素有_____。

（4）铸铁与钢相比，虽然力学性能较低，但是具有良好的_____和_____性能，生产成本低，并具有良好的_____、_____、_____、_____、_____等性能，因而得到了广泛应用。

（5）填写表4–5中的问题。

表 4 - 5

材料种类		牌号表示法	举例并说明含义
碳素钢	（普通）碳素结构钢		
	优质碳素结构钢		
	碳素工具钢		
	铸造碳钢		
合金钢	合金结构钢		
	合金工具钢		
	特殊性能钢		
铸铁	灰铸铁		
	球墨铸铁		
	可锻铸铁		
	蠕墨铸铁		

（6）综合所学的知识，谈谈你的感受与收获。

学习活动六　金属材料热处理基本知识

【学习目标】

（1）能正确表述钢的热处理概念。

（2）能正确表述热处理工艺的三个阶段。

（3）能正确的表述热处理方法的种类。

建议学时：4 学时

学习地点：制图室、多媒体教室、资料查阅室

【学习准备】

模型及图片、录像、教材、减速器。

【学习过程】

一、引导问题

热处理的目的是什么？

热处理工艺在机械制造业中应用极为广泛。它能提高零件的使用性能,充分发挥钢材的潜力,延长零件的使用寿命。此外还可改善工件的工艺性能,提高加工质量,减小刀具磨损。

热处理的目的是:提高钢的力学性能、改善钢的工艺性能。

二、任务描述

配合多媒体课件,指导学生完成下面的工作页填写。

知识点:①热处理原理及分类;②热处理基本方法;③钢的表面热处理。

技能点:减速器典型零件热处理工艺分析。

三、做一做

(1) 热处理是将_____

_____。

(2) 钢的热处理的三个阶段:_____、_____和_____。

热处理温度—时间工艺曲线图是什么?

(3) 钢的热处理方法可分为_____、_____、_____、

_____和_____五种。

(4) 热处理之所以能使钢的性能发生变化,是由于_____转变,从而使钢在加热和冷却过程中,发生了_____变化。

(5) 在热处理工艺中,钢的加热是为了获取_____。

(6) 填表 4-6 中的问题。

(7) 调质处理:_____。

(8) 时效处理:_____

_____

_____。

(9) 钢的表面热处理有_____和_____两种,钢的渗碳是属

于_____。

（10）应用所学的知识，分析减速器齿轮轴零件的热处理工艺。

表 4-6

类别	定义	冷却方式	
退火			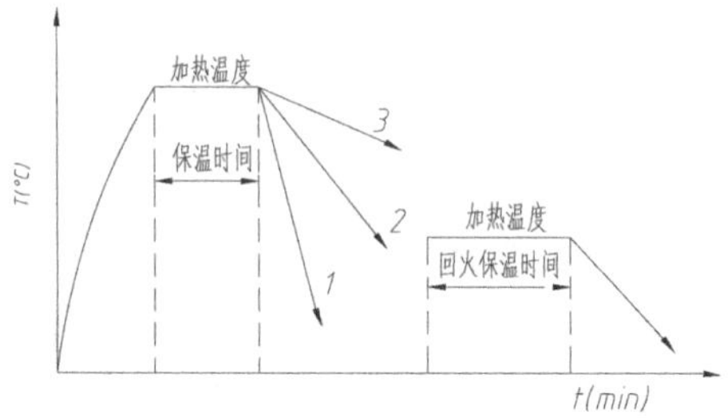
正火			
淬火			
回火			

学习活动七　绘制叉架类零件工作图

【学习目标】

（1）掌握叉架类零件的结构特点、主要加工方法、视图表达方法、尺寸标注方法、技术要求。

（2）能正确绘制叉架类零件工作图，要求图形表达合理，尺寸正确、合理、清晰。

建议学时：4学时

学习地点：制图室、多媒体教室、资料查阅室

【学习准备】

绘图工具、模型及图片、录像、教材、叉架类零件。

【学习过程】

一、引导问题

叉架类零件视图表达有何特点？绘制零件图时需注意什么问题？

二、任务描述

配合多媒体课件，指导学生完成下面的工作页填写。

前面我们学习了叉架类零件的视图表达方法、尺寸标准要求、技术要求等知识，也解读了拨叉零件图，现在综合应用所学的知识完成叉架零件的零件图绘制。

1. 提出工作任务

绘制叉架类零件工作图。

2. 任务讲解

知识点：画零件工作图的方法步骤。

技能点：如何选择不同的剖视图，能完整清晰地表达叉架类零件。

三、做一做

请运用所学知识分析图 4-15 中的叉架零件，该零件需要用多少个视图？表达方案如何确定？选用 A4 图纸绘制其零件工作图。（材料：HT150）

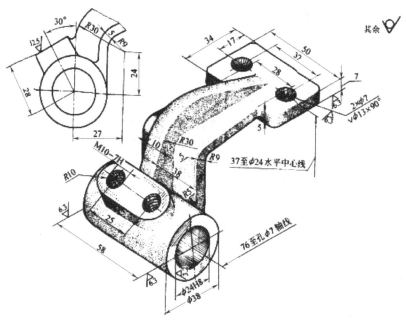

图 4-15

【评价与分析】

评价方式：自我评价、小组评价、教师评价，结果请填写在表 4-7 中。

表 4 - 7

项次	项目要求	配分	得 分			备 注
			自评	小组评	教师评	
1	图纸及选择比例合理	10				
2	布图合理	10				
3	图形表达正确	40				
4	尺寸标注正确	20				
5	线型应用正确	10				
6	图纸清晰、整洁	10				
	合 计					

分析造成不合格项目的原因：

_____

改进措施：

_____

教师指导意见：

_____

学习活动八　工作总结、展示与评价

【学习目标】

（1）能与人进行有效沟通，发现问题、分析问题及解决问题。

（2）能主动获取有效信息，展示工作成果，对学习与工作进行总结反思。

（3）撰写工作总结。

建议学时：2 学时

学习地点：制图室、多媒体教室、资料查阅室

【学习准备】

互联网资源、多媒体设备、工作页、计算机、PPT 或 DV。

【学习过程】

一、引导问题

成果展示过程也是知识回顾的过程，通过展示自己的成果，能锻炼自己的组织能力与表达能力。如何做得更好？

二、做一做

（1）你设计什么方式去展示你的成果？能用 PPT 或 DV 展示吗？

（2）解读你的叉架零件工作图。

（3）你对你的工作过程满意吗？叙述工作过程心得。

三、工作总结报告（见表4-8）

表4-8

一体化课程名称	《机械技术基础》机械制图与零件测绘		
任务（四）	叉架类零件认知		
姓 名		地 点	
班 级		时 间	
学习目的			
学习流程与活动			
收获与感受			

【评价与分析】

评价方式：自我评价、小组评价、教师评价，结果请填写在表4-9中。

任务四：叉架类零件绘制 技能考核评分标准表

表4-9

序号	项目	项目配分	子 项	子项配分	表现结果	评分标准	自我评价	小组评价	教师评价
1	纪律	12	迟 到	1		违规不得分			
			走 神	1		违规不得分			
			早 退	1		违规不得分			
			串 岗	1		违规不得分			
			旷 课	6		违规不得分			
			其他（玩手机）	2		违规不得分			
2	安全文明	10	衣着穿戴	2		不合格不得分			
			行为秩序	2		不合格不得分			
			6S	6		每S至少扣1分			
3	操作过程	8	安全操作	4		酌情扣分至少扣1分			
			规范操作	4		酌情扣分至少扣1分			
4	课题项目	70	完成学习活动一工作页	5		酌情扣分至少扣1分			
			完成学习活动二工作页	10		酌情扣分至少扣2分			
			完成学习活动三工作页	10		酌情扣分至少扣2分			
			完成学习活动四工作页	10		酌情扣分至少扣2分			
			完成学习活动五工作页	10		酌情扣分至少扣2分			
			完成学习活动六工作页	10		酌情扣分至少扣2分			
			完成学习活动七工作页	10		酌情扣分至少扣2分			
			完成学习活动八工作页	5		酌情扣分至少扣1分			
5	总分	100							

学习任务五
箱壳类零件绘制

【学习目标】

专业能力

(1) 识图能力（读零件图的方法与步骤：零件结构分析、表达方案分析、尺寸分析、读懂技术要求）。

(2) 绘图能力（制图技能：徒手绘图、尺规绘图）。

(3) 测绘能力（零件测绘的方法与步骤）。

(4) 空间想象能力（识读箱壳类零件的零件图）。

(5) 掌握减速器零件材料的选择、技术要求的选择：配合尺寸的判定、形位公差的判定、表面粗糙度的判定。

方法能力

(1) 通过图书资料或网络获取信息的能力（自学能力）。

(2) 空间思维和逻辑思维能力（二维空间→三维空间的能力）。

(3) 分析判断能力（综合应用《机械制图》知识的基本能力）。

(4) 观察和动手能力（看图与绘图能力）。

(5) 分析问题和解决问题的能力。

社会能力

(1) 团队协作意识的培养。

(2) 语言沟通和表达能力。

(3) 展示学习成果能力。

【建议课时】

38 学时

【工作流程与活动】

学习活动一：领取任务、解读任务书　　　　　　　　　　2 学时

学习活动二：查阅收集资料、制订方案　　　　　　　　　2 学时

学习活动三：方案优化、知识引导　　　　　　　　　　　10 学时

学习活动四：读零件图的方法　　　　　　　　　　　　　4 学时

学习活动五：零件测绘　　　　　　　　　　　　　　　　4 学时

【工作情景描述】

在生产实践中，为了推广和学习先进技术，某企业要求我们仿制和改造一减速器设备，现需对减速器装配体进行实物测量，并绘出装配图和零件图（见图 5-1）。

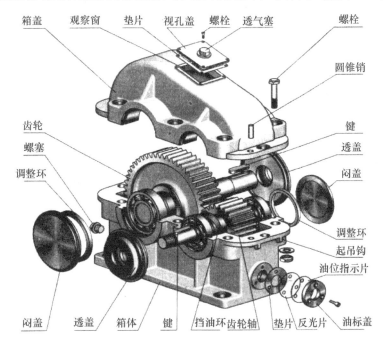

图 5-1

对装配体测绘的基本要求是：了解装配体的工作原理，熟悉拆装顺序，绘制装配示意图、零件草图、装配图及零件图。

学生在完成轴套类、盘盖类、叉架类零件测绘学习后，接着安排学习箱壳类零件测绘，重点学习零件测绘的方法与步骤，零件图上的技术要求（尺寸公差、形位公差、表面粗糙度），识读与绘制零件图的方法与步骤，为绘制拼画装配图做准备（见表 5-1）。

表 5-1

任务		活 动 内 容	总课时	课时分配
箱壳类零件绘制	学习活动一	领取任务书、解读任务书	38	2
	学习活动二	查阅收集资料、制订方案		2
	学习活动三	方案优化、知识引导		10
		（1）表面粗糙度		
		（2）尺寸公差		
		（3）形位公差		
	学习活动四	读零件图的方法		4
	学习活动五	零件测绘		4
	学习活动六	测绘箱壳类零件工作图		14
	学习活动七	工作总结、展示与评价		2

学习活动一　领取任务、解读任务书

【学习目标】

（1）能解读箱壳类零件绘制的工作任务，并制订工作计划书。

（2）能描述减速器箱体类零件的零件特点。

建议学时：2 学时

学习地点：制图一体化实训室

【学习准备】

教材、学生工作页、联网计算机。

【学习过程】

一、引导问题

我们在接到一个工作任务以后，为了完成这个任务，我们需要完成哪些方面的知识储备？

> 前面我们已经学习了轴套类零件、盘盖类零件、叉架类零件的绘制，减速器的零件分类还有哪些？
> 箱壳类零件的结构有什么特点？视图表达方案如何选择？零件的技术要求有哪些？
> 如何识读、绘制箱壳类零件图？

二、任务描述

配合多媒体课件，指导学生完成下面的工作页填写。

1. 提出工作任务

箱壳类零件的拆卸与测绘。

2. 任务讲解

绘制减速器箱座、箱盖零件工作图，需要掌握零件测绘的方法，掌握零件技术要求的内容，并掌握识读、绘制零件图的方法步骤。

3. 知识点、技能点

知识点：①零件图的技术要求：表面粗糙度、尺寸公差、形位公差；②识读零件图的方法、步骤。

技能点：掌握零件测绘的方法与步骤，能根据需要标注尺寸精度、表面粗糙度、形位公差等技术要求，绘制箱壳类零件工作图。

三、做一做

（1）分析减速器，请找出属于箱壳类的零件。

（2）图5-2是某一减速器箱盖零件图，请简述你能看得懂的内容及看不懂的内容。

（3）图5-3是某一减速器箱座零件图，请简述你能看得懂的内容及看不懂的内容。

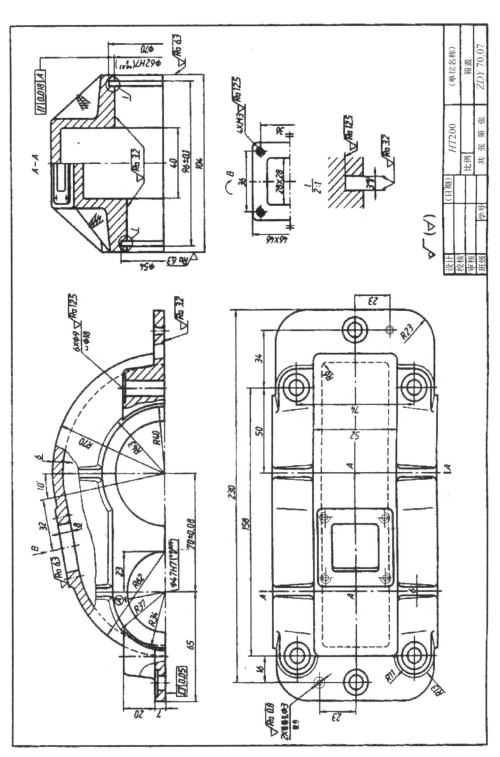

图 5 - 2

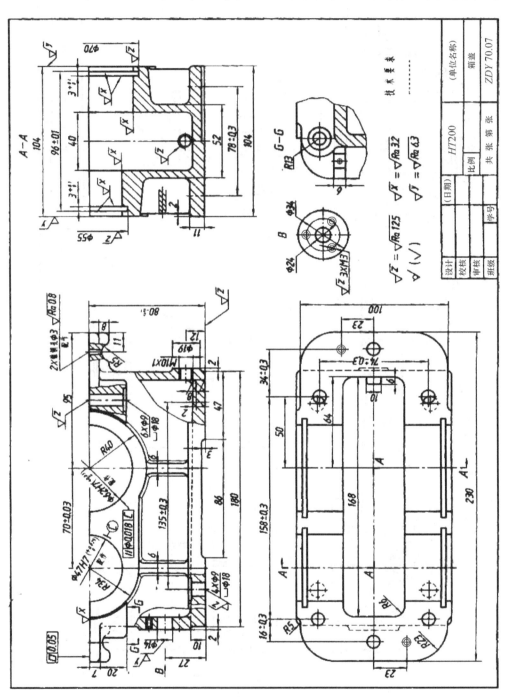

图 5-3

（4）解读箱壳类零件绘制的工作任务，并制订工作计划书（见表5-2）。

表5-2

任务五	箱壳类（箱座、箱盖）零件绘制		
工作目标			
学习内容			
执行步骤			
接受任务时间	年　月　日	完成任务时间	年　月　日
计划制订人		计划承办人	

学习活动二　查阅收集资料、制订方案

【学习目标】

（1）借助资料、手册及网络查阅减速器箱壳类零件的视图表达方案，所用材料的牌号。

（2）初步了解箱壳类零件结构及视图表达方法。

建议学时：2学时

学习地点：制图一体化实训室

【学习准备】

（1）讲解收集资料与制订方案的方法。

（2）准备资料、手册，开放网络连接。

【学习过程】

一、引导问题

前面我们已经学习了机件的表达方法。然而，一张完整的零件图不仅要有视图、尺寸、标题栏，还要有技术要求。零件图的技术要求有哪些？

减速器箱壳类零件图如何绘制？

二、任务描述

通过完成本任务的第一个学习活动，大家都已经明确了工作任务，本次学习活动要完成信息查询，制订方案。通过网络、查阅资料及其他途径了解减速器箱壳类零件的视图表达方案，及材料选择、牌号。

具体要求是：各小组发挥团队合作精神，通过分工合作查阅资料，讨论完成工作计划书，在此过程中，每一位同学必须独立完成箱座、箱盖的视图初步表达方案，并能回答工作页中提出的问题。

三、做一做

(1) 查阅资料，零件图的技术要求有哪些？什么叫尺寸公差？

(2) 查阅资料，试描述箱壳类零件的结构特点，视图表达方案的选择。

(3) 查阅资料，初步确定箱盖视图的表达方案及所用材料的牌号。

(4) 查阅资料，初步确定箱座视图的表达方案及所用材料的牌号。

四、知识连接

1. 箱壳类零件的特点（见表 5-3）

表 5-3

结构特点	箱壳类零件主要起包容、支撑其他零件的作用，常有内腔、轴承孔、凸台、肋、安装板、光孔、螺纹孔等结构
主要加工方法	毛坯一般为铸件，主要在铣床、刨床、钻床上加工
视图表达	一般需要两个以上基本视图来表达，主视图按形状特征和工作位置来选择，采用通过主要支撑孔轴线的剖视图表达其内部形状结构，局部结构常用局部视图、局部剖视图、断面图等表达
尺寸标注	长、宽、高三个方向的主要尺寸基准通常选用轴孔中心线、对称平面、结合面和较大的加工平面。定位尺寸较多时，各种孔的中心线之间的距离、轴承孔轴线与安装面的距离应直接注出
技术要求	壳体类零件的轴孔、结合面及重要表面，在尺寸精度、表面粗糙度和形位公差等方面有较严格的要求。常有保证铸造质量的要求，如进行时效处理，不允许有砂眼、裂纹等

2. 轴套类零件的特点（见表 5-4）

表 5-4

结构特点	通常由几段不同直径的同轴回转体组成，常有键槽、退刀槽、越程槽、中心孔、销孔，以及轴肩、螺纹等结构
主要加工方法	毛坯一般用棒料，主要加工方法是车削、镗削和磨削
视图表达	主视图按加工位置放置，表达其主体结构。采用断面图、局部剖视图、局部放大图等表达零件的局部结构
尺寸标注	以回转轴线作为径向尺寸基准，轴向的主要尺寸基准是重要端面。主要尺寸直接注出，其余尺寸按加工顺序标注
技术要求	有配合要求的表面，其表面粗糙度参数值较小；有配合要求的轴径、主要断面一般有形位公差要求

3. 盘盖类零件的特点（见表 5 - 5）

表 5 - 5

结构特点	主要部分常由回转体组成，也可能是方体或组合形体。零件通常有键槽、轮辐、均布孔等结构，并且常有一个段面与部件中的其他零件结合
主要加工方法	毛坯多为铸件，主要在车床上加工，轻薄时采用刨床或铣床加工
视图表达	一般采用两个基本视图表达，主视图按加工位置原则，轴线水平放置，通常采用全剖视图表达内部结构，另一个视图表达外形轮廓和其他结构，如孔、肋、轮辐的相对位置
尺寸标注	以回转轴线作为径向尺寸基准，轴向尺寸则以主要结合面为基准。对于圆或圆弧形盘类零件上的均布孔，一般采用"n×φmEQS"的形式标注，角度定位尺寸可省略
技术要求	重要的轴、孔和端面尺寸精度较高，且一般都有形位公差要求，如同轴度、垂直度、平行度和端面跳动等。配合内、外表面及轴向定位端面的表面有较高的表面粗糙度要求，材料多为铸件，有时效处理和表面处理等要求

4. 叉架类零件的特点（见表 5 - 6）

表 5 - 6

结构特点	叉架类零件通常由工作部分、支撑部分及连接部分组成，形状比较复杂且不规则。零件上常有叉形结构、肋板和孔、槽等
主要加工方法	毛坯多为铸件或锻件，经车、镗、铣、刨、钻等多种工序加工而成
视图表达	一般需要两个以上基本视图表达。常以工作位置为主视图，反映主要形状特征。连接部分和结部结构采用局部视图或斜视图，并采用剖视图、断面图、局部放大图表达局部结构
尺寸标注	尺寸标注比较复杂。各部分的形状和相对位置的尺寸要直接标注。尺寸基准常选择安装基面、对称平面、孔的中心线和轴线
技术要求	支撑部分、运动配合面及安装面均有较严的尺寸公差、形状公差和表现粗糙度等要求

学习活动三　方案优化、知识引导

【学习目标】

（1）了解表面结构及表面粗糙度的基本概念，掌握表面结构及表面粗糙度的符号、代号及其标注、识读和应用。

（2）了解极限的概念、标准公差与基本偏差，掌握尺寸公差在图样上的标注、识读和应用。

（3）熟悉常用形位公差的特征项目、符号及其标注、识读和应用。

（4）能对减速器零件进行形位公差检测。

建议学时：10 学时

学习地点：制图一体化实训室

【学习准备】

(1) 教材《机械制图》、《机械制图新国家标准》、《金属材料与热处理》、《极限配合与技术测量基础》。

(2) 减速器。

(3) 测量工具、绘图工具、表面粗糙度样块。

(4) 计算机、移动投影、投影布幕、实物投影仪（辅助教学）。

(5) 多媒体课件。

零件图上，除了用视图表达零件的结构形状、用尺寸表达零件各组成部分的大小及位置关系外，通常还标注有关的技术要求。技术要求一般有哪几方面的内容？

【学习过程】

表 5－7

零件图上的技术要求		课　时
(1) 表面粗糙度	知识点：了解表面结构及表面粗糙度的基本概念，掌握表面结构及表面粗糙度的符号、代号及其标注和识读 技能点：检测减速器零件的表面粗糙度	2
(2) 尺寸公差	知识点：了解极限的概念、标准公差与基本偏差，掌握基孔制、基轴制的概念与标注特征；掌握尺寸公差在图样上的标注和识读 技能点：确定减速器具有配合关系零件的尺寸公差	4
(3) 形位公差	知识点：熟悉常用形位公差的特征项目、符号及其标注和识读 技能点：检测减速器零件的形位公差	4

一、表面粗糙度

1. 引导问题

何谓表面粗糙度？

表面粗糙度是评定零件表面质量的一项技术指标，它对零件的配合性质、耐磨性、抗腐蚀性、接触刚度、抗疲劳强度、密封性和外观等都有影响。

2. 任务描述

配合多媒体课件，指导学生完成下面的工作页填写。

知识点：①表面粗糙度的评定参数；②表面粗糙度符号和代号的识读；③表面粗糙度标注与识读。

技能点：检测减速器箱盖、底座零件的表面粗糙度。

3. 做一做

（1）表面粗糙度的评定参数（见图5-4）。

表面粗糙度是评定零件表面质量的一项重要指标，粗糙度值越小，表面质量要求越_____。

选用原则：在满足使用要求的前提下，应尽量选用较_____的粗糙度值。

（2）表面粗糙度符号和代号的识读。

1）表面粗糙度基本图形符号如图5-5所示。

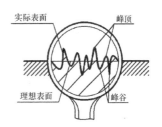

图5-4

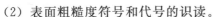

(a)　　(b)　　(c)　　(d)　　(e)　　(f)

图5-5

请解析其含义：

图5-5（a）表示用_____获得的表面；

图5-5（b）表示用_____获得的表面，如车、铣、刨、磨、电火花等加工方法；

图5-5（c）表示用_____获得的表面，如铸、锻、轧等加工方法；

图5-5（d）表示在图样某个视图上构成封闭轮廓的各表面有相同的表面结构要求时，用_____获得的表面；

图5-5（e）表示在图样某个视图上构成封闭轮廓的各表面有相同的表面结构要求时，用_____获得的表面；

图5-5（f）表示在图样某个视图上构成封闭轮廓的各表面有相同的表面结构要求时，用_____获得的表面，

2）比较表面粗糙度新国标注法与旧国标注法的异同。

新国标注法见图5-6。

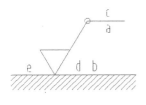

图5-6

a——第一个表面结构要求；

b——第二个表面结构要求；

c——加工方法、表面处理、涂层或其他加工工艺要求；

d——加工纹理方向及符号（见表5-8）；

e——加工余量（mm）。

表 5-8

符号	说明	示意图	符号	说明	示意图
=	纹理平行于标注代号的视图的投影面		C	纹理呈近似同心圆	
⊥	纹理垂直于标注代号的视图的投影面	纹理方向	R	纹理呈近似放射形	
×	纹理呈两相交的方向	纹理方向	P	纹理无方向或呈凸起的细粒状	
M	纹理呈多方面				

图 5-7

旧国标注法（见图 5-7）。

a_1——粗糙度高度参数代号及其数值（μm）；

b——加工要求、镀覆、涂覆、表面处理或其他说明等；

c——取样长度（mm）或波纹度（μm）；

d——加工纹理方向符号；

e——加工余量（mm）；

f——粗糙度间距参数值（mm）或轮廓支承长度率。

（3）表面粗糙度标注与识读。

1）将指定表面粗糙度用代号标注在图 5-8 上。

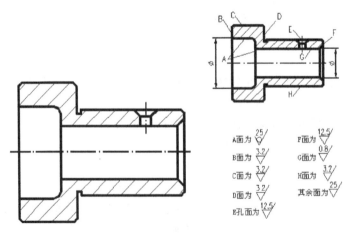

A面为 $\overset{25}{\triangledown}$　　　F面为 $\overset{12.5}{\triangledown}$

B面为 $\overset{3.2}{\triangledown}$　　　G面为 $\overset{0.8}{\triangledown}$

C面为 $\overset{3.2}{\triangledown}$　　　H面为 $\overset{3.2}{\triangledown}$

D面为 $\overset{3.2}{\triangledown}$　　　其余面为 $\overset{25}{\triangledown}$

E孔为 $\overset{12.5}{\triangledown}$

图 5-8

2）分析图 5-9 中减速器箱盖零件图，比较其表面粗糙度与我们实训测绘箱盖的表面粗糙度选择是否相似。请找出粗糙度要求最高的地方。

84

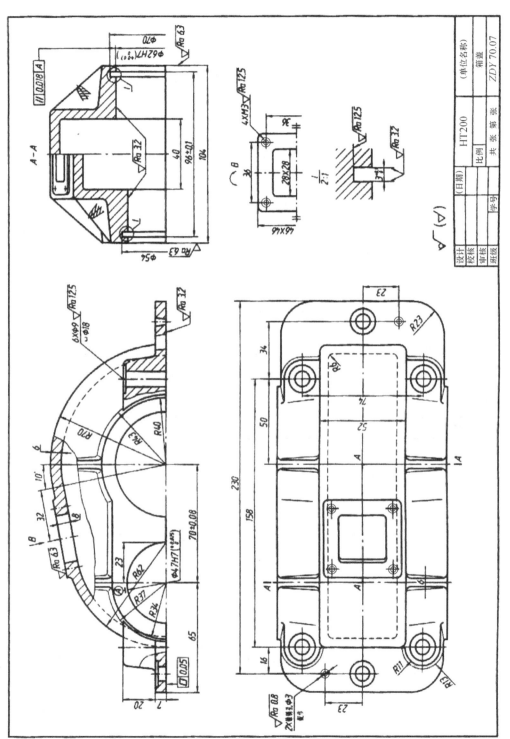

图 5-9

3）请查阅资料，了解标注表面粗糙度代（符）号的基本原则。

（4）表面粗糙度检测。

使用表面粗糙度样块检测减速器零件的表面粗糙度，并在表5-9中填写检测结果。

表 5-9

检测工件表面	判断被测表面的表面粗糙度值

4. 小拓展

（1）绘图参考：符号的尺寸（见表5-10）。

表 5-10

轮廓线的线宽 b	0.35	0.5	0.7	1	1.4	2	2.8
数字与大写字母（或/和小写字母）的高度 h	2.5	3.5	5	7	10	14	20
符号的线宽 d' 数字与字母的笔画宽度 d	0.25	0.35	0.5	0.7	1	1.4	2
高度 H_1	3.5	5	7	10	14	20	28
高度 H_2	8	11	15	21	30	42	60

（2）测绘参考：表面粗糙度 Ra 数值的适用范围（见表5-11）。

表 5-11

表面粗糙度 Ra 值	适 用 范 围
$\overset{0.8}{\bigtriangledown} \sim \overset{1.6}{\bigtriangledown}$	配合表面重要接触面
$\overset{3.2}{\bigtriangledown} \sim \overset{6.3}{\bigtriangledown}$	一般接触面
$\overset{12.5}{\bigtriangledown}$	一般表面

二、极限与配合

1. 引导问题

零件在加工过程中，由于机床精度、刀具磨损、测量误差等的影响，不可能把零件的尺寸加工得绝对准确。为了保证互换性，必须将零件尺寸的加工误差限制在一定范围内。这就引出公差与配合的概念。

2. 任务描述

配合多媒体课件，指导学生完成下面的工作页填写。

知识点：①互换性的概念；②极限和配合的基本概念及名词术语；③配合的有关术语；④公差与配合的选用；⑤公差与配合的注法及查表。

技能点：确定减速器具有配合关系零件的尺寸公差。

3. 做一做

(1) 识读图5-10的零件尺寸，熟悉有关公差的名词概念。

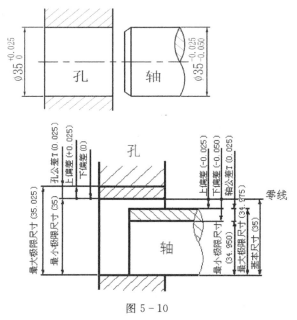

图 5-10

(2) ϕ60H8 表示基本尺寸为_____，基本偏差为_____，标准公差等级为_____级的孔的公差带。

ϕ60f7 表示基本尺寸为_____，基本偏差为_____，标准公差等级为_____级的轴的公差带。

(3) 查表，将极限偏差数值（单位：mm）填入公差带后的括号内。

ϕ30H8（   ）、ϕ60JS7（   ）、ϕ25m6（   ）、ϕ40f7（   ）

(4) 识读图5-11、图5-12并填空。

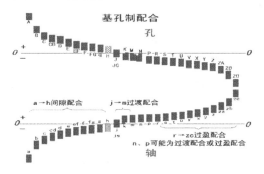

图 5-11

基孔制：基准孔 H 与轴配合。a～h 用于＿＿＿＿＿＿＿＿配合；j～m 主要用于＿＿＿＿＿＿＿＿配合；n～p 可能为＿＿＿＿＿＿＿＿配合或＿＿＿＿＿＿＿＿配合；r～zc 主要用于＿＿＿＿＿＿＿＿配合。

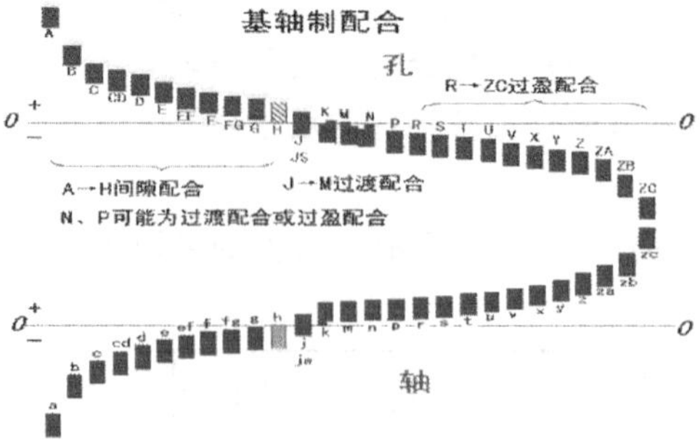

图 5－12

基轴制：基准轴 h 与孔配合。A～H 用于＿＿＿＿＿＿＿＿间配合；J～M 主要用于＿＿＿＿＿＿＿＿配合；N～P 可能为＿＿＿＿＿＿＿＿配合或＿＿＿＿＿＿＿＿配合；R～ZC 主要用于＿＿＿＿＿＿＿＿配合。

（5）读图 5－13、图 5－14 并填空：

1）采用基孔制时，分子为基准孔代号＿＿＿＿＿＿＿＿及公差等级。

$\phi30\dfrac{H8}{f7}$＿＿＿＿＿＿＿＿制，＿＿＿＿＿＿＿＿配合。

$\phi30H8$ 表示＿＿＿＿＿＿＿＿尺寸，$\phi30f7$ 表示＿＿＿＿＿＿＿＿尺寸。

$\phi40\dfrac{H7}{n6}$＿＿＿＿＿＿＿＿制，＿＿＿＿＿＿＿＿配合。

$\phi40H7$ 表示＿＿＿＿＿＿＿＿尺寸，$\phi40n6$ 表示＿＿＿＿＿＿＿＿尺寸。

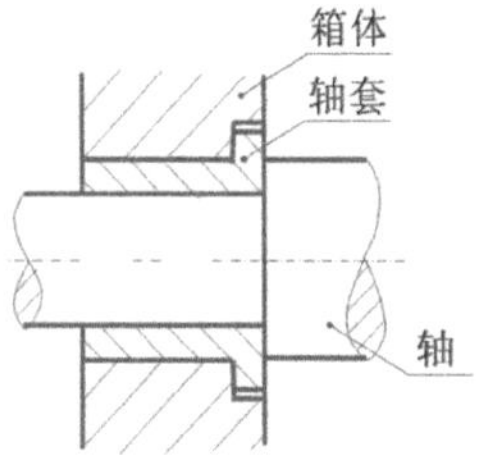

图 5－13

2）采用基轴制时，分母为基准轴代号＿＿＿＿＿＿＿＿及公差等级。

$\phi12\dfrac{F8}{h7}$＿＿＿＿＿＿＿＿制，＿＿＿＿＿＿＿＿配合。

$\phi12F8$ 表示＿＿＿＿＿＿＿＿尺寸，$\phi12h7$ 表示＿＿＿＿＿＿＿＿尺寸。

$\phi12\dfrac{J8}{h7}$＿＿＿＿＿＿＿＿制，＿＿＿＿＿＿＿＿配合。

$\phi12J8$ 表示＿＿＿＿＿＿＿＿尺寸，$\phi12h7$ 表示＿＿＿＿＿＿＿＿尺寸。

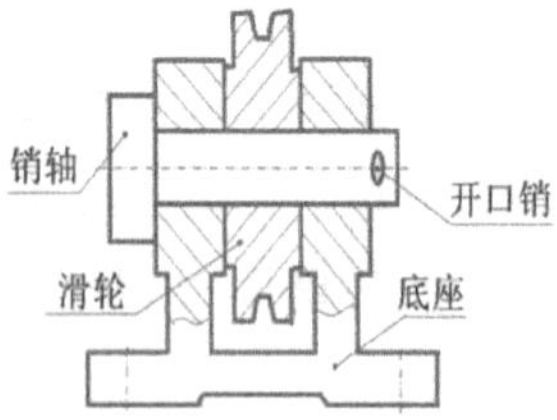

图 5－14

（6）公差在零件图中有三种标注形式：

1）注＿＿＿＿＿＿＿＿代号。特点：配合精度明确，标注简单，但数值不直观。适用于量规检测的尺寸。

2）注＿＿＿＿＿＿＿＿（常用）。特点：数值直观，用万能量具检测方便。试制单件及小批生产用此法较多。

3）＿＿＿＿＿＿＿＿标注。特点：既明确配合精度又有公差数值。适用于生产规模不确定的情况。

（7）根据装配图上的尺寸标注，查表后分别在零件图上注出相应的基本尺寸公差代号和极限偏差，并解释配合代号的意义（见图 5 - 15）。

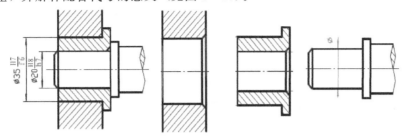

图 5 - 15

ϕ35H7/f6：基＿＿＿制，＿＿＿配合，孔的公差等级代号是＿＿＿，轴的公差等级代号是＿＿＿。

ϕ20H8/h7：基＿＿＿制，＿＿＿配合，孔的公差等级代号是＿＿＿，轴的公差等级代号是＿＿＿。

（8）已知轴与孔的基本尺寸为 ϕ35，采用基轴制，轴的公差等级为 IT6，孔的公差等级为 IT7，基本偏差代号为 N，要求在零件图上注出基本尺寸和极限偏差，在装配图上注出基本尺寸和配合代号（见图 5 - 16）。

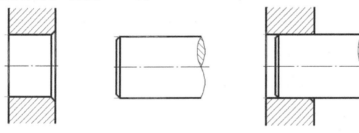

图 5 - 16

（9）查阅资料，分析减速器，请找出有配合关系的零件，并确定其配合关系（填入表 5 - 12）。

表 5 - 12

配合零件名称	配合代号

（10）请分析图 5 - 17 中减速器齿轮轴零件，找出有配合关系的尺寸，分析其配合关系、极限偏差、标准公差，查表确定极限偏差数值，根据测量及查表结果在图中标注尺寸，并填写恰当的技术要求。

4. 小拓展

（1）公差与配合的选用

1）基准制配合的选择。实际生产中，可从机器的结构、工艺要求、经济性等方面考

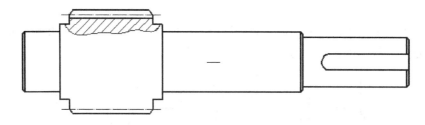

图 5 - 17

虑。一般应优先选用_____配合。但若与标准件配合，则应按标准件确定基轴制配合，如与滚动轴承内外圈的配合。

2）公差等级的选择。公差等级的高低影响着产品的性能和加工的经济性，一般轴加工较困难，选公差等级时，通常孔比轴低_____级。一般机械中，精密部位用 IT5、IT6，常用部位用 IT6～IT8，次要部位用 IT8～IT9。

3）公差与配合的优先选用。按照定义，只要基本尺寸相同的孔、轴公差带结合起来，就可组成配合，即使采用基孔制和基轴制，配合的数量仍较多，这样不能发挥标准的作用，对生产极为不利，因此，国标规定了_____和常用配合。

（2）测绘参考：零件的尺寸公差及配合要求（见表 5 - 13）。

表 5 - 13

配合零件名称	配合代号
箱体、箱盖支承孔与轴承外圈	K7/h6　K7/h7
大齿轮与输出轴	H7/h6　H7/k6
输出轴、齿轮轴（输入）与轴承内圈	H7/k6

（3）参考资料：减速器装配图（见图 5 - 18）。

三、形位公差

1. 引导问题

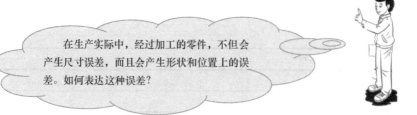

在生产实际中，经过加工的零件，不但会产生尺寸误差，而且会产生形状和位置上的误差。如何表达这种误差？

2. 任务描述

配合多媒体课件，指导学生完成下面作业。

知识点：①形状和位置公差的基本概念；②形位公差的名称和符号；③形状和位置公差的标注。

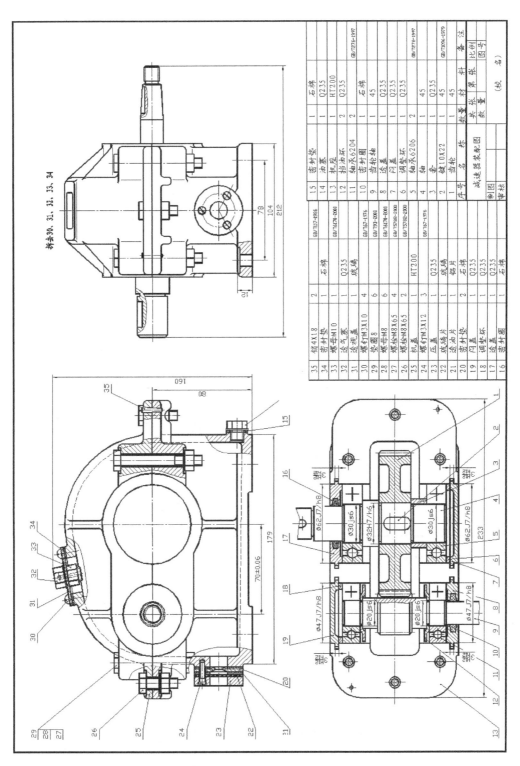

序号	名 称	数量	材 料	备 注
35	销4X18	2		GB/T117-1986
34	密封垫	1	石棉	
33	螺母M10	1	Q235	GB/T6170-2000
32	透气塞	1	玻璃	
31	透视盖	1		
30	螺钉TM3X10	4		GB/T67-1976
29	垫圈8	6		GB/T93-2000
28	螺母M8	6		GB/T6170-2000
27	螺栓M8X65	4		GB/T5780-2000
26	螺栓M8X65	2		GB/T5782-2000
25	机盖	1	HT200	
24	螺钉TM3X12	3		GB/T67-1976
23	压盖	1	Q235	
22	玻璃片	1	玻璃	
21	透油片	1	铝片	
20	密封垫	2	石棉	
19	闷盖	1	Q235	
18	调整环	1	Q235	
17	透盖	1	Q235	
16	密封圈	1	石棉	

序号	名 称	数量	材 料	备 注
15	密封垫	1	石棉	
14	油塞	1	Q235	
13	机座	1	HT200	
12	挡油环	2	Q235	
11	轴承6204	2		GB/T276-1997
10	密封圈	1	石棉	
9	齿轮轴	1	45	
8	透盖	1	Q235	
7	闷盖	1	Q235	
6	调整环	1	Q235	
5	轴承6206	2		GB/T276-1997
4	轴	1	45	
3	键10X22	1	Q235	GB/T1096-1979
2	齿轮	1	45	
1	齿轮	1	45	
序号	名 称	数量	材 料	备 注
制图			减速器装配图	(校 名)
审核				

拆去30、31、32、33、34

图 5 – 18

（1）形位公差检测（见图 5 - 19）。

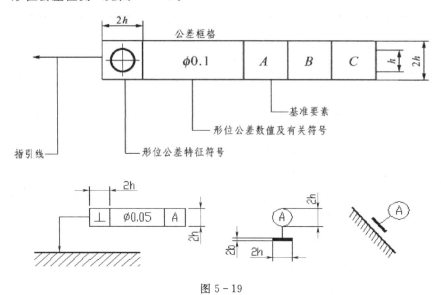

图 5 - 19

（2）形状公差带的定义和标注（见表 5 - 14）。

表 5 - 14

	平面度	直线度	圆柱度	圆度
公差带				
标记示例				

（3）位置公差带的定义和标注示例（见表 5 - 15）。

表 5 - 15

	平行度	对称度	垂直度
公差带			
标记示例			

	同 轴 度	圆 跳 动
公差带	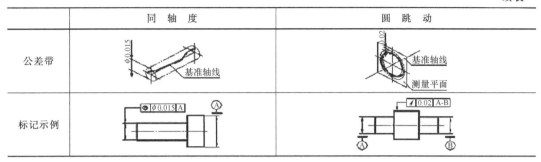	
标记示例		

(4) 基准的标注方法（见图 5-20）。

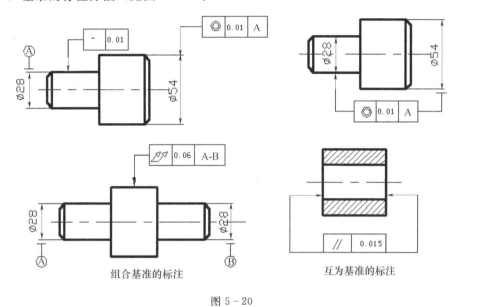

图 5-20

3. 做一做

(1) 识读形位公差标注示例（见表 5-16），回答老师提问（抽查）。

表 5-16

分类	项目符号	标 注 示 例	说 明
形状公差	直线度 ———		圆柱表面上任一素线的形状所允许的变动全量（0.02mm）（左图）
	平面度 ▱		实际平面的形状所允许的变动全量（0.05mm）
	圆度 ○		在圆柱轴线方向上任一横截面的实际圆所允许的变动全量（0.02mm）
	圆柱度 ⌭		实际圆柱面的形状所允许的变动全量（0.05mm）

93

分类	项目符号	标 注 示 例	说 明
形状公差	线轮廓度 ∩		在零件宽度方向,任一横截面的实际线的轮廓形状所允许的变动全量(0.04mm)(尺寸线上有方框之尺寸为理想轮廓尺寸)
	面轮廓度 ⌒		实际表面的轮廓形状所允许的变动全量(0.04mm)
位置公差	平行度 ∥ 垂直度 ⊥ 倾斜度 ∠		实际要素对基准在方向上所允许的变动全量(∥为0.05mm,⊥为0.05mm,∠为0.08mm)。
	同轴度 ◎ 对称度 ═ 位置度 ⊕		实际要素对基准在位置上所允许的变动全量(◎为0.05mm,═为0.05mm,⊕为φ0.3mm)。 (尺寸线上有方框之尺寸为理想轮廓尺寸)
	圆跳动 全跳动		(1)实际要素绕基准轴线回转一周时所允许的最大跳动量(圆跳动)。 (2)实际要素绕基准轴线连续回转时所允许的最大跳动量(全跳动) (图中从上至下所注,分别为圆跳动的径向跳动、端面跳动及的径跳)

（2）解释图 5 - 21 中各形位公差标注的含义，要求说明被测要素是什么？基准要素是什么？测量项目是什么？允许的公差变动值是多少？

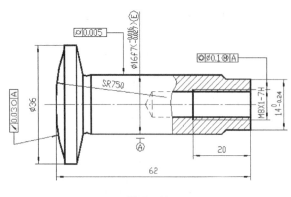

图 5 - 21

（3）分析图 5 - 22 中减速器箱座零件图，解释各形位公差标注的含义。要求说明被测要素是什么？基准要素是什么？测量项目是什么？允许的公差变动值是多少？

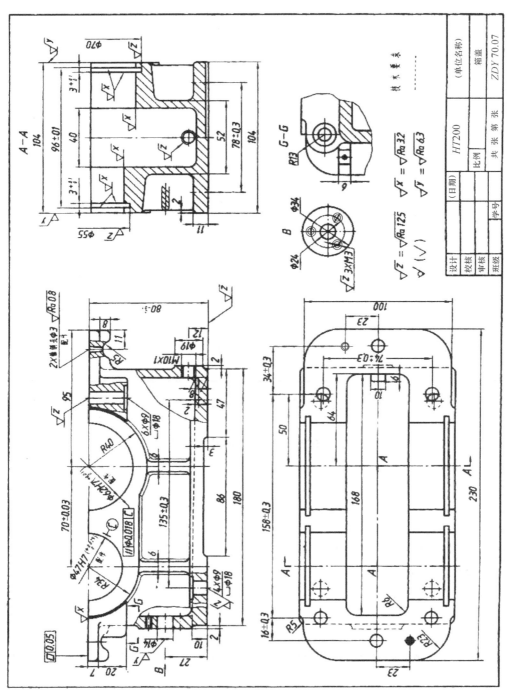

图 5-22

95

（4）查阅资料，分析图 5-23 中减速器输出轴零件，判断在哪里需要填写形位公差要求，并在图中标注。

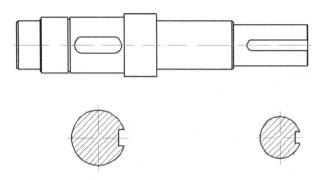

图 5-23

（5）形位公差检测：测量减速器箱座上表面的平面度，其表面的平面度公差值为 0.05mm，记录测量数据（见表 5-17）。

表 5-17

组	素 线	测量要素		数值单位
		M_{max}	M_{min}	$f = M_{max} - M_{min}$
1				
2				
3				

评定检测结果：取最大值与公差比较，判定该平面是否超差。

学习活动四　读零件图的方法

【学习目标】

（1）掌握识读零件图的方法和步骤。

（2）能识读中等复杂程度的零件图。

建议学时：4 学时

学习地点：制图一体化实训室

【学习准备】

（1）教材《机械制图》、《机械制图新国家标准》、《金属材料与热处理》、《极限配合与技术测量基础》。

（2）减速器、千分尺。

（3）测量工具、绘图工具、表面粗糙度样块。

（4）计算机、移动投影、投影布幕、实物投影仪（辅助教学）。

（5）多媒体课件。

一、引导问题

在设计、生产、学习等活动中，看零件图是一项非常重要的工作。看组合体视图的方法是看零件图的重要基础。

二、任务描述

配合多媒体课件，指导学生完成下面的工作页填写。

1. 基本要求

（1）了解零件的名称、用途和材料。

（2）了解组成零件各部分结构形状的特点、功用，以及他们之间的相对位置。

（3）弄清零件各部分的定形尺寸和定位尺寸。

（4）了解零件的制造方法和各项技术要求。

2. 看零件图的方法和步骤

（1）概括了解。从标题栏了解零件的名称、材料、比例等，从图形配置了解所采用的表达方法等。

（2）具体分析。

1）表达方案分析。

2）形体分析、线面分析、结构分析。

3）分析尺寸。

4）分析技术要求。

（3）归纳总结。综上所述，将零件的结构形状、尺寸标注及技术要求综合起来，就能比较全面地阅读这张零件图。在实际读图过程中，上述步骤常常是穿插进行的。

三、做一做

（1）识读齿轮轴零件图（见图 5-24）并回答问题。

1）看标题栏了解零件概况。从标题栏可知，该零件叫_____。齿轮轴是用来_____，其材料为_____号钢，属于_____零件。

2）看视图，想象零件形状。分析表达方案和形体结构，表达方案由_____图和_____面图组成，轮齿部分作了_____剖。主视图已将齿轮轴的主要结构表达清楚，齿轮轴是由_____段不同直径的回转体组成，最大圆柱上制有_____，最右端圆柱上有一_____，零件两端及轮齿两端有_____，C、D 两端面处有砂轮越程槽。移出断面图用于表达键槽_____和进行有关标注。

3）看尺寸标注，分析尺寸基准。齿轮轴中两处 $\phi 35k6$ 轴段是用来安装_____，以及 ϕ_____轴段用来安装联轴器，径向尺寸的基准为齿轮轴的_____。端面 C 用于安装挡油环及轴向定位，所以端面 C 为_____方向的主要尺寸基准，注出了尺寸 2、8、76 等。端

97

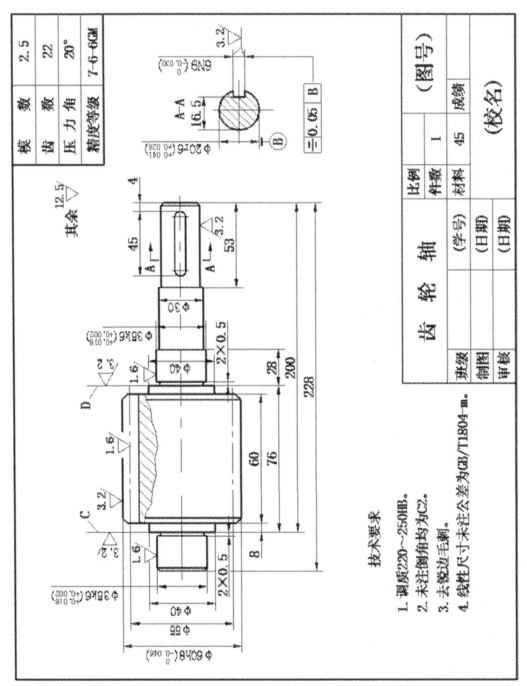

模 数	2.5
齿 数	22
压 力 角	20°
精度等级	7-6-6GM

其余 $\sqrt{\text{12.5}}$

技术要求

1. 调质220~250HB。
2. 未注圆角均为C2。
3. 去锐边毛刺。
4. 线性尺寸未注公差为GB/T1804-m。

齿 轮 轴					
				比例	(图号)
				样数	1
设计	(孝号)	(日期)		材料	45
制图		(日期)			成绩
审核		(日期)			(校名)

图 5-24

面 D 为长度方向的第一辅助尺寸基准，注出了尺寸 2、28。齿轮轴的右端面为长度方向尺寸的_____辅助基准，注出了尺寸 4、53 等。键槽长度_____，齿轮宽度_____等为轴向的重要尺寸，已直接注出。

4）看技术要求，掌握关键质量。两个 φ_____ 及一个 φ_____ 的轴颈处有配合要求，尺寸精度较高，均为_____级公差，相应的表面粗糙度要求也较高，分别为 Ra_____ 和_____。对键槽提出了位置公差_____度要求。对热处理、倒角、未注尺寸公差等提出了_____项文字说明要求。

5）归纳总结。通过上述看图分析，对齿轮轴的作用、结构形状、尺寸大小、主要加工方法及加工中的主要技术指标要求，就有了较清楚的认识。综合起来，即可得出齿轮轴的总体印象（见图 5-25）。

图 5-25

（2）分析箱盖零件图（见图 5-26），并回答问题：

1）该零件采用了哪些视图、剖视图或其他表达方法？

2）$A-A$ 是什么剖视图？B 向是什么视图？

3）指出该零件在长、宽、高三个方向的主要尺寸基准。

4）找出图中具有公差配合的尺寸。

5）指出图中有哪些尺寸没按国家标准要求标注的，并指出错误的地方。

6）说明 B 向视图中 28×28 及 46×46 的含义，4×M3-7H 的含义。

7）该零件粗糙度要求最高的地方是哪里？

8）解释图中标有形位公差的含义。

（3）分析箱座零件图（见图 5-27），并回答问题：

1）该零件采用了哪些视图、剖视图或其他表达方法？

2）$C-C$ 是什么剖视图？$B-B$ 是什么视图？

3）俯视图中的虚线部分表示什么？

4）指出该零件在长、宽、高三个方向的主要尺寸基准。

5）找出图中具有公差配合的尺寸。

6）指出图中有哪些尺寸没按国家标准要求标注的，并指出错误的地方。

7）说明局部放大图放大了几倍？分析被放大部分的尺寸，为什么要配置尺寸公差？

8）该零件粗糙度要求最高的地方是哪里？

9）解释图中标有形位公差的含义。

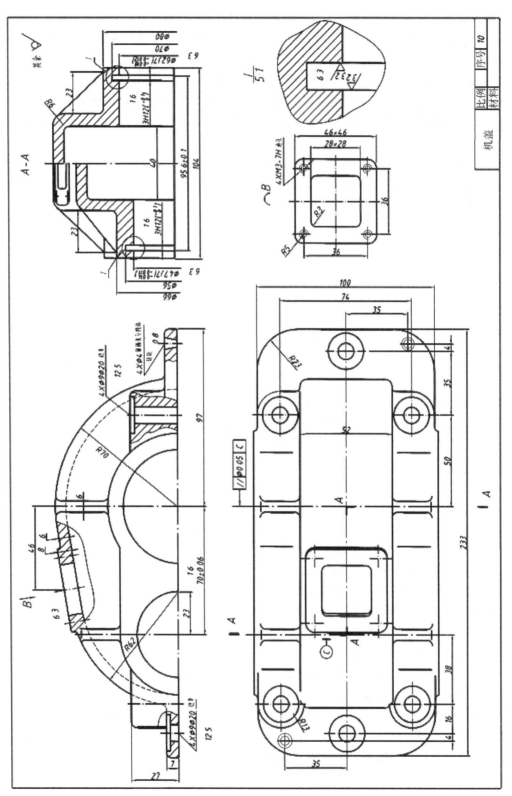

图 5 - 26

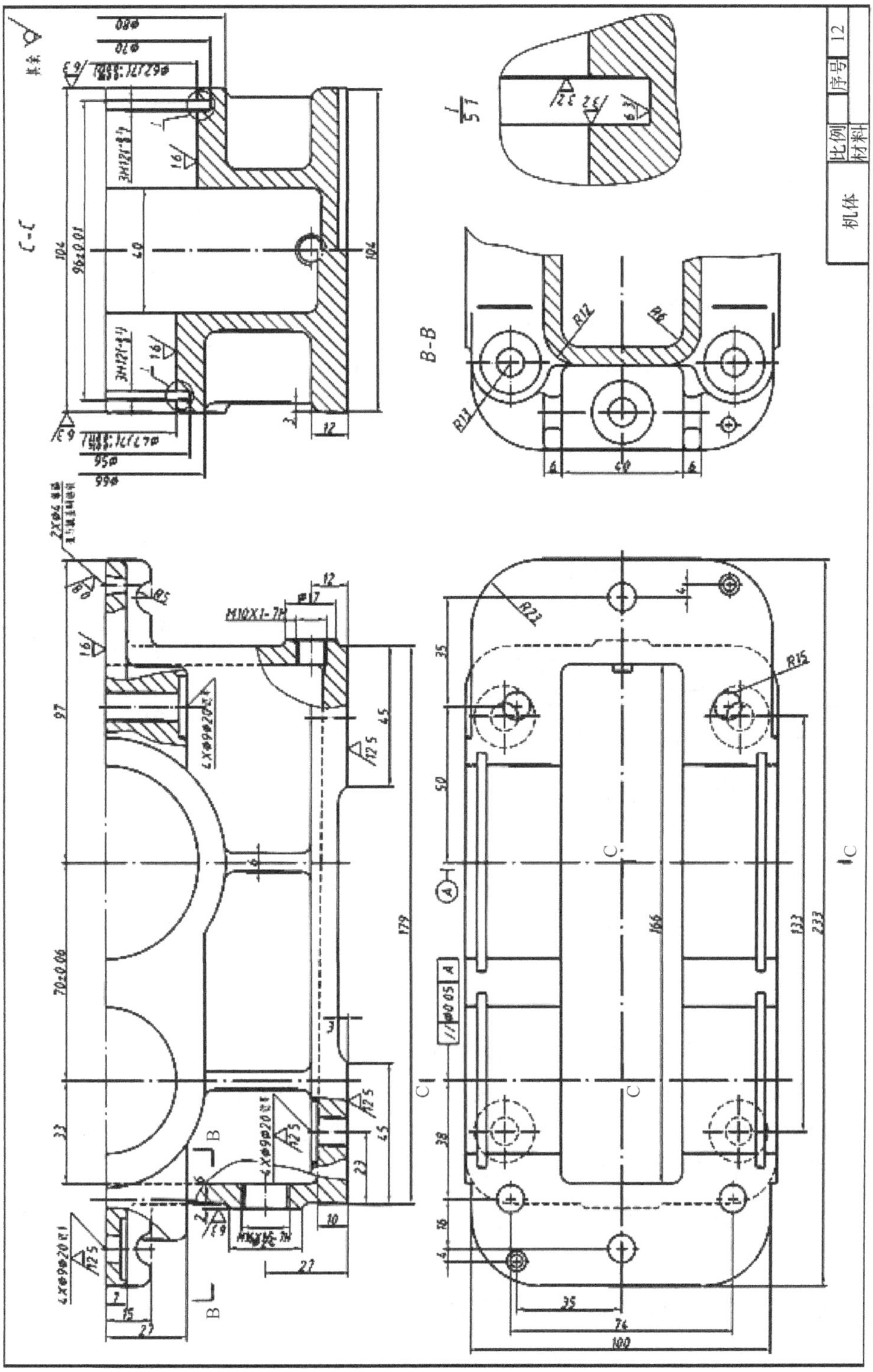

图 5 - 27

101

(4) 识读壳体零件图（见图 5-28），并回答问题：

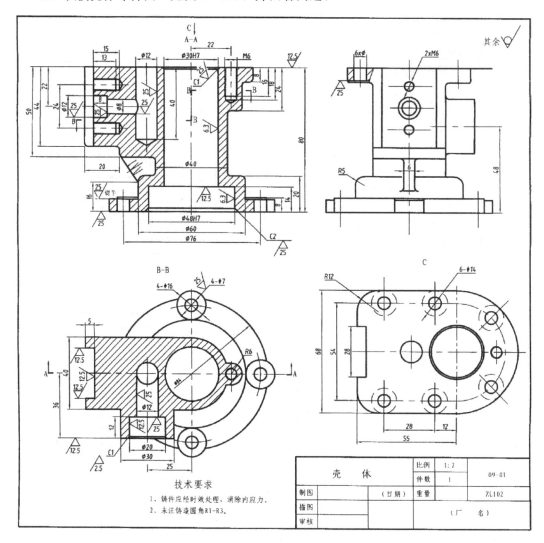

图 5-28

1) 该零件采用了哪些视图、剖视图或其他表达方法？

2) A—A 是什么剖视图？B—B 是什么剖视图？C 向是什么视图？

3) 指出该零件在长、宽、高三个方向的主要尺寸基准。

4) 分析主视图中的定形尺寸及定位尺寸。

4) 说明主视图 Φ30H7 的意义。

5) 说明左视图 2×M6 的含义。

6) 说明符号 $\overset{6.3}{\nabla}$ ∇ 的含义。$\overset{12.5}{\nabla}$ 和 $\overset{6.3}{\nabla}$ 比较，哪个光滑些？为什么？

学习活动五　零件测绘

【学习目标】

（1）熟练掌握部件测绘的基本方法和步骤。

（2）进一步提高零件图表达方法和绘图的技能技巧。

（3）提高零件图的上尺寸标注、公差配合及形位公差标注的能力，了解有关机械结构方面的知识。

（4）正确使用参考资料、手册、标准及规范等。

（5）培养独立分析和解决实际问题的能力，为后继课程学习及今后工作打下基础。

建议学时：4学时

学习地点：制图一体化实训室

【学习准备】

（1）教材《机械制图》、《机械制图新国家标准》、《金属材料与热处理》、《极限配合与技术测量基础》、《机械手册》。

（2）减速器。

（3）测量工具、绘图工具、表面粗糙度样块。

（4）计算机、移动投影、投影布幕、实物投影仪（辅助教学）、多媒体课件。

（5）A3草图图纸（每人两张）。

【学习过程】

一、引导问题

在仿造和修配机器部件以及技术改造时，常常要进行零件测绘，因此，它是工程技术人员必备的技能之一。

二、任务描述

零件测绘，就是依据已有的零件，画出它的图形，测量出它的尺寸，制订必要的技术要求。零件测绘工作通常在现场进行，受条件限制，不便使用绘图仪器，一般先徒手绘制零件草图，然后整理完成零件工作图

三、知识链接

1. 画零件草图的基本要求及注意事项

零件草图是目测比例，徒手画出的零件图，它是实测零件的第一手资料，也是整理装

配图与零件工作图的主要依据。草图不能理解为潦草绘制的图，而应认真地对待草图的绘制工作。

零件草图应满足以下两点要求：

（1）零件草图所采用的表达方法、内容和要求与零件工作图一致。

（2）表达完整、线型分明、投影关系正确、字体工整、图面整洁。

画零件草图时的注意事项：

（1）注意保持零件各部分的比例关系及各部分的投影关系。

（2）注意选择比例，一般按1:1画出，必要时可以放大或缩小。视图之间留足标注尺寸的位置。

（3）零件的制造缺陷，如刀痕、砂眼、气孔及长期使用造成的磨损，不必画出。

（4）零件上因制造、装配需要的工艺结构，如倒角、倒圆、退刀槽、铸造圆角、凸台、凹坑等，必须画出。

2. 视图选择的一般原则

选择视图时，基本原则是：在完整、清晰地表达零件内、外形状结构的前提下，尽量减少图形数量，以便画图和看图。

（1）主视图的选择。主视图是表达零件最主要的一个视图，在选择主视图时应考虑以下两个方面。

1）确定零件的安放位置，其原则是尽量符合零件的主要加工位置和工作（安装）位置。这样便于加工和安装，通常对轴、套、盘等回转体零件选择其加工位置；对叉架、箱体类零件选择其工作位置。

2）确定零件主视图的投射方向，选择最能明显地反映零件形状和结构特征以及各组成形体之间相互关系的方向，这样能较快地看清楚零件的开关与结构。

（2）其他视图的选择。主视图选定以后，其他视图的选择考虑以下几点：

1）根据零件的内外结构和复杂程度全面地考虑所需要的其他视图，使每个视图有一个表达重点，注意采用的视图数目不宜过多，以免烦琐、重复，导致主次不分。

2）优先考虑用基本视图，以及在基本视图上作剖视图。

3）合理布置视图位置：使图样清晰美观又有利于图幅的充分利用。

3. 作图步骤（零件图）

（1）用2H铅笔画出各视图的对称中心线、作视图基准线。

（2）画零件的外形轮廓、主要结构部分。

（3）画零件的细微结构部分，可采用局部视图、局部剖视、局部放大和剖面，简化画法等。

（4）认真检查，发现错误及时修正，然后用HB或B铅笔按国家标准线型要求加深。

4. 尺寸标注

零件图上的尺寸标注，要做到完整、清晰、符合标准，且能满足设计要求和工艺要求。标注尺寸时应做到：

（1）从设计要求和工艺要求出发，选择恰当的尺寸基准，不要注成封闭尺寸链。

（2）尺寸应尽量注在视图外边、两视图中间。

（3）部件中两零件有联系的部分，尺寸基准应统一。

（4）对于标准结构，如螺纹、退刀槽、轮齿、应把测量结果与标准核对，采用标准值。

（5）重要尺寸，如配合尺寸、定位尺寸、保证工作精度和性能的尺寸等，应直接标注出来。

（6）零件上一些常见结构，如底板、端面、法兰盘图形要按一定的标注方式进行尺寸标注。

5. 技术要求

（1）材料。零件材料的确定，可根据实物结合有关标准、手册的分析初步确定。常用的金属材料有碳钢、铸铁、铜、铅及其合金。参考同类型零件的材料，用类比法确定或参阅有关手册。

（2）表面粗糙度。零件表面粗糙度等级可根据各个表面的工作要求及精度等级来确定，可以参考同类零件的粗糙度要求或使用粗糙度样块进行比较，确定表面粗糙度等级时可根据下面几点决定：

1）一般情况下，零件的接触表面比非接触表面的粗糙度要求高。

2）零件表面有相对运动时，相对速度越高所受单位面积压力越大，粗糙度要求越高。

3）间隙配合的间隙越小，表面粗糙度要求应越高，过盈配合为了保证连接的可靠性亦应有较高要求的粗糙度。

4）在配合性质相同的条件下，零件尺寸越小则粗糙度要求越高，轴比孔的粗糙度要求高。

5）要求密封、耐腐蚀或装饰性的表面粗糙度要求高。

6）受周期载荷的表面粗糙度要求应较高。

（3）形位公差。标注形位公差时参考同类型零件，用类比法确定，无特殊要求时一律不标注。

（4）公差配合的选择。参考类似部件的公差配合，通过分析比较来确定。我们测绘的减速器部件，齿轮与轴之间、滚动轴承轴承座与箱体孔之间、轴承内圈与轴之间都有配合要求，选择时可参考有关手册及资料。

（5）技术要求。凡是用符号不便于表示，而在制造时或加工后又必须保证的条件和要求都可注写在"技术要求"中，其内容参阅有关资料手册，用类比法确定。

6. 尺寸测量与尺寸数字处理

（1）尺寸测量。在测量零件时，应根据零件尺寸的精确程度选用相应的量具，常用的测量工具有游标卡尺、外卡、内卡、直尺、角度规、螺纹规等，精度低的尺寸可用内、外卡及钢尺测量，精度较高的尺寸应采用游标卡尺进行测量。

注意事项：

1）测量时应尽量从基准出发减少测量误差。

2）尽量避免尺寸换算以减少错误。

（2）尺寸数字处理。零件的尺寸有的可以直接量得，有的要经过一定的运算后才能得到，如中心距等，测量所得的尺寸还必须进行尺寸处理：

1）一般尺寸，大多数情况下要取到整数。

2）重要的直径要取标准值。

3）对标准结构（如螺纹、键槽、齿轮的轮齿）的尺寸要取相应的标准值。

4）没有配合关系的尺寸或不重要的尺寸，一般取到整数。

5）有配合关系的尺寸（配合孔轴）只测量它的基本尺寸，其配合性质和相应公差值查阅手册。

6）有些尺寸要进行复核，如齿轮传动轴孔中心距要与齿轮的中心距核对。

7）因磨损、碰伤等原因而使尺寸变动的零件要进行分析，标注复原后的尺寸。

8）零件的配合尺寸要与相配零件的相关尺寸协调，即测量后尽可能将这些配合尺寸同时标注在有关的零件上。

四、做一做

（1）根据零件测绘要求，查阅资料，明确工作任务的过程及步骤，测绘减速器箱盖零件草图。

（2）根据零件测绘要求，查阅资料，明确工作任务的过程及步骤，测绘减速器箱座零件草图。

操作提示

（1）零件草图绘制步骤：

1）分析零件，了解材料、结构特点、加工方法等。

2）选择视图和表达方案，画草图。

3）注尺寸：选基准，合理标注尺寸。

4）测量零件，填写尺寸数字。

5）填写技术要求、标题栏。零件名称：箱盖、箱座；材料：HT200（灰口铸铁）。

（2）零件测绘注意事项：

1）在进行零件测绘时，应灵活应用各种图样表达方法，如视图、剖视图、断面图及其他表达方法等，正确、完整、清晰地表达零件结构。

2）对零件如下的一些结构，如螺纹、齿轮轮齿，键槽等，应熟记它们的规定画法，计算方法，查表方法，并能正确画出。

3）零件图上的尺寸标注应做到正确、完整、清晰，并尽可能做到合理。

4）零件图上的技术要求（如尺寸公差、表面粗糙度、形位公差与配合）应尽可能满足生产实际，也可参阅国家有关标准和其他有关资料。

（3）部件测绘中画零件草图还应注意以下几点：

1）除标准件之外的其余所有零件都必须画出其零件草图。

2）画成套零件草图，可先从主要的或大的零件着手，按装配线关系依次画出各零件草图，以便随时校核和协调零件的相关尺寸。

3）两零件的配合尺寸或结合起来面的尺寸量出后，要及时填写在各自的零件草图中，以免发生矛盾。

（4）零件尺寸的测量方法。测量时，应根据对尺寸精度要求的不同选用不同的测量工具。常用的量具有钢直尺，内、外卡钳等；精密的量具有游标卡尺、千分尺等；此外，还有专用量具，如螺纹规、圆角规等。

常见尺寸的测量方法见图 5-29～图 5-32。

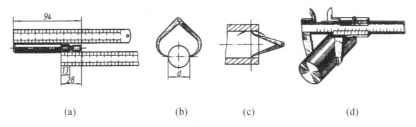

图 5-29　线型尺寸及内、外径尺寸的测量方法

（a）用钢尺测一般轮廓；（b）用外卡钳测外；（c）用内卡钳测内径；（d）用游标卡尺测精确尺寸

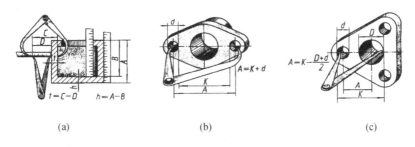

图 5-30　壁厚、孔间距的测量方法

（a）测量壁厚；（b）测量孔间距；（c）测量孔间距

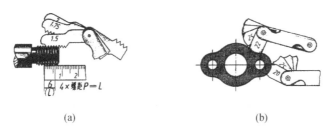

图 5-31　螺距、圆弧半径的测量方法

（a）用螺纹规测量螺距；（b）用圆角规测量圆弧半径

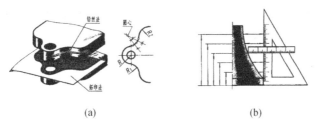

图 5-32　曲面、曲线的测量方法

（a）用铅丝法和拓印法测量曲面；（b）用坐标法测量曲线

【评价与分析】

零件测绘考核标准（见表 5-18）。

项目	内 容	分值	要 求	自评
表达方法	表达方案，图样画法	40	表达方案力求做到正确、完整、清晰、简练，画法符合国标规定	
尺寸标注	尺寸基准，定形，定位尺寸，总体尺寸	20	主要基准选择正确，尺寸标注正确、完整、清晰并力求合理，主要尺寸一定要直接注出	
技术要求	尺寸公差，配合，形位公差，表面粗糙度	20	基准选择合理，标注符合国标规定	
图面质量	布局，图线，图面，字体	20	布局合理，线型粗细分明，图面整洁，字体工整	

学习活动六　测绘箱壳类零件工作图

【学习目标】

（1）能理解箱壳类零件图的绘制方法和步骤，进一步提高绘图的技能技巧。

（2）能正确使用参考资料、手册、标准及规范等，能正确使用常用测量工具和绘图工具。

建议学时：14 学时

学习地点：制图一体化实训室

【学习准备】

（1）教材《机械制图》、《机械制图新国家标准》、《金属材料与热处理》、《极限配合与技术测量基础》、《机械手册》。

（2）减速器。

（3）测量工具、绘图工具、表面粗糙度样块。

（4）计算机、移动投影、投影布幕、实物投影仪（辅助教学）、多媒体课件

（5）A3 图纸（每人两张）。

【学习过程】

一、引导问题

箱壳类零件的结构有何特点？视图表达方案如何选择？请检查修改后的箱盖与箱座零件草图，如何把其画成零件工作图？

二、任务描述

（1）用 A3 图纸，选用适当的比例绘制箱盖、箱座零件工作图。要求做到：视图数目要恰当，表达方案的选择要正确，尺寸和技术要求的标注要齐全、合理。

（2）在零件图中，可以采用类比法注写技术要求，也可参照指导教师的规定标注。最后应按规定要求填写标题栏的各项内容。

（3）图面要整洁、清晰，图线要光滑，同类图线的粗细要一致，圆弧连接处要平滑过渡。

（4）正确使用参考资料、手册、标准及规范等，正确使用常用测量工具和绘图工具。

（5）在绘图中要注意培养独立分析问题和解决问题的能力，并且保质、保量、按时完成减速器盘盖类零件图绘制工作任务。

1. 画图前的准备

（1）了解零件的用途、结构特点、材料及相应的加工方法。

（2）分析零件的结构形状，确定零件的视图表达方案。

2. 画零件图方法和步骤

（1）定图幅。根据视图数量和大小，选择适当的绘图比例，确定图幅大小。

（2）画出图框和标题栏（见图 5－33）。

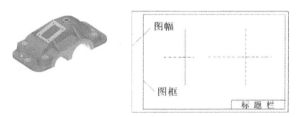

图 5－33

（3）布置视图。根据各视图的轮廓尺寸，画出确定各视图位置的基线。画图基线包括：对称线、轴线、某一基面的投影线（见图 5－34）。注意各视图之间要留出标注尺寸的位置。

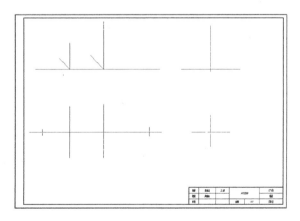

图 5－34

109

（4）画底稿。按投影关系，逐个画出各个形体。先画主要形体，后画次要形体；先定位置，后定形状；先画主要轮廓，后画细节。

（5）加深。检查无误后，加深并画剖面线。

（6）完成零件图。标注尺寸、表面粗糙度、尺寸公差等，填写技术要求和标题栏（见图 5 - 35）。

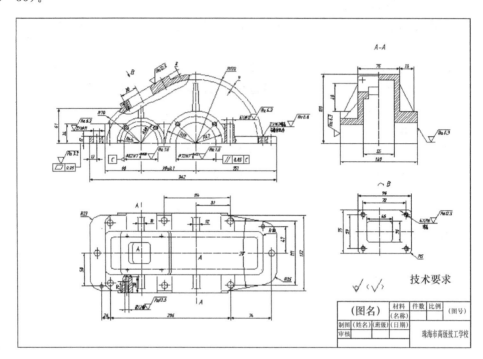

图 5 - 35

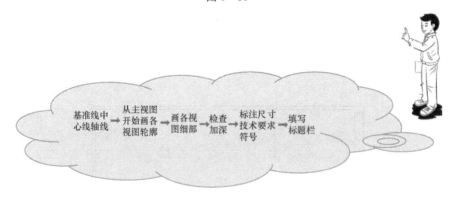

三、做一做

（1）简述画零件图的方法与步骤。

（2）检查减速器的箱盖零件草图，选择恰当的比例，用 A2 图纸把其改画成零件工作图。

（3）检查减速器的箱座零件草图，选择恰当的比例，用 A2 图纸把其改画成零件工作图。

学习活动七　工作总结、展示与评价

【学习目标】

(1) 掌握总结报告的格式与写法，独立撰写工作总结。

(2) 了解 PPT 的制作方法。

(3) 能展示工作成果并进行工作总结。

建议学时：2 学时

学习地点：制图一体化实训室

【学习准备】

(1) 任务书。

(2) 演示文稿 PPT。

(3) 减速器箱壳盖类零件图工作图（箱盖、箱座）。

(4) 互联网资源、多媒体设备、工作页、计算机。

【学习过程】

一、引导问题

通过本任务学习，你学会了些什么？你对工作过程满意吗？你觉得还有哪些地方是需要改进的？

你将如何通过 PPT 制作，把减速器零件测绘的工作过程及工作成果展示出来？

二、任务描述

(1) 学习总结报告的书写格式与写法。

(2) 了解演示文稿 PPT 的制作方法。

(3) 学生自评、互评，独立书写工作总结报告，通过小组评价和成果展示，培养自信心，提高表达能力。

(4) 指导学生演讲、展示工作成果、做工作总结报告。

三、做一做

(1) 你准备通过什么样的形式来展示你的成果？

(2) 试制作 PPT 演示文稿，展示减速器箱壳类零件绘制的工作过程，并展示你的工作成果。

（3）你对工作过程满意吗？你觉得还有哪些地方是需要改进的？

四、工作总结报告（见表5-19）

表5-19

一体化课程名称	机械技术基础——机械制图与零件测绘		
任　务	箱壳类零件绘制		
姓　名		地　点	
班　级		时　间	
学习目的			
学习流程与活动			
收获与感受			

【评价与分析】

　　评价方式：自我评价、小组评价、教师评价，结果请填写在表5-20中。

　　任务五：箱壳类零件绘制　技能考核评分标准表

表5-20

序号	项目	项目配分	子　项	子项配分	表现结果	评分标准	自我评价	小组评价	教师评价
1	纪律	12	迟　到	1		违规不得分			
			走　神	1		违规不得分			
			早　退	1		违规不得分			
			串　岗	1		违规不得分			
			旷　课	6		违规不得分			
			其他（玩手机）	2		违规不得分			
2	安全文明	10	衣着穿戴	2		不合格不得分			
			行为秩序	2		不合格不得分			
			6S	6		每S至少扣1分			
3	操作过程	8	安全操作	4		酌情扣分至少扣1分			
			规范操作	4		酌情扣分至少扣1分			
4	课题项目	70	完成学习活动一工作页	5		酌情扣分至少扣1分			
			完成学习活动二工作页	5		酌情扣分至少扣1分			
			完成学习活动三工作页	15		酌情扣分至少扣2分			
			完成学习活动四工作页	10		酌情扣分至少扣2分			
			完成学习活动五工作页	10		酌情扣分至少扣2分			
			完成学习活动六工作页	20		酌情扣分至少扣2分			
			完成学习活动七工作页	5		酌情扣分至少扣1分			
5	总分	100							

学习任务六

标准件与常用件认知

【学习目标】

专业能力

（1）识图能力（识读减速器装配图中的标准件：标准件结构、规定画法与标记的表达方式、规格尺寸、读懂技术要求）。

（2）绘图能力（制图技能：徒手绘图、尺规绘图）。

（3）专业资料查询能力（查阅图表确定标准件相关尺寸及标记代号）。

（4）掌握标准件中重复出现的结构要素的规定简化表示法。

方法能力

（1）自学能力（通过图书资料或网络获取信息）。

（2）分析判断能力（标准件类型判断及尺寸标注）。

（3）分析问题和解决问题的能力（对标准件知识的综合运用）。

（4）质量管理能力（标准件采购）。

社会能力

（1）团队协作意识的培养。

（2）语言沟通和表达能力。

（3）展示学习成果能力。

【建议课时】

28 学时

【工作流程与活动】

学习活动一：领取任务、查阅资料、制订工作计划		2 学时
学习活动二：螺纹画法		10 学时
学习活动三：齿轮画法及测绘方法		4 学时
学习活动四：键连接和销连接		2 学时
学习活动五：滚动轴承		2 学时
学习活动六：绘制大齿轮、齿轮轴零件工作图		6 学时
学习活动七：工作总结、展示与评价		2 学时

【工作情景描述】

在机器或部件的装配、安装中，广泛地使用螺纹紧固件或其他连接件紧固、连接。同时，在机械传动、支承、减震等方面，也经常使用齿轮、轴承等零件。这些被大量使用的零件，在结构、规格尺寸和技术要求等方面作了统一规定，实行了标准化，统称为标准件。国家有关部门也发布了各种标准件的参数标准。

某企业在减速器装配过程中，为了提高劳动生产率，降低成本，确保产品质量，需要使用标准件，现委托学习小组完成相关标准件的安装任务。

【学习任务描述】

各学习小组接受工作任务后，在老师的指导下，借助国家标准等技术资料，重点掌握螺纹、螺纹紧固件、键、销、滚动轴承、齿轮的规定画法；掌握某些结构要素规定的简化表示法，标准件代号和标记，为绘制减速器装配图做准备（见图 6-1 及表 6-1）。

> 标准件——结构、尺寸、规格等都已经标准化
> 的机件，如螺钉、螺栓、螺母、垫
> 圈、键、销等。
>
> 常用件——部分重要参数标准化、系列化的机
> 件，如齿轮、弹簧等。
>
> 重要内容：
> *标准件、常用件的规定画法
> *标准件的规定标记方法
> *标准件的查表方法

图 6-1

表 6-1

任　务		活　动　内　容	总课时	课时分配
标准件与常用件认知	学习活动一	领取任务、查阅资料、制订工作计划	28	2
	学习活动二	螺纹画法		10
		（1）螺纹（螺纹要素、螺纹画法）		
		（2）螺纹标记		
		（3）螺纹紧固件（种类、标记、连接画法）		
	学习活动三	齿轮画法及测绘方法		4
	学习活动四	键连接和销连接		2
	学习活动五	滚动轴承		2
	学习活动六	任务实施：减速器常用件、标准件的画法及标记（绘制大齿轮、齿轮轴零件工作图）		6
	学习活动七	工作总结、展示与评价		2

学习活动一　领取任务、查阅资料、制订工作计划

【学习目标】

（1）能解读减速器标准件认知的工作任务，并制订工作计划书。

（2）能正确指出减速器中标准件与常用件的类型及其名称。

建议学时：2 学时

学习地点：制图一体化实训室

【学习准备】

组织教学、准备资料、现场讲解。

【学习过程】

一、引导问题

机械制造中，当设备或机器某些零件损坏后，修理人员很快就可用同样规格的零件换上，设备机器中有哪些零件可实现互换？

前面我们已经学习了轴套类零件、盘盖类零件、叉架类零件、箱壳类零件的绘制，减速器的零件还有哪些？

这些零件的视图表达方案怎样选择？如何绘制？

二、任务描述

配合多媒体课件，指导学生完成下面的工作页填写。

1. 提出工作任务

标准件的认知。

2. 任务讲解

各学习小组在老师的指导下，借助国家标准等技术资料，掌握螺纹、螺纹紧固件、键、销、滚动轴承、齿轮等标准件的规定画法、代号和标记；掌握某些结构要素规定的简化表示法，为绘制减速器装配图做准备。

3. 知识点与技能点

知识点：①零件的互换性；②标准件的规定画法、代号和在图样上的标记。

技能点：掌握减速器中的标准件及常用件的规定画法及查表方法。

前面我们已经学习了机件的表达方法。然而,在减速器中还有一类零件——标准件,这些零件的真实投影往往比较复杂,那么这些零件应该如何绘制呢?

三、做一做

(1) 什么叫互换性? 互换性的意义是什么?

(2) 请列举减速器中的标准件与常用件,并分析其用途。

1) 标准件: _____

　　用途: _____

2) 标准件: _____

　　用途: _____

3) 标准件: _____

　　用途: _____

4) 标准件: _____

　　用途: _____

5) 标准件: _____

　　用途: _____

(3) 图 6-2 是某一圆柱齿轮的零件图,请简述你能看得懂的内容及看不懂的内容。

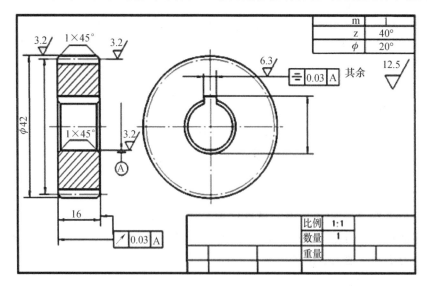

图 6-2

(4) 解读标准件与常用件认知的工作任务,并制订工作计划书(见表 6-2)。

116

表 6 - 2

任务六	标准件认知		
工作目标			
学习内容			
执行步骤			
接受任务时间	年 月 日	完成任务时间	年 月 日
计划制订人		计划承办人	

学习活动二　螺纹画法

【学习目标】

（1）能熟悉螺纹概念、形成和要素。

（2）能掌握单个螺纹及其连接的规定画法与标注方法。

（3）能掌握螺纹紧固件连接的画法，并准确识读螺纹在图样上的标注。

建议学时：10 学时

学习地点：制图一体化实训室

【学习准备】

（1）教材：《机械制图》、《机械制图新国家标准》。

（2）专业资料：《机械设计手册》。

（3）减速器。

（4）测量工具、绘图工具。

（5）计算机、移动投影、投影布幕、实物投影仪（辅助教学）。

（6）多媒体课件。

【学习过程】

一、引导问题

机器设备中，螺纹、螺纹紧固件及其连接形式的应用非常广泛，但螺纹的真实投影比较复杂，螺钉、螺栓等标准件的结构和形状也很难按真实投影画出，那么，在机械图样上该怎样正确表达呢？

二、任务描述（见表 6 - 3）

表 6 - 3

学习活动三	学习任务	任务目标	课 时
螺纹画法	螺纹要素、画法	熟悉螺纹的形成、结构要素及其分类；掌握单个螺纹及其连接的规定画法；掌握减速器中螺纹连接方式的规定画法	4
	螺纹标记	掌握螺纹标记的标注形式；掌握螺纹标记的图样标注；确定螺纹的尺寸参数	2
	螺纹紧固件	熟悉常用螺纹紧固件的种类和规定标记；掌握常用螺纹紧固件的规定画法及简化画法；掌握螺纹紧固件连接的规定画法；掌握减速器中螺纹紧固件的规定画法	4

三、知识链接

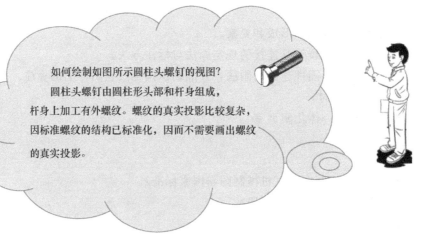

如何绘制如图所示圆柱头螺钉的视图？

圆柱头螺钉由圆柱形头部和杆身组成，杆身上加工有外螺纹。螺纹的真实投影比较复杂，因标准螺纹的结构已标准化，因而不需要画出螺纹的真实投影。

1. 螺纹要素、画法

（1）螺纹的形成。螺纹是在圆柱或圆锥表面上，沿螺旋线形成的具有规定牙型的连续凸起。在圆柱或圆锥外表面上形成的螺纹称为外螺纹，在内表面上形成的螺纹称为内螺纹。螺纹在螺钉、螺栓、螺母和丝杆上起连接或传动作用。

（2）螺纹的结构要素。内、外螺纹总是成对使用的，只有当内、外螺纹的牙型，公称直径，螺距，线数和旋向五个要素完全一致时，才能正常地旋合（见图 6 - 3 和图 6 - 4）。

三角形　　　　　　梯形　　　　　　锯齿形

图 6 - 3　螺纹的牙型

（3）螺纹的画法规定。螺纹属于标准结构要素，如按其真实投影绘制将会非常烦琐，

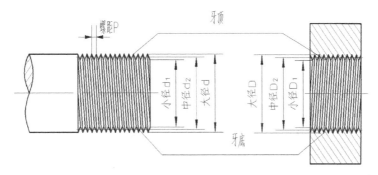

图 6-4　螺纹各部分名称

为此，国家标准《机械制图　螺纹及螺纹紧固件表示法》（GB/T 4459.1—1995）中规定
了螺纹的画法。

（4）分析螺纹画法中的错误，并画出其正确的图形。

1）外螺纹（见图 6-5）

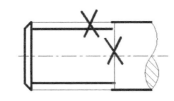

图 6-5

2）内螺纹（见图 6-6）。

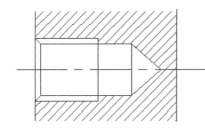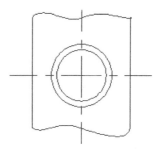

图 6-6

3）螺纹连接（见图 6-7）。

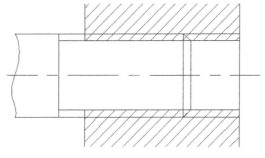

图 6-7

119

2. 螺纹标记

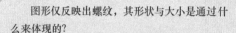

图形仅反映出螺纹，其形状与大小是通过什么来体现的？

无论是三角形螺纹，还是梯形螺纹，按上述规定画法画出后，在图上不能反映它的牙型、螺距、线数和旋向等结构要素，因此，还必须按规定的标记在图样中进行标注。

（1）螺纹的标记规定。普通螺纹标记示例（见图 6-8）。

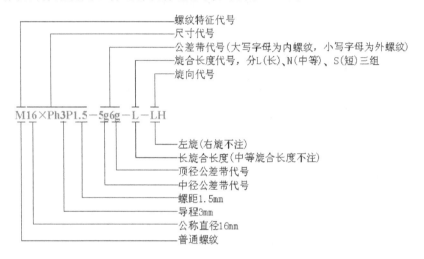

图 6-8

常用标准螺纹的标记规定见表 6-4。

表 6-4

序号	螺纹类别	标准编号	特征代号	标记示例	螺纹副标记示例	说　　明
1	普通螺纹	GB/T 197—2003	M	M8×1—LH M8 M16×P$_h$6P2—5g6g—L	M20—6H/5g6g M6	粗牙不注螺距，左旋时尾加"—6H"；中等公差精度（如 6H、6g）不注公差带代号；中等旋合长度不注 N（下同）；多线时注出 Ph（导程）、P（螺距）
2	小螺纹	GB/T 15054.4—1994	S	S0.8—4H5 S1.2LH—5h3	S0.9—4H5/5h3	标记中末位的 5 和 3 为顶径公差等级。顶径公差带位置仅有一种，故只注等级，不注位置

120

序号	螺纹类别	标准编号	特征代号	标记示例	螺纹副标记示例	说　　明
3	梯形螺纹	GB/T 5796.4—2005	Tr	Tr40×7—7H Tr40×14 (P7) LH—7e	Tr36×6—7H/7c	公称直径一律用外螺纹的基本大径表示；仅需给出中径公差带代号；无短旋合长度
4	锯齿形螺纹	GB/T 13576—2008	B	B40×7—7a B40×14 (P7) LH—8c—L	B40×7—7A/7c	

（2）螺纹标记的图样标注。标准螺纹的上述标记，在图样上进行标注时必须遵循 GB/T 4459.1—1995 的规定。公称直径以 mm 为单位的螺纹，其标记应直接标注在大径的尺寸线上或其引出线上（见图 6-9）。

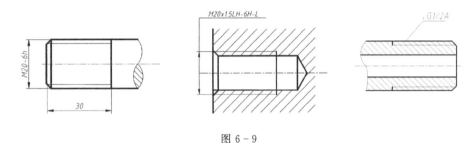

图 6-9

（3）螺纹长度的图样标注。图样中标注的螺纹长度，均指不包括螺尾在内的有效螺纹长度。

（4）填表说明螺纹标记的含义（见表 6-5）。

表 6-5

螺纹标记	螺纹种类	公称直径	螺距	导程	线数	旋向	公差带代号
M8							
M16×1—5g6g—L							
M24—LH							
B32×6LH—7e							
Tr48×16(P8)—8H							

（5）根据螺纹画法修改图线，并按给定的螺纹要素，在图上进行尺寸标注。

1）粗牙普通螺纹，公称直径 30，螺距 3.5，右旋，中径公差带为 5g，顶径公差带为 6g，中等旋合长度（见图 6-10）。

2）细牙普通螺纹，公称直径 24，螺距 2，左旋，中径和顶径公差带均为 6H，长旋合长度（见图 6-11）。

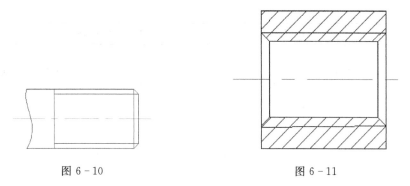

图 6 – 10   图 6 – 11

3. 螺纹紧固件

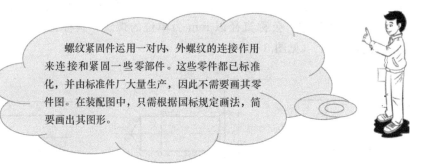

螺纹紧固件运用一对内、外螺纹的连接作用来连接和紧固一些零部件。这些零件都已标准化，并由标准件厂大量生产，因此不需要画其零件图。在装配图中，只需根据国标规定画法，简要画出其图形。

（1）常用螺纹紧固件的种类和标记。常用螺纹紧固件有螺栓、螺柱、螺母和垫圈等。由于螺纹紧固件的结构和尺寸均已标准化，使用时按规定标记直接外购即可（见图 6 – 12 至图 6 – 14）。

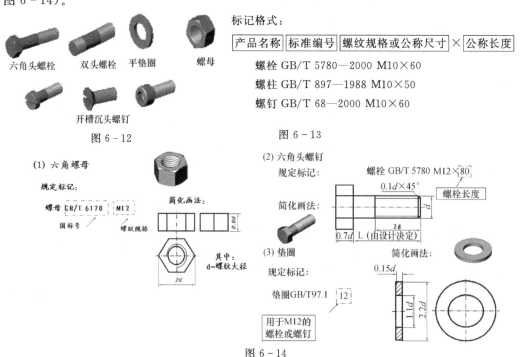

六角头螺栓   双头螺栓   平垫圈   螺母

开槽沉头螺钉

图 6 – 12

标记格式：

产品名称 | 标准编号 | 螺纹规格或公称尺寸 | × | 公称长度

螺栓 GB/T 5780—2000 M10×60

螺柱 GB/T 897—1988 M10×50

螺钉 GB/T 68—2000 M10×60

图 6 – 13

（1）六角螺母

规定标记：

螺母 GB/T 6170 M12

国标号   螺纹规格

简化画法：

其中：
d=螺纹大径

（2）六角头螺钉

规定标记：   螺栓 GB/T 5780 M12×80

螺栓长度

$0.1d×45°$

简化画法：

$0.7d$ L（由设计决定）

（3）垫圈

规定标记：

垫圈 GB/T97.1 12

用于 M12 的螺栓或螺钉

简化画法：

$0.15d$

图 6 – 14

122

(2) 螺纹紧固件的连接画法（见图 6-15）。

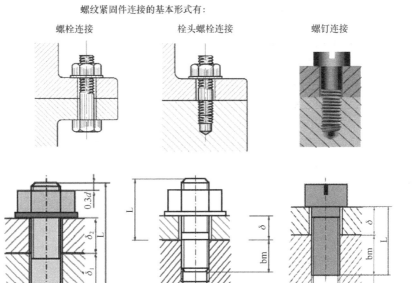

图 6-15

（3）指出图 6-16 螺栓连接画法错误之处，画出正确图形，并补画左视图、俯视图。

（4）指出图 6-17 螺柱连接画法错误之处，画出正确图形，并补画左视图、俯视图。

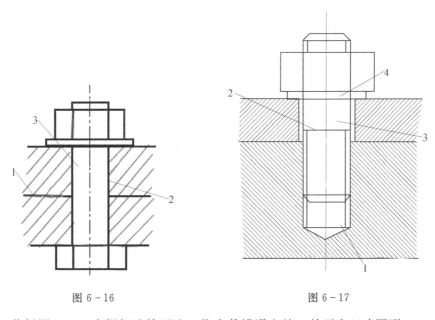

图 6-16　　　　　　　　　图 6-17

（5）分析图 6-18 中螺钉连接画法，指出其错误之处，并画出正确图形。

（6）测绘减速器中的螺纹标准件，用 A4 图纸绘制。

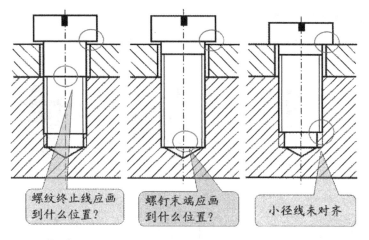

螺纹终止线应画到什么位置？

螺钉末端应画到什么位置？

小径线未对齐

图 6-18

学习活动三　齿轮画法及测绘方法

【学习目标】

（1）熟悉直齿圆柱齿轮各部分的名称、代号、基本参数及尺寸计算。

（2）掌握单个直齿圆柱齿轮的规定画法。

（3）能根据齿轮的规定画法，绘制齿轮啮合图。

建议学时：4学时

学习地点：制图一体化实训室

【学习准备】

（1）教材《机械制图》、《机械制图新国家标准》。

（2）专业资料：《机械设计手册》。

（3）减速器。

（4）测量工具、绘图工具。

（5）电脑、移动投影、投影布幕、实物投影仪（辅助教学）。

（6）多媒体课件。

齿轮是广泛用于机器或部件中的传动零件，除了用来传递动力外，还可以改变机件的回转方向和转动速度。

单级圆柱齿轮减速器就是依靠一对齿轮的啮合传动将马达的回转数减速到所要的回转数，并得到较大转矩的机构。

一、引导问题

齿轮一般由轮体和轮齿两部分组成，轮齿是在齿轮加工机床上用专用刀具加工出来的，真实投影复杂，那我们应该怎样用视图表达其结构呢？

二、任务描述（见表 6-6）

表 6-6

学习活动四	学习任务	任务目标	课　时
齿轮及 齿轮啮合区画法	直齿圆柱齿轮的几何要素及尺寸计算	熟悉直齿圆柱齿轮的几何要素；能计算直齿圆柱齿轮的几何尺寸	1
	圆柱齿轮的规定画法及测绘方法	掌握单个直齿圆柱齿轮的尺寸测量及规定画法；掌握齿轮啮合图的规定画法；掌握减速器中输出轴与齿轮轴啮合区的画法 掌握齿轮的测绘方法	3

三、知识链接

（1）齿轮的作用：传递运动和动力，改变轴的转速与转向。

（2）齿轮的种类：圆柱齿轮、圆锥齿轮、蜗杆蜗轮（见图 6-19）。

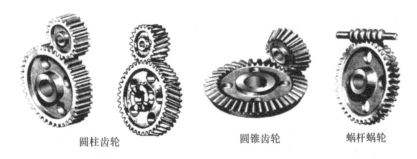

　　　圆柱齿轮　　　　　　　　　　圆锥齿轮　　　　蜗杆蜗轮

图 6-19

（3）齿轮画法包括单个齿轮画法及齿轮啮合的画法。

（4）齿轮的测绘方法。

1）标准直齿圆柱齿轮各部分的名称及尺寸关系见图 6-20。

2）圆柱齿轮的画法（见图 6-21）。

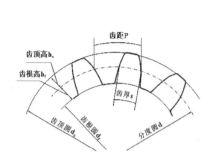
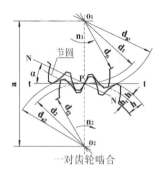

图 6-20

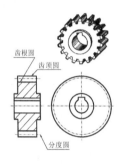
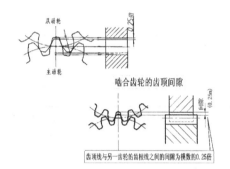

图 6-21

（5）画图要点：

1）齿顶圆画粗实线。

2）分度圆画点划线。

3）齿根圆在剖视中画粗实线，在端视图中画细实线或省略不画。

4）在非圆投影的剖视图中轮齿部分不画剖面线。

四、做一做

（1）按规定画法，绘制直齿圆柱齿轮零件图。

已知：$m=3$，$z_1=30$，$b=40$。

求：齿顶圆直径＝

　　分度圆直径＝

　　齿根圆直径＝

（2）已知两啮合齿轮的模数 $m=4$，大齿轮齿数 $z_2=38$，两齿轮的中心距 $a=130\text{mm}$，大齿轮轴孔直径：$\phi50\text{mm}$，小齿轮轴孔直径：$\phi40\text{mm}$；大齿轮齿宽：40mm，小齿轮齿宽：30mm。试计算大小两齿轮分度圆、齿顶圆及齿根圆的直径，用 1：2 比例完成直齿圆柱齿轮的啮合图。

小齿轮：分度圆 $d_1=$　　　　齿顶圆 $d_{a1}=$　　　　齿根圆 $d_{f1}=$

大齿轮：分度圆 $d_2=$　　　　齿顶圆 $d_{a2}=$　　　　齿根圆 $d_{f2}=$

学习活动四　键连接和销连接

【学习目标】

(1) 了解键、销的作用及型式，熟悉键、销的标记。

(2) 掌握普通平键和销的连接画法。

(3) 查表确定有关尺寸，并根据尺寸绘制键连接图。

建议学时：2 学时

学习地点：制图一体化实训室

【学习准备】

(1) 教材：《机械制图》、《机械制图新国家标准》。

(2) 专业资料：《机械设计手册》。

(3) 减速器。

(4) 绘图工具。

(5) 计算机、移动投影、投影布幕、实物投影仪（辅助教学）。

(6) 多媒体课件。

键、销广泛应用于各种机器、仪器设备中，其结构与尺寸全部标准化，为了提高绘图效率，国家标准规定了特殊表示法。

【学习过程】

一、引导问题

在安装减速器箱体和箱盖的过程中，除了用螺钉连接外，还依靠什么零件进行定位？另外，齿轮和轴是用什么零件连接在一起同时转动的？

二、任务描述（见表 6 - 7）

表 6 - 7

学习活动五	学习任务	任 务 目 标	课 时
键连接和销连接	键连接	能正确识读键标记的含义；能绘制减速器中键连接图	1
	销连接	能正确识读销标记的含义；能绘制减速器中销连接图	1

三、知识链接

键连接是一种可拆连接。键用于连接轴和轴上的传动件（如齿轮、带轮等），使轴和传动件不产生相对转动，保证两者同步旋转，传递扭矩和旋转运动。

1. 键连接

（1）键的功用。用键将轴与轴上的传动件（如齿轮、皮带轮等）连接在一起，以传递扭矩（见图 6 - 22）。

（2）键的种类见图 6 - 23。

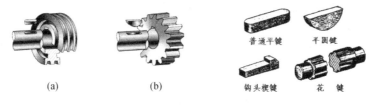

(a)　　　　　　　(b)

图 6 - 22　　　　　　　　　　图 6 - 23

（3）键的标记见图 6 - 24。

例：键 16×100　GB/T 1096—2003，表示：圆头普通平键（A）型，宽度＝16mm，长度＝100mm。

（4）键联接的画法见图 6 - 25。

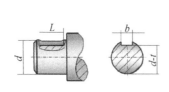

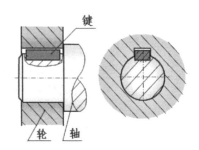

图 6 - 24　轴上键槽画法及尺寸标注法

注：t 为轴上键槽深度，b、t、L 可按轴径 d 从标准中查出。

图 6 - 25

2. 销连接

（1）销的功用。销主要用于零件之间的定位，也可用于零件之间的连接，但只能传递

128

不大的扭矩。

（2）销的种类：圆柱销 ⬛、圆锥销 ⬛、开口销 ⬛。

（3）销的标记。

例：公称直径 10mm，长 50mm 的 B 型圆柱销，标记为销 GB/T 119—2000 B10×50。

（4）销连接的画法见图 6-26。

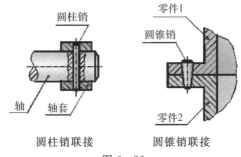

图 6-26

四、做一做

已知齿轮和轴用 A 型圆头普通平键连接，孔直径为 20mm，键的长度为 16mm。

（1）写出键的规定标记。

（2）画全图 6-27 中各视图和断面图，并查表标注键槽的尺寸。

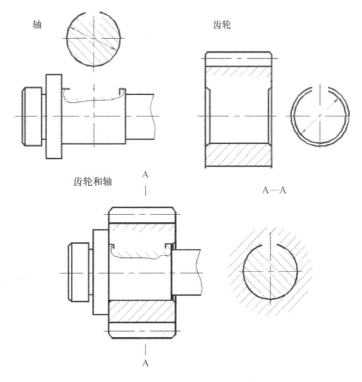

图 6-27

学习活动五　滚动轴承

【学习目标】

（1）了解常见的滚动轴承的类型、结构型式、代号和简化画法与规定画法。

（2）掌握深沟球轴承的规定画法。

（3）熟悉常见滚动轴承的代号，学会查表方法，正确识读装配图中的滚动轴承。

建议学时：2 学时

学习地点：制图一体化实训室

【学习准备】

（1）教材：《机械制图》、《机械制图新国家标准》。

（2）专业资料：《机械设计手册》。

（3）减速器。

（4）绘图工具。

（5）计算机、移动投影、投影布幕、实物投影仪（辅助教学）。

（6）多媒体课件。

> 在机器中，滚动轴承是用来支承轴的标准部件。由于它可以大大减小轴与孔相对旋转时的摩擦力，具有机械效率高、结构紧凑等优点，因此应用极为广泛。

【学习过程】

一、引导问题

> (1) 我们平常生活当中的滚动轴承有哪些？
>
> (2) 它们都是什么样的？
>
> (3) 各种滚动轴承应该怎么画？

二、任务描述（见表 6-8）

表 6-8

学习活动六	学习任务	任务目标	课　时
滚动轴承	滚动轴承的类型代号、结构形式及规定画法	（1）能正确识读滚动轴承代号的含义 （2）能绘制滚动轴承，重点是深沟球轴承 （3）能绘制减速器中的滚动轴承	2

三、知识链接

1. 滚动轴承的结构及表示法（GB/T 4459.7—1998）

滚动轴承的种类繁多，但其结构大体相同，一般由外圈、内圈、滚动体和保持架组成（见图 6-28）。因保持架的形状复杂多变，滚动体的数量又较多，设计绘图时若用真实投影表示，则极不方便，为此，国家标准规定了简化的表示法。

深沟球轴承　　　　推力球轴承　　　　圆锥滚子轴承

图 6-28

（1）滚动轴承的结构、分类及代号。

1）滚动轴承由内圈、外圈、滚动体和保持架组成。

2）滚动轴承按其承受的载荷方向分为：向心轴承（主要承受径向力）、推力轴承（主要承受轴向力）和向心推力轴承（主要承受径向力＋轴向力）。

（2）滚动轴承的画法。滚动轴承是标准件，在装配图中通常采用简化画法（比例画法）。主要参数有 d（内径）、D（外径）和 B（宽度）。d、D、B 根据轴承代号在画图前查标准确定。

深沟球轴承简化画法见图 6-29。

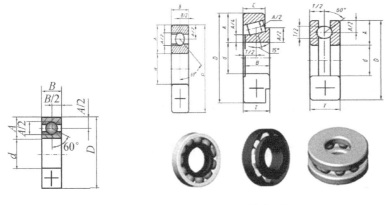

图 6-29

2. 滚动轴承的标记

根据各类轴承的相应标记规定，轴承的标记由三部分组成，即：

　　　　　　　轴承名称　　轴承代号　　　　标准编号

标记示例：滚动轴承　　6210　　GB/T 276—1994

轴承代号：

1）代号按顺序由前置代号、基本代号、后置代号构成。

2）基本代号表示轴承的基本类型、结构和尺寸，是轴承代号的基础。基本代号由轴承类型代号、尺寸系列代号和内径代号构成。基本代号通常用5位数字表示，从左往右依次为：

①第一位数字是轴承类型代号。

②第二、三位数字是尺寸系列代号。尺寸系列是指同一内径的轴承具有不同的外径和宽度，因而有不同的承载能力。

③当内径尺寸在10～495mm 范围内时，右边的两位数字是内径代号，即：

- 00、01、02、03 分别表示内径为 10、12、15、17；
- 内径代号数字大于等于 04 时：

$$内径尺寸＝内径代号×5mm$$

如：轴承代号 6205

6——类型代号（深沟球轴承）。

2——尺寸系列代号。

05——内径代号（内径尺寸＝05×5mm＝25mm）。

四、做一做

（1）根据轴承的标记，查国家标准，确定轴承的主要结构尺寸。

1）滚动轴承代号为　　　6306 GB/T 276—1994

轴承内径 $d=$　　　　轴承外径 $D=$　　　　轴承宽度 $B=$

2）滚动轴承代号为　　　30306 GB/T 297—1994

轴承内径 $d=$　　轴承外径 $D=$　　内圈宽度 $B=$　　外圈宽度 $C=$
轴承宽度 $T=$

（2）画出滚动轴承装配图。

1）滚动轴承代号为　　　6306 GB/T 276—1994

查表确定其尺寸，并用规定画法在轴端画出轴承与轴的装配图。

2）滚动轴承代号为　　　30306 GB/T 297—1994

查表确定其尺寸，并用规定画法在轴端画出轴承与轴的装配图。

学习活动六　绘制大齿轮、齿轮轴零件工作图

【学习目标】

（1）能根据减速器的实物或装配轴测（分解）图，确定标准件类型。

（2）能正确使用参考资料、手册、标准及规范等，确定标准件尺寸参数。

（3）能正确绘制减速器中常用件的零件工作图。

建议学时：6 学时

学习地点：制图一体化实训室

（1）教材：《机械制图》、《机械制图新国家标准》。

（2）专业资料：《机械设计手册》。

（3）减速器。

（4）测量工具、绘图工具。

（5）电脑、移动投影、投影布幕、实物投影仪（辅助教学）、多媒体课件。

（6）A4 图纸每人 4 张。

【学习过程】

一、引导问题

如何绘制大齿轮、齿轮轴零件工作图？

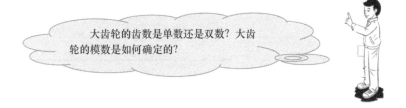

大齿轮的齿数是单数还是双数？大齿轮的模数是如何确定的？

二、任务描述

（1）用 A4 图纸，正确绘制减速器中大齿轮、齿轮轴的零件工作图。要求做到：视图数目要恰当，表达方案的选择要正确，尺寸和技术要求的标注要齐全、合理。

（2）在零件图中，可以采用类比法注写技术要求，也可参照指导教师的规定注写。最后应按规定要求填写标题栏的各项内容。

（3）图面要整洁、清晰，图线要光滑，同类图线的粗细要一致，圆弧连接处要平滑过渡。

（4）正确使用参考资料、手册、标准及规范等，正确使用常用测量工具和绘图工具。

（5）在绘图中要注意培养独立分析问题和解决问题的能力，并且保质保量按时完成减速器标准零件图的绘制工作任务。

三、做一做

（1）分析减速器，测绘大齿轮，用 A4 图纸正确绘制其零件工作图。（齿轮尺寸参数查技术资料确定）

（2）分析减速器，测绘齿轮轴，用 A4 图纸正确绘制其零件工作图。（齿轮轴尺寸参数查技术资料确定）

四、操作提示

分析比较图 6－30 中的齿轮轴零件图，制定减速器齿轮轴的测绘步骤及零件图绘制的表达方案。

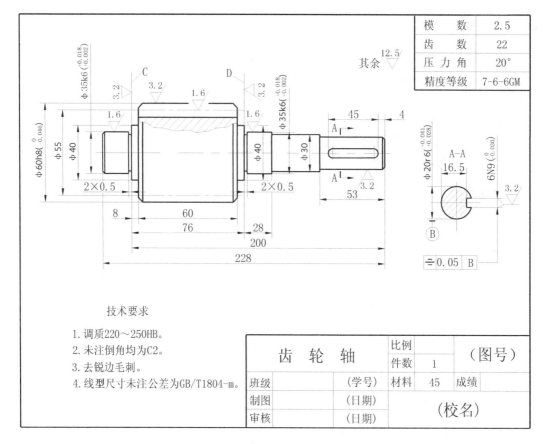

模 数	2.5
齿 数	22
压 力 角	20°
精度等级	7-6-6GM

技术要求

1. 调质220~250HB。
2. 未注倒角均为C2。
3. 去锐边毛刺。
4. 线型尺寸未注公差为GB/T1804-m。

齿 轮 轴		比例		（图号）
		件数	1	
班级	（学号）	材料	45	成绩
制图	（日期）		（校名）	
审核	（日期）			

图 6-30

学习活动七　工作总结、展示与评价

【学习目标】

（1）掌握总结报告的格式与写法，独立撰写工作总结。

（2）了解 PPT 的制作方法。

（3）能展示工作成果并进行工作总结。

建议学时：2 学时

学习地点：制图一体化实训室

【学习准备】

（1）任务书。

（2）演示文稿PPT。

（3）减速器标准零件工作图（螺栓、齿轮、齿轮轴）。

（4）互联网资源、多媒体设备、工作页、计算机。

【学习过程】

一、引导问题

通过本任务学习，你学会了些什么？你对工作过程满意吗？你觉得还有哪些地方是需要改进的？你将如何通过 PPT 制作，把减速器标准零件绘制的工作过程及工作成果展示出来？

二、任务描述

（1）学习总结报告的书写格式与写法。

（2）了解演示文稿 PPT 的制作方法。

（3）学生自评、互评，独立书写工作总结报告，通过小组评价和成果展示，培养自信心，提高表达能力。

（4）指导学生演讲、展示工作成果、工作总结报告。

三、做一做

（1）你准备通过什么样的形式来展示你的成果？

（2）试制作 PPT 演示文稿，展示减速器标准零件绘制的工作过程，并展示你的工作成果。

（3）你对工作过程满意吗？你觉得还有哪些地方是需要改进的？

（4）试通过网络或书本中的知识学习，概括总结你整个学习过程的收获与感受。

四、工作总结报告（见表 6-9）

表 6-9

一体化课程名称	机械技术基础——机械制图与零件测绘		
任务	标准件认知		
姓　名		地　点	
班　级		时　间	
学习目的			
学习流程与活动			
收获与感受			

【评价与分析】

评价方式：自我评价、小组评价、教师评价，结果请填写在表6-10中。

任务六：标准件认知　技能考核评分标准表

表6-10

序号	项目	项目配分	子　项	子项配分	表现结果	评分标准	自我评价	小组评价	教师评价
1	纪律	12	迟　到	1		违规不得分			
			走　神	1		违规不得分			
			早　退	1		违规不得分			
			串　岗	1		违规不得分			
			旷　课	6		违规不得分			
			其他（玩手机）	2		违规不得分			
2	安全文明	10	衣着穿戴	2		不合格不得分			
			行为秩序	2		不合格不得分			
			6S	6		每S至少扣1分			
3	操作过程	8	安全操作	4		酌情扣分至少扣1分			
			规范操作	4		酌情扣分至少扣1分			
4	课题项目	70	完成学习活动一工作页	5		酌情扣分至少扣1分			
			完成学习活动二工作页	15		酌情扣分至少扣2分			
			完成学习活动三工作页	10		酌情扣分至少扣2分			
			完成学习活动四工作页	10		酌情扣分至少扣2分			
			完成学习活动五工作页	10		酌情扣分至少扣2分			
			完成学习活动六工作页	15		酌情扣分至少扣2分			
			完成学习活动七工作页	5		酌情扣分至少扣1分			
5	总分	100							

学习任务七

机械传动认知

【学习目标】

（1）能正确表述各种传动的组成及工作原理，能简述各传动的特点。

（2）能描述各种类型平面连杆机构的运动及演变。

（3）认识凸轮机构、其他常用机构，能描述凸轮机构、其他常用机构的组成及工作原理。

（4）认识液压、气压传动，能描述液压传动的组成、工作原理，认知各种组成部分。

（5）能正确绘制减速器齿轮传动啮合区装配结构图。

【建议课时】

18学时

【工作流程与活动】

学习活动一：领取任务、查阅资料、制订工作计划	2学时
学习活动二：各种传动认知	4学时
学习活动三：平面连杆机构认知	2学时
学习活动四：凸轮机构、间歇机构认知	2学时
学习活动五：液压传动、气压传动认识	2学时
学习活动六：机械传动与减速器齿轮传动啮合装配测绘	4学时
学习活动七：工作总结、展示与评价	2学时

【工作情景描述】

机械基础知识在机械专业学习中起着承前启后的桥梁作用，为学习专业课程提供必要的理论基础和基本的专业技能。了解机械传动、机械机构、液压传动、气压传动的基本知识对于技术工人岗位技能培训是很有必要的，在设备的正确使用、设备的故障分析、设备的维护保养等方面提供必要的知识，将来能应用所学知识去分析、解决生产实际中的问题。

学习活动一　领取任务、查阅资料、制订工作计划

【学习目标】

（1）通过解读任务书，能描述机械基础学习的任务。

（2）通过查阅、收集资料，制订工作计划。

建议学时：2学时

学习地点：机械基础实训室　多媒体教室

【学习准备】

组织参观、准备录像、现场讲解。

【学习过程】

一、引导问题

我们在接到一个工作任务以后，为了完成这个任务，我们需要完成哪些方面的知识储备？

人们的生活离不开机械，从小小的螺钉到计算机控制的机械设备，如洗衣机、自行车、汽车、飞机、机床、挖掘机等。通过学习，能够使学生掌握常用机构、通用零部件及其传动的原理，初步具备设计普通机械传动装置和简单机械分析的能力，并为学生在设备的正确使用、设备的故障分析、设备的维护保养等方面提供必要的知识。

二、做一做

（1）通过视频、图片（见图7-1），请回答下面问题：

1）洗衣机是由_____

_____组成。

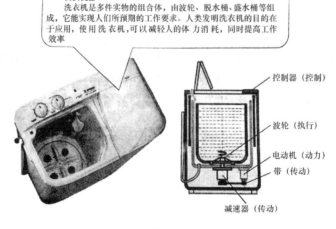

认识机器
洗衣机是多件实物的组合体，由波轮、脱水桶、盛水桶等组成，它能实现人们所预期的工作要求。人类发明洗衣机的目的在于应用，使用洗衣机，可以减轻人的体力消耗，同时提高工作效率

控制器（控制）

波轮（执行）

电动机（动力）

带（传动）

减速器（传动）

图7-1

2) 请阐述洗衣机的工作过程。

_____

_____

_____

（2）机器是_____的装置，用来变换或传递能量、物料与信息，从而代替或减轻人类的体力劳动和脑力劳动。

机构是_____的组合，它是用来传递运动和力的构件系统。

（3）机器和机构最明显的区别是：

_____

_____

（4）机器的组成：_____

（5）零件是_____的基本组成单元，是_____单元；构件是由_____，是_____单元。

（6）运动副：是指_____。运动副可分_____和_____。

高副：_____的运动副如：_____。

低副：_____的运动副。如：_____

（7）通过查阅资料，谈谈你所了解的设备知识。

（8）解读机械传动认知的工作任务，制订工作计划书（见表7-1）。

表7-1

任务七	机械传动认知		
工作目标			
学习内容			
执行步骤			
接受任务时间	年　月　日	完成任务时间	年　月　日
计划制订人		计划承办人	

学习活动二　各种传动认知

【学习目标】

（1）能查找、学习及小组讨论带、螺旋、链、齿轮、蜗杆等传动知识。

（2）能正确表述带、螺旋、链、齿轮、蜗杆等传动的组成及工作原理。

（3）能简述各传动的特点。

建议学时：4 学时

学习地点：机械基础实训室、多媒体教室、资料查阅室

【学习准备】

机械基础展示柜、视频资料、教材。

【学习过程】

一、认知带传动（见图 7-2）

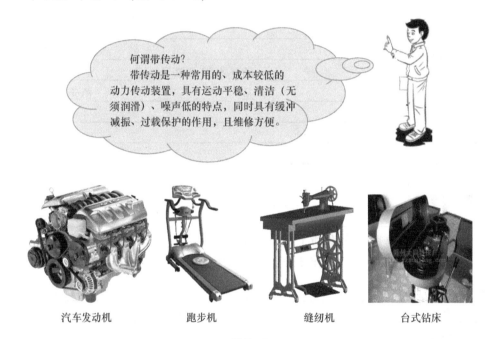

何谓带传动？

带传动是一种常用的、成本较低的动力传动装置，具有运动平稳、清洁（无须润滑）、噪声低的特点，同时具有缓冲减振、过载保护的作用，且维修方便。

汽车发动机　　　　跑步机　　　　缝纫机　　　　台式钻床

图 7-2

回答带传动的问题：

（1）请你列举应用了带传动的设备：

_____

_____

（2）带传动组成：_____

（3）工作原理：_____

_____

_____

（4）带的类型：_____

（5）传动比：_____

（6）普通 V 带的工作面：_____

（7）举例普通 V 带的标记：_____

_____

（8）V带传动的张紧方法：_____

二、认知螺旋传动（见图 7 - 3）

> 前面我们已经学习过螺纹，螺旋传动的作用是利用内、外螺纹组成的螺旋副将旋转运动变换为直线运动，如台虎钳、普通车床、活动扳手等都应用了螺旋传动。

台虎钳　　　　　　　管子台虎钳　　　　　　三脚拉马

图 7 - 3

（1）请你列举应用了螺旋传动的设备：

_____

_____

（2）只有_____等
要素都相同的内、外螺纹才能旋合在一起。

（3）螺旋传动是_____的一种机械传动，可以方便地把
_____运动。

> 螺旋传动有何优缺点？
> 前面我们已经学习过运动副，螺旋副是低副，是两构件只能沿轴线作相对螺旋运动的运动副。在接触处两构件作一定关系的既转又移的复合运动。

（4）螺旋传动具有_____等优点；缺点是_____
（5）差动螺旋传动原理：_____

_____

_____

141

(6) 请列举差动螺旋传动的实例：

_____

三、认知链传动（见图 7-4）

链传动是如何工作的？
链传动应用于轻工、石油化工、矿山、农业、运输起重、机床等机械传动中，日常生活常用的自行车、摩托车等的运动就是链传动的具体应用。

自行车   摩托车   叉车

图 7-4

(1) 请你列举应用了链传动的设备：

_____

_____

(2) 链传动组成：_____

(3) 链传动的常用类型：_____

(4) 传动比：_____

(5) 链条在连接时，其链节数最好取_____。

(6) 链传动中，当要求传动速度高和噪声小时，宜先用_____链。

(7) 链传动能保证准确的_____传动比，且传动功率_____。

四、认知齿轮传动（见图 7-5）

齿轮传动的产品有哪些？
前面我们已经学习过齿轮画法。齿轮机构是现代机械中应用最广泛的一种传动机构，用于传递空间任意两轴间的运动和力，而且传动准确、平稳、机械效率高、使用寿命长和工作安全可靠。

减速器 机床 手表

图 7-5

（1）请你列举应用了齿轮传动的产品：

_____

_____

（2）齿轮传动是 _____

（3）啮合是 _____

_____

（4）齿轮传动常用的类型：_____

_____

（5）传动比：_____两
轮传动比与两轮的_____成正比，与_____成反比。

（6）渐开线齿轮的啮合特性有：_____

_____

（7）齿轮顶隙是：_____

_____

（8）标准齿轮具有以下特征：

1) _____

2) _____

3) _____

（9）渐开线齿轮的失效形式有：

_____

_____

（10）变速机构：_____的传动装置。

（11）换向机构：_____的机构。

（12）惰轮的性质：只改变_____而不影响_____。

（13）轮系是指_____。

（14）轮系的应用特点：

1) _____

2) _____

3) _____

4) _____

5) _____

五、认知蜗杆传动（见图 7-6）

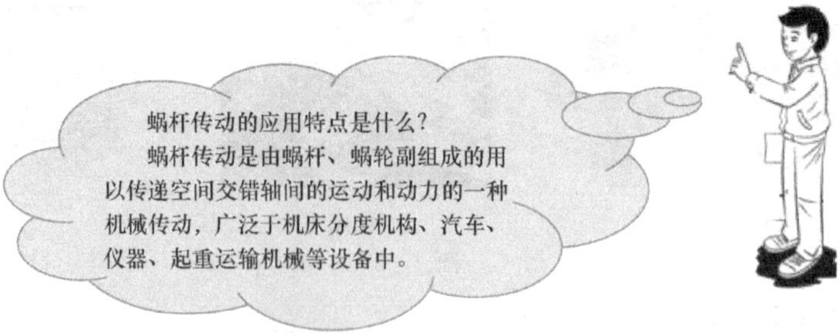

蜗杆传动的应用特点是什么?
蜗杆传动是由蜗杆、蜗轮副组成的用以传递空间交错轴间的运动和动力的一种机械传动,广泛于机床分度机构、汽车、仪器、起重运输机械等设备中。

移动门　　　蜗轮蜗杆减速器　　　控制阀　　　　　万能分度头

图 7-6

（1）请列举应用了蜗杆传动的设备：_____

_____

（2）蜗杆传动由_____和_____组成,且通常_____为主动件,_____为从动件。

（3）蜗杆传动的应用特点：_____

蜗杆传动_____适用于大功率和长期连续工作的传动。

【评价与分析】

评价方式：自我评价、小组评价、教师评价,结果请填写在表 7-2 中。

表 7-2

项次	项目要求	配分	得　分			备　注
			自评	小组评	教师评	
1	带传动知识点掌握	20				
2	螺旋传动知识点掌握	20				
3	链传动知识点掌握	20				
4	齿轮传动知识点掌握	20				
5	蜗杆传动知识点掌握	20				
	合计					

分析造成不合格项目的原因：

_____

改进措施：

_____

教师指导意见：

_____

学习活动三　平面连杆机构认知

【学习目标】

能描述各种类型平面连杆机构的运动及演变。
建议学时：2 学时
学习地点：机械基础实训室、多媒体教室、资料查阅室

【学习准备】

机械基础展示柜、视频资料、教材

【学习过程】

一、引导问题

平面连杆机构有何作用？
平面四杆机构是最简单的平面杆机构，应用广泛，它也是组成多杆机构的基础，如门窗、雷达、缝纫机、自卸货车、抽水唧筒等（见图7-7）。
平面连杆机构由一些刚性构件用转动副或移动副相互连接而组成，在同一平面或相互平行平面内运动的机构。其运动副为低副。

雷达

缝纫机

自卸货车　　　抽水唧筒

汽车多连杆机构

鄂式破碎机主体机构

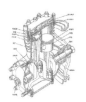

连杆式制冷压缩机

图 7 - 7

二、做一做

(1) 铰链四杆机构的组成：_____

(2) 曲柄是指_____。

摇杆是指_____。

(3) 铰链四杆机构的三种基本型式及其定义：

1) _____

2) _____

3) _____

(4) 机构的急回特性：_____

_____

(5) 死点位置是指：_____，通常可利用

_____来通过死点位置。

(6) 曲柄滑块机构：_____

_____

(7) 导杆机构：_____

_____

(8) 应用所学的知识，请你列举并分析应用了铰链四杆机构的设备。

学习活动四　凸轮机构、间歇机构认知

【学习目标】

(1) 认识凸轮机构。

(2) 认识间歇机构。

(3) 能描述凸轮机构的组成及工作原理。

(4) 能描述间歇机构的组成及工作原理。

建议学时：2 学时

学习地点：机械基础实训室、多媒体教室、资料查阅室

【学习准备】

机械基础展示柜、视频资料、教材

【学习过程】

一、认知凸轮机构（见图 7-8）

(1) 请你列举应用了凸轮机构的设备：

_____

_____

凸轮机构有什么作用?

在一些机械中，要求从动件的位移、速度和加速度必须严格地按照预定规律变化，此时可采用凸轮机构来实现。凸轮机构在自动机械、半自动机械中应用非常广泛，如汽车凸轮机构、内燃机配气凸轮机构、自动机床走刀机构等。

汽车凸轮机构

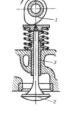
内燃机配气凸轮机构

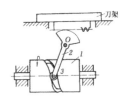
自动机床走刀机构

图 7-8

(2) 凸轮机构组成：_____

(3) 凸轮机构是依靠_____，迫使从动件_____

_____

(4) 凸轮机构的分类：

1) 按凸轮形状分：_____

2) 按从动件形式分：_____

(5) 凸轮机构的应用特点：

1) 优点：_____

_____

2) 缺点：_____

_____

(6) 请阐述凸轮机构的工作过程：

_____

_____

_____

二、认知间歇机构（见图 7-9）

(1) 请你列举应用了间歇机构的设备：

_____

_____

什么叫间歇机构?

在自动机械中, 加工成品或输送工件时, 在加工工位为完成所需的加工过程, 需要提供给工件一定时间的停歇, 所采用的机构是间歇机构, 如 牛头刨床工作台进给机构、起重止动器、电影放映机的间歇卷片机构、间歇转位机构等。

   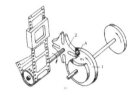 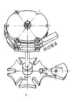

牛头刨床工作台进给机构   起重止动器   电影放映机的间歇卷片机构   间歇转位机构

图 7 - 9

(2) 间歇机构是能_____的机构。

(3) 间歇机构类型有:_____

(4) 请阐述外啮合槽轮机构的工作原理:

_____

_____

(5) 请阐述齿式棘轮机构的工作原理:

_____

_____

(6) 齿式棘轮机构转角的调节方法有:

1)_____

2)_____

【评价与分析】

评价方式:自我评价、小组评价、教师评价, 结果请填写在表 7 - 3 中。

表 7 - 3

项次	项目要求	配分	得 分			备 注
			自评	小组评	教师评	
1	凸轮机构知识点掌握	50				
2	间歇机构知识点掌握	50				
合 计						

分析造成不合格项目的原因：

_____

改进措施：

_____

教师指导意见：

_____

学习活动五　液压传动、气压传动认知

【学习目标】

（1）认识液压传动，能描述液压传动的组成、工作原理，认知各种组成部分。
（2）认识气压传动。
建议学时：2学时
学习地点：机械零件实训室、多媒体教室、资料查阅室

【学习准备】

液压传动展示柜、视频资料、教材

【学习过程】

什么叫液压传动？
　　液压传动属于流体传动，其工作原理与机械传动有着本质的不同。目前世界各国已普遍采用了液压技术，特别是在机床、工程机械、汽车、船舶等行业得到了广泛应用(见图7-10)。

液压传动起重机

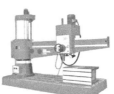
液压传动摇臂钻床

液压机床

液压传动叉车

液压传动装卸机

液压传动装卸车

图 7-10

（1）请你列举应用了液压传动的设备：

_____

_____

（2）液压传动的工作原理是：_____

_____

（3）液压传动装置本质上是一种 _____ 转换装置，它先将 _____ 能转换为 _____ 能，再转换为 _____ 能做功。

（4）液压传动系统的组成：

1）_____

2）_____

3）_____

4）_____

（5）液压系统的工作压力取决于 _____。

（6）当液压缸的有效作用面积一定时，活塞运动的速度由 _____ 决定。

（7）液压泵是液压系统的 _____ 部分，是将电动机输出的 _____ 转换为 _____ 的装置。

（8）液压缸是液压系统的 _____ 部分，是将 _____ 转换为 _____ 的能量转换装置。

（9）根据用途和工作特点的不同，控制阀分为三大类：

1）_____；

2）_____；

3）_____。

（10）液压辅助元件包括：_____。

（11）请详述气压传动的工作原理：

_____

_____

_____

_____

_____

_____

（12）气压传动的组成：

1）_____；

2）_____；

3）_____；

4）_____。

（13）应用所学的知识，就液压传动展示柜分析其组成、工作原理，并就你认识的应用知识，举例分析液压传动或气压传动的设备组成及工作过程。

150

评价方式：自我评价、小组评价、教师评价，结果请填写在表7-4中。

表7-4

项次	项目要求	配分	得分			备注
			自评	小组评	教师评	
1	液压传动展示柜的组成	30				
2	液压传动展示柜的工作原理	30				
3	实例分析	40				
合　计						

分析造成不合格项目的原因：

_____

改进措施：

_____

教师指导意见：

学习活动六　机械传动与减速器齿轮传动啮合装配测绘

【学习目标】

（1）掌握传动的分类及应用，掌握减速器的传动装置。

（2）了解齿轮传动的特点与适用场合，了解直齿圆柱齿轮各部分的意义，如分度圆、齿顶圆、齿根圆、基圆、齿厚、齿槽宽、周节等。基本参数如模数、压力角、齿顶高系数及顶隙系数等。

（3）能正确测绘减速器齿轮传动啮合区装配图

建议学时：4学时

学习地点：制图室、多媒体教室、模型展示室

【学习准备】

绘图工具、模型及图片、录像、教材、减速器

【工作情景描述】

某企业要加工一批设备，需要特制一批相啮合的齿轮，数量各为30件，已知大齿轮的模数$m=4$，齿数$Z_2=38$，两齿轮的中心距$a=110mm$，请查资料先计算大小两齿轮的分度圆、齿顶圆及齿根圆的直径，并完成直齿圆柱齿轮的啮合图。

任务已交予我车间，工期为5天，来料加工。现安排我们来完成此图纸绘制任务。学

生从教师处领取任务后，在教师指导下，解读任务，完成参数的计算，并在规定时间内独立完成齿轮啮合图。

【学习过程】

一台完整的机器是由哪三部分组成？

一台完整的机器一般包括：原动机、工作装置和传动装置三部分。

原动机：机器的动力来源，如电机、柴油机等。

工作装置：是直接完成生产所需的工艺动作部分，如搅拌机中的搅拌桨等。

传动装置：是将原动机的动力和运动传递到工作装置的中间环节，如带传动、链传动、齿轮传动、涡轮蜗杆传动等。

做一做

（1）减速器的机器动力来源是_____，工作装置是_____，传动装置是_____。

（2）按工作原理可将传动分为_____、_____、电力传动和磁力传动等。其中_____最为常见。按照传动原理，机械传动可分为两大类：_____和_____。

（3）摩擦传动是依靠构件接触面_____力来传递动力和运动，如_____传动、摩擦轮传动；啮合传动是依靠构件间的相互_____来传递动力和运动，如_____传动、_____传动、_____传动等。

（4）在旋转的机械传动中，传动比是指机构中_____件的转速 n_1 与_____件转速 n_2 的比值，用 i 表示：$i>1$ 为_____，$i<1$ 为_____。机械传动中，减速居多。

（5）在机械传动中，摩擦损失是不可避免的，因此，传动的输出功率 P_2 永远_____于输入功率 P_1。输出功率 P_2 与输入功率 P_1 的比值称为_____。机械传动的效率用 η 表示。

（6）本任务我们学过的传动有_____、_____、_____、_____、_____、_____、_____等。减速器的传动装置是_____。

（7）齿轮传动最常用的类型有：① _____ 传动，适用于 _____；
② _____ 传动，适用于 _____ ；③ _____ 传动，适用于 _____ 。

（8）减速器齿轮常用什么材料制造？失效形式有哪些？怎样延长齿轮寿命？

如何结合所学知识绘制齿轮传动啮合图？
前面我们学习了绘图的基本知识，已掌握了一定的绘图技能，学习了标准件知识，现在综合应用所学的知识完成齿轮啮合的零件图绘制。

（9）测绘减速器，完成齿轮轴与大齿轮啮合图的绘制。

【评价与分析】

评价方式：自我评价、小组评价、教师评价，结果请填写在表7-5中。

表7-5

项次	项目要求	配分	得 分			备 注
			自评	小组评	教师评	
1	图纸及选择比例合理	10				
2	布图合理	10				
3	图形表达正确	40				
4	尺寸标注正确	20				
5	线型应用正确	10				
6	图纸清晰、整洁	10				
合 计						

分析造成不合格项目的原因：

_____

改进措施：

_____

教师指导意见：

_____

学习活动七　工作总结、展示与评价

【学习目标】

通过机械基础知识的初步认知学习，初步了解带、螺旋、链、齿轮、蜗杆等传动的组成及工作原理、运动，了解各种类型平面连杆机构的运动及演变，初步认识凸轮机构、其他常用机构，初步认识液压传动、气压传动。

建议学时：2学时

学习地点：制图室、多媒体教室、资料查阅室

【学习准备】

互联网资源、多媒体设备、工作页、计算机、PPT 或 DV

【学习过程】

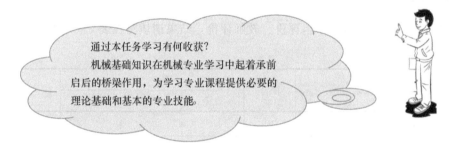

通过本任务学习有何收获？
机械基础知识在机械专业学习中起着承前启后的桥梁作用，为学习专业课程提供必要的理论基础和基本的专业技能。

（1）试制作 PPT 或 DV 展示就你认识的应用了液压传动或气压传动的设备的组成及工作过程。

（2）你对你的工作过程满意吗？叙述工作过程心得。

工作总结报告见表 7-6。

表 7-6

一体化课程名称		机械技术基础——机械制图与零件测绘		
任务		机械传动认知		
姓　名			地　点	
班　级			时　间	
学习目的				
学习流程与活动				
收获与感受				

【评价与分析】

评价方式：自我评价、小组评价、教师评价，结果请填写在表7－7中。

任务七：机械传动认知　技能考核评分标准表

表7－7

序号	项目	项目配分	子项	子项配分	表现结果	评分标准	自我评价	小组评价	教师评价
1	纪律	12	迟到	1		违规不得分			
			走神	1		违规不得分			
			早退	1		违规不得分			
			串岗	1		违规不得分			
			旷课	6		违规不得分			
			其他（玩手机）	2		违规不得分			
2	安全文明	10	衣着穿戴	2		不合格不得分			
			行为秩序	2		不合格不得分			
			6S	6		每S至少扣1分			
3	操作过程	8	安全操作	4		酌情扣分至少扣1分			
			规范操作	4		酌情扣分至少扣1分			
4	课题项目	70	完成学习活动一工作页	10		酌情扣分至少扣2分			
			完成学习活动二工作页	20		酌情扣分至少扣2分			
			完成学习活动三工作页	8		酌情扣分至少扣2分			
			完成学习活动四工作页	8		酌情扣分至少扣2分			
			完成学习活动五工作页	8		酌情扣分至少扣2分			
			完成学习活动六工作页	12		酌情扣分至少扣2分			
			完成学习活动七工作页	4		酌情扣分至少扣2分			
5	总分	100							

学习任务八
识读装配图 拆绘零件图

【学习目标】

(1) 能了解装配图的作用与内容。

(2) 能理解装配图的表达方法。

(3) 能了解装配结构的合理性。

(4) 能掌握装配图的尺寸标注方法、零部件序号和明细栏。

(5) 能熟练运用读装配图的方法和步骤进行装配图的识读。

(6) 能使用由装配图拆绘零件图的方法和步骤进行装配图的拆绘。

(7) 能根据减速器的装配图绘制出减速器的各组成零件的零件图。

【建议课时】

26～36 学时

【工作流程与活动】

学习活动一：领取任务、查阅资料、制订工作计划　　　　　　　2 学时

学习活动二：装配图基础知识学习　　　　　　　　　　　　　22 学时

学习活动三：根据减速器装配图拆绘零件图（高技）　　　　　　10 学时

学习活动四：工作总结、展示与评价　　　　　　　　　　　　　2 学时

【工作情景描述】

在生产实践中，为了推广和学习先进技术，某企业要仿制和改造一减速器设备，现需对减速器装配体进行实物测量，并绘出装配图和零件图。

企业员工在此以前没有接触过机械制图方面的知识，所以必须对员工进行培训，使得工厂员工能够掌握机械制图的基本知识与技能，并且能够运用制图的知识，绘制减速器的装配图，并且能够根据装配图拆绘零件图（见表 8 - 1）。

表 8 - 1

任务		活动内容	总课时	课时分配
装配图	学习活动一	领取任务、查阅资料、制订工作计划	36	2
	学习活动二	装配图基础知识学习		2
		（1）装配图的表示法		
		（2）装配图的尺寸标注		2
		（3）读装配图的方法与步骤		8
		（4）由装配图拆绘零件图		10
	学习活动三	根据减速器装配图拆绘零件图		10
	学习活动四	工作总结、展示与评价		2

学习活动一　领取任务、查阅资料、制订工作计划

【学习目标】

（1）能解读装配图绘制的工作任务，并制订工作计划书。

（2）能理解装配图的作用与内容。

建议学时：2 学时

学习地点：制图一体化实训室

【学习准备】

资料、手册，开放网络连接

【学习过程】

一、引导问题

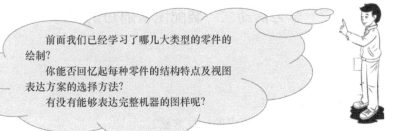

前面我们已经学习了哪几大类型的零件的绘制？

你能否回忆起每种零件的结构特点及视图表达方案的选择方法？

有没有能够表达完整机器的图样呢？

我们在接到一个工作任务以后，为了完成这个任务，我们需要完成哪些方面的知识储备？

二、任务描述

配合多媒体课件，指导学生完成下面的工作页填写。

157

1. 提出工作任务

识读减速器装配图，由减速器装配图拆画零件图。

2. 任务讲解

通过滑动轴承、齿轮油泵等部件（或机器）的装配图的讲解，需要掌握装配图的内容与表示方法、装配图的尺寸标注、读装配图的方法与步骤以及由装配图拆绘零件图的方法。

3. 知识点与技能点

知识点：①装配图的内容、表示法及尺寸标注；②装配图的识读方法及步骤；③根据装配图拆画零件图的方法。

技能点：分析装配图中各零件的结构形状，读懂装配图并且能够根据装配图拆绘零件图。

三、做一做

（1）根据学习活动的需要，请同学完成以下几个问题：

1）查阅资料，说出装配图的作用。

2）查阅资料，说出装配图有哪些内容。

3）装配图与零件图有何区别？

（2）解读装配图的工作任务，并制订工作计划书（见表8-2）。

表8-2

任务八	装配图		
工作目标			
学习内容			
执行步骤			
接受任务时间	年　月　日	完成任务时间	年　月　日
计划制订人		计划承办人	

学习活动二　装配图基础知识学习

【学习目标】

（1）掌握装配图的表达方法。

（2）掌握装配图尺寸和技术要求的标注方法。

（3）掌握装配图零部件的序号编制、明细表填写的方法。

（4）熟练掌握装配图的绘制和阅读方法。

（5）熟练掌握拆画零件图的方法。

建议学时：22学时

学习地点：制图一体化实训室

【学习准备】

教材、绘图工具、计算机、移动投影、投影布幕、实物投影仪、多媒体课件。

【学习过程】

一、装配图的表达方法

1. 引导问题

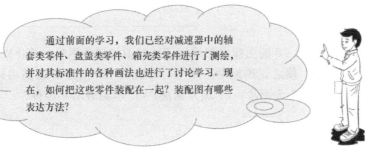

通过前面的学习，我们已经对减速器中的轴套类零件、盘盖类零件、箱壳类零件进行了测绘，并对其标准件的各种画法也进行了讨论学习。现在，如何把这些零件装配在一起？装配图有哪些表达方法？

2. 任务描述

配合多媒体课件，指导学生完成下面的工作页填写。

知识点：①装配图的内容；②装配图画法的基本规则；③装配图的特殊画法。

技能点：能区分各种表达方法，识读装配图

3. 做一做

（1）通过老师的讲解和阅读教材，指出图8-1～图8-3中图样分别使用了装配图的哪一种规定画法，并把它写在图的右方横线上。

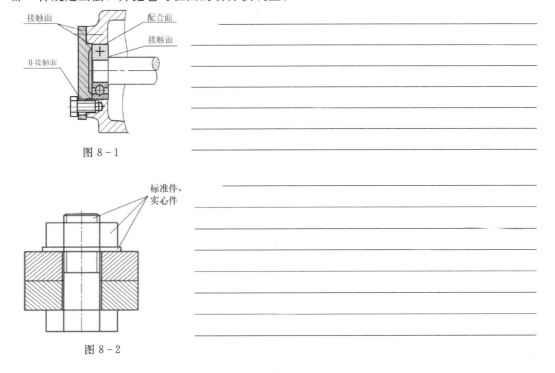

接触面　配合面　接触面　非接触面

图8-1

标准件、实心件

图8-2

159

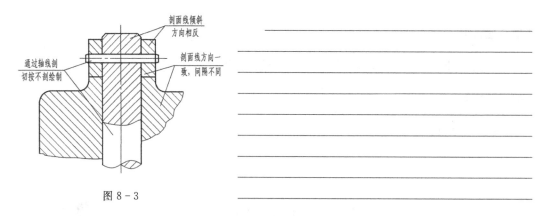

图 8-3

剖面线倾斜方向相反

剖面线方向一致，间隔不同

通过轴线剖切按不剖绘制

（2）图 8-4 至图 8-8 的图样中都采用了装配图的特殊画法，请将以下特殊画法的代号填入图样的引线处，使之正确配对：A. 拆卸画法；B. 沿结合面剖切画法；C. 假想画法；D. 省略画法；E. 夸大画法；F. 展开画法；G. 单独表示某零件。

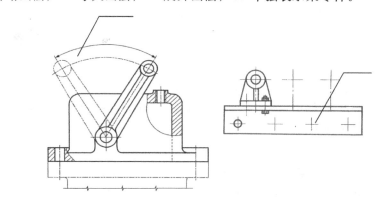

图 8-4

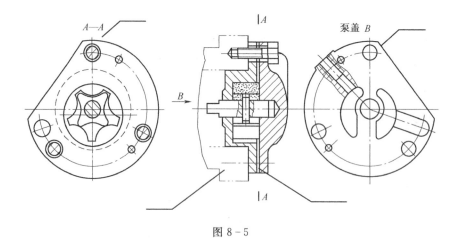

图 8-5

160

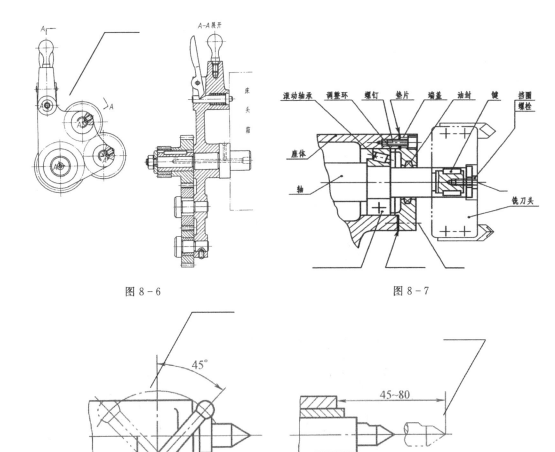

図 8-6　　　　　　　　　　　　　図 8-7

图 8-8

二、装配图的尺寸标注、零部件序号和明细栏

1. 引导问题

　　我们在绘制零件图的时候，需要标注哪些方面的内容？与零件图相比，我们的装配图要标注哪些必要的尺寸？除了尺寸以外，装配图与零件图在标注上面有哪些不同？

　　装配图不仅仅需要标注一些必须的尺寸，还必须有标注零部件序号和明细栏，并且，在绘制装配图时还需要考虑装配结构的合理性，才能保证机器和部件的性能，使其连接可靠且便于装拆。

2. 任务描述

配合多媒体课件，指导学生完成下面作业。

知识点：①装配图的尺寸标注；②零部件序号和明细栏；③常见的装配结构。

技能点：装配图尺寸标注选择。

3. 做一做

（1）识读千斤顶装配图（见图 8-9），回答以下问题：

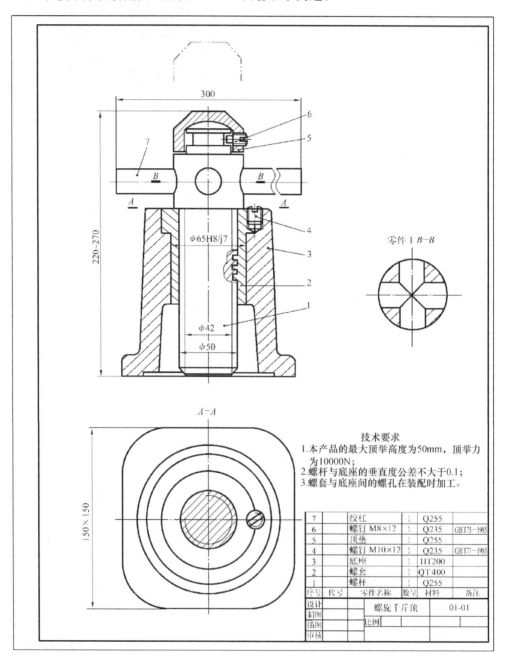

技术要求

1.本产品的最大顶举高度为50mm，顶举力
  为10000N；
2.螺杆与底座的垂直度公差不大于0.1；
3.螺套与底座间的螺孔在装配时加工。

7		绞杠	1	Q255	
6		螺钉 M8×12	1	Q235	GBT75-1985
5		顶垫	1	Q255	
4		螺钉 M10×12	1	Q235	GBT73-1985
3		底座	1	HT200	
2		螺套	1	QT400	
1		螺杆	1	Q255	
序号	代号	零件名称	数量	材料	备注
设计		螺旋千斤顶		01-01	
制图					
描图		比例			
审核					

图 8-9

1）图中的规格（性能）尺寸是哪一个？

2）图中的装配尺寸有哪几个？

3）图中的外形尺寸是哪几个？

4）通过查阅资料，请你说说装配图的技术要求要从哪几方面考虑。

5）通过查阅资料，请你在下面写出明细栏填写必须遵守的规定。

6）图中总共有_____种零件，有_____个标准件；标注序号时，指引线相互不能_____，当通过剖面线的区域时，指引线不能与剖面线_____。

7）识读螺旋千斤顶装配图，试解释其工作原理。

（2）试判断图8-10中装配结构是否合理，并在图下标注"合理"或"不合理"。

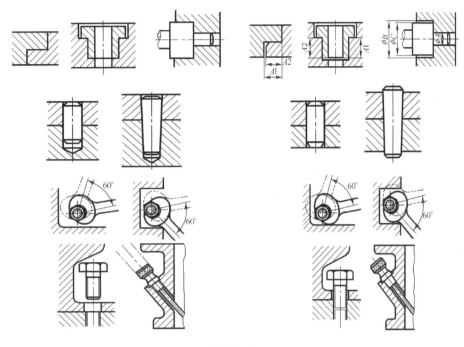

图 8-10

（3）试列举出几种防松结构装置。

三、读装配图的方法和步骤

1. 引导问题

在产品的制造、安装、调试、维修和技术交流中，将遇到看装配图的问题。

看装配图的目的是什么？

通过对装配图的视图、尺寸及文字符号等进行分析与识读，了解机器或部件的名称、用途、工作原理和装配关系、连接方式、装拆顺序等。

2. 做一做

根据读装配图的方法和步骤，看图 8-11 回答下列问题：

(1) 概括了解：

1) 该部件名称为_____，实际大小与图形大小一致，体积不大，结构较为简单。

2) 该部件由_____种零件组成，其中标准件有_____种。

3) 该装配图由_____个基本视图表达，其中采用全剖视的是_____视图，采用半剖视的是_____视图。每个视图分别表达了哪些形状或装配关系？

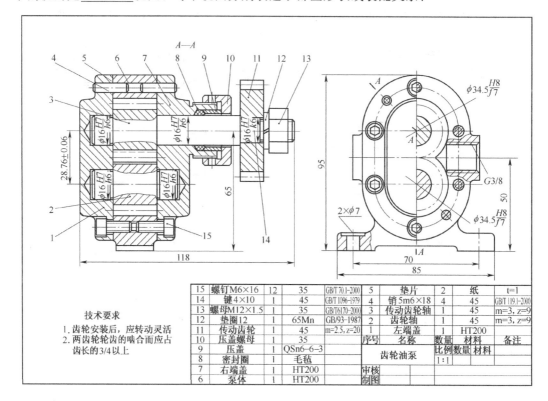

15	螺钉M6×16	12	35	GB/T 70.1-2000	5	垫片	2	纸	t=1
14	键4×10	1	45	GB/T 1096-1979	4	销5m6×18	4	45	GB/T 119.1-2000
13	螺母M12×1.5	1	35	GB/T6170-2000	3	传动齿轮轴	1	45	m=3, z=9
12	垫圈12	1	65Mn	GB/93-1987	2	齿轮轴	1	45	m=3, z=9
11	传动齿轮	1	45	m=2.5, z=20	1	左端盖	1	HT200	
10	压盖螺母	1	35		序号	名称	数量	材料	备注
9	压盖	1	QSn6-6-3						
8	密封圈	1	毛毡			齿轮油泵	比例	数量	材料
7	右端盖	1	HT200				1:1		
6	泵体	1	HT200		审核				
					制图				

技术要求
1. 齿轮安装后，应转动灵活
2. 两齿轮轮齿的啮合而应占齿长的3/4以上

图 8-11

(2) 了解装配关系和工作原理，根据零件名称在其后的括号内填入零件序号：

1) 泵体 (　　) 的内腔容纳一对吸、压油的齿轮。

2) 将齿轮轴 (　　)、传动齿轮轴 (　　) 装入泵体后，由左端盖 (　　)、右端盖 (　　) 支承这一对齿轮轴作旋转运动。

3) 为防止泵体与泵盖结合面及齿轮轴伸出端漏油，分别采用垫片 (　　) 及密封圈 (　　)、压盖 (　　)、压盖螺母 (　　) 密封。泵体前后各有一个带管螺纹的通孔，以便装入吸油管和出油管。

4) 下面是齿轮油泵的装配干线，请进行补充：传动齿轮轴-右端盖-泵体-(　　)-密封圈-(　　)-压盖螺母等；

5) 配合关系有：传动齿轮轴 (　　) 和齿轮轴 (　　) 轮齿的齿顶与泵体 (　　)

的内腔壁之间的配合为 $\phi 34.5H7/f7$，传动齿轮轴（   ）和齿轮轴（   ）轮齿左右两端的轴颈与左、右端盖的孔之间的配合为 $\phi 16H7/h6$，传动齿轮轴（   ）和传动齿轮（   ）的孔之间的配合为 $\phi 14H7/h7$。

6）请查阅相关资料，说明齿轮油泵的工作原理。

（3）分析零件：

方法：一般先看主要零件，后看次要零件；先看零件形状特征明显的视图，再看其他视图。

步骤：

1）分离零件：

根据零件序号、剖面线方向和疏密程度、实心件不剖及视图间的投影关系、尺寸标注等，将零件初步分离出来，即从装配图中分离出一组图形。

2）构思形体：由所分离图形的轮廓初步构思出零件的主要结构形状，再综合考虑零件在部件中所起的作用、与之相配的其他零件的结构和连接方式、加工方法、装配工艺性等，最后弄清零件的全部结构形状及其作用。

根据齿轮油泵的装配图拆画左端盖1的零件图。

（4）分析尺寸及技术要求：

1）＿＿＿＿＿＿＿＿＿＿＿＿＿＿＿＿＿＿等属于配合尺寸。

2）70、G3/8属于＿＿＿＿＿＿＿＿＿，G3/8 也属于性能规格尺寸。

3）＿＿＿＿＿＿＿＿＿＿＿＿＿＿＿＿为齿轮油泵的外形尺寸。

4）$28.76\pm 0.02.65$ 为其他重要尺寸，是设计和安装所要求的尺寸。

（5）归纳综合：通过以上分析步骤，可得出齿轮油泵的立体图如图 8-12 所示。

图 8-12

【小拓展】

（1）根据齿轮油泵的装配图拆画泵体6的零件图。

（2）根据齿轮油泵的装配图拆绘右端盖7的零件图。

（3）识读减速器装配图（见图 8-13），回答下列问题：

1）该部件名称为＿＿＿＿＿＿＿，由＿＿＿＿＿＿种零件组成，其中标准件有＿＿＿种。

2）该装配图由＿＿＿＿＿个基本视图表达，其中主视图采用＿＿＿＿＿＿＿视图，俯视图采用＿＿＿＿＿＿＿视图，左视图采用＿＿＿＿＿＿＿视图，每个视图分别表达了哪些形状或装配关系？

3）该减速器装配图的外形尺寸有＿＿＿＿＿＿＿＿＿＿＿＿＿＿＿＿＿；规格性能尺寸有＿＿＿＿＿＿＿＿＿＿＿＿＿＿＿＿＿＿＿＿＿＿＿＿＿＿＿＿＿；装配尺寸有＿＿＿＿＿＿＿＿＿＿＿＿＿＿＿＿＿＿＿＿＿＿＿；安装尺寸有＿＿＿＿＿＿＿＿＿＿＿＿＿＿＿＿＿＿＿＿＿＿。

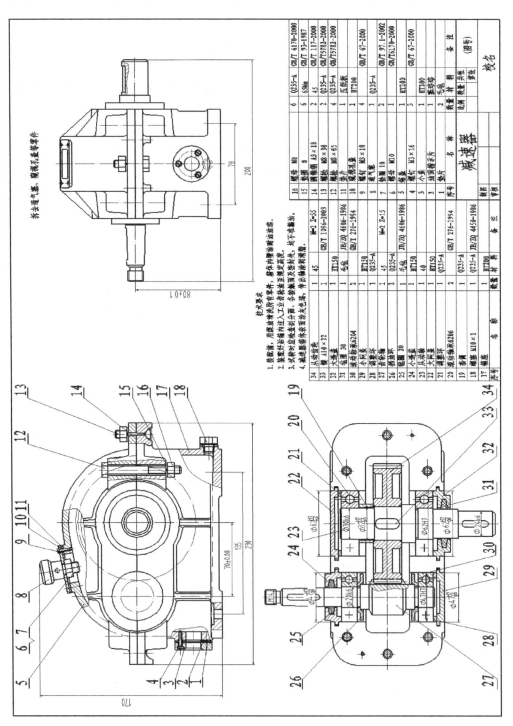

图 8 - 13

166

4）解析减速器的工作原理。

四、拆绘零件图的方法和步骤

1. 引导问题

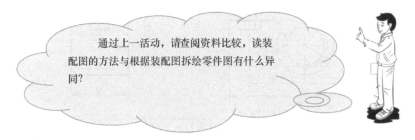

通过上一活动，请查阅资料比较，读装配图的方法与根据装配图拆绘零件图有什么异同？

2. 做一做

（1）查阅资料，说一说由装配图拆画零件图的方法和步骤。

（2）由给出的夹线体组件装配图（见图8-14）拆画零件2（夹套）的零件图。

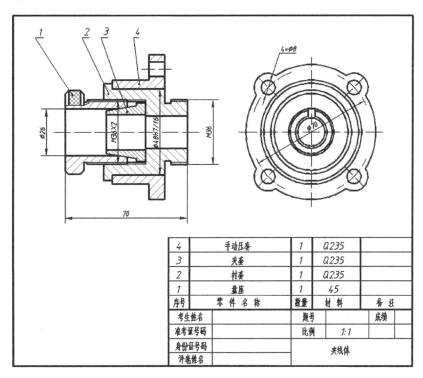

4	手动压套	1	Q235	
3	夹套	1	Q235	
2	衬套	1	Q235	
1	盘座	1	45	
序号	零件名称	数量	材料	备注
考生姓名		题号		成绩
准考证号码		比例	1:1	
身份证号码		夹线体		
评卷姓名				

图 8-14

（3）由给出的扶手轴承装配图（见图8-15）拆画零件1（轴承座）的零件图。

（4）由给出的扶杆支座装配图（见图8-16）拆画零件2（中支座）的零件图。

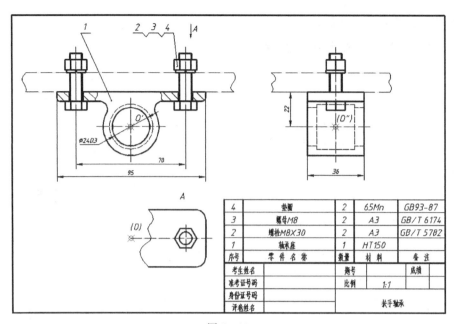

4	垫圈	2	65Mn	GB93-87
3	螺母M8	2	A3	GB/T 6174
2	螺栓M8X30	2	A3	GB/T 5782
1	轴承座	1	HT150	
序号	零 件 名 称	数量	材 料	备 注

考生姓名		题号		成绩	
准考证号码		比例	1:1		
身份证号码					
评卷姓名		扶手轴承			

图 8-15

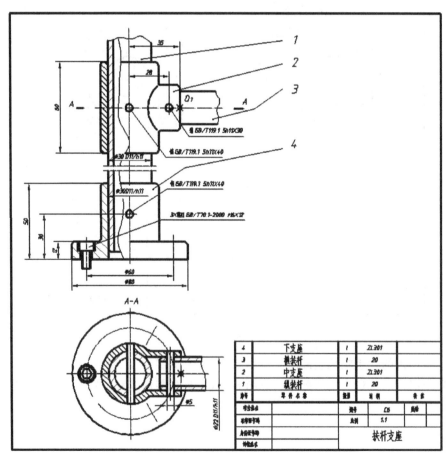

4	下支座	1	ZL301	
3	镶扶杆	1	20	
2	中支座	1	ZL301	
1	镶扶杆	1	20	
序号	零 件 名 称	数量	材料	备注

考生姓名		题号	08	成绩	
准考证号码		比例	1:1		
身份证号码					
评卷姓名		扶杆支座			

图 8-16

168

（5）由给出的齿轮心轴部件装配图（见图 8 - 17）拆画零件 1（心轴）的零件图。

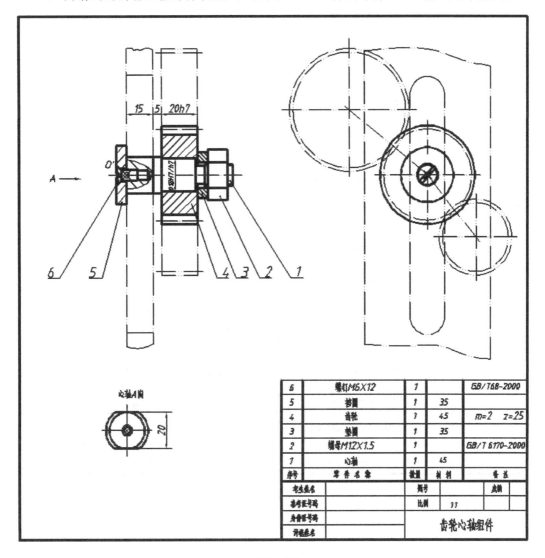

6	螺钉M6X12	1		GB/T68-2000
5	垫圈	1	35	
4	齿轮	1	45	m=2 z=25
3	垫圈	1	35	
2	螺母M12X1.5	1		GB/T 6170-2000
1	心轴	1	45	
序号	零件名称	数量	材料	备注
考生姓名		题号		总轴
准考证号码		比例	1:1	
身份证号码				齿轮心轴组件
评卷姓名				

图 8 - 17

（6）由给出的结构齿轮组件装配图（见图 8 - 18）拆画零件 1（轴套）的零件图。

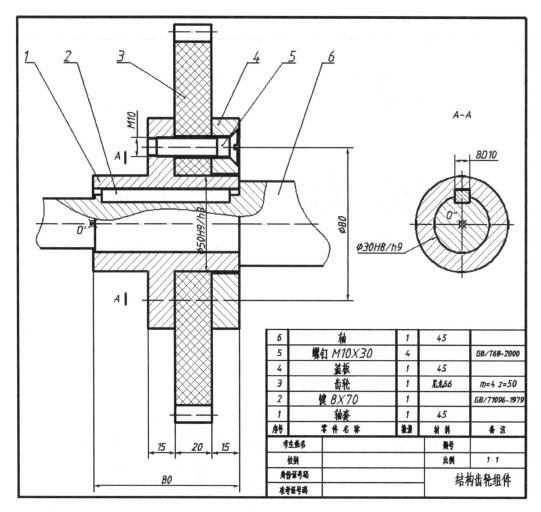

6	轴	1	45	
5	螺钉 M10×30	4		GB/T68-2000
4	盖板	1	45	
3	齿轮	1	尼龙66	m=4 z=50
2	键 8×70	1		GB/T1096-1979
1	轴套	1	45	
序号	零 件 名 称	数量	材 料	备 注

考生姓名		题号	
性别		比例	1:1
身份证号码			结构齿轮组件
准考证号码			

图 8-18

（7）根据给出的千斤顶装配图（见图 8-19）拆画零件 1（底座）的零件图。

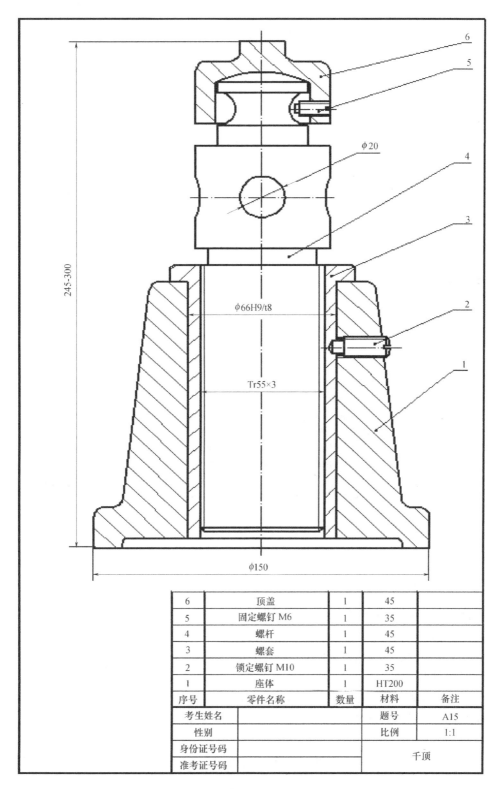

6	顶盖	1	45	
5	固定螺钉 M6	1	35	
4	螺杆	1	45	
3	螺套	1	45	
2	锁定螺钉 M10	1	35	
1	座体	1	HT200	
序号	零件名称	数量	材料	备注

考生姓名		题号	A15
性别		比例	1:1
身份证号码		千顶	
准考证号码			

图 8－19

171

学习活动三　根据减速器装配图拆绘零件图

【学习目标】

(1) 掌握读装配图的方法和步骤，能看懂装配图，拆绘零件图。

(2) 能根据减速器装配图拆绘各零件的零件工作图。

建议学时：10 学时

学习地点：制图一体化实训室

【学习准备】

准备资料、手册、减速器、绘图工具、A4 图纸

【学习过程】

一、引导问题

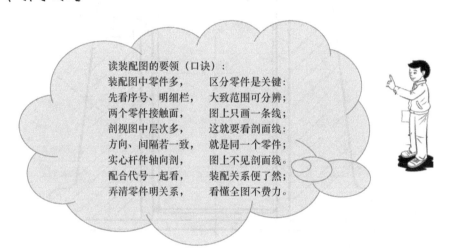

读装配图的要领（口诀）：

装配图中零件多，	区分零件是关键：
先看序号、明细栏，	大致范围可分辨；
两个零件接触面，	图上只画一条线；
剖视图中层次多，	这就要看剖面线；
方向、间隔若一致，	就是同一个零件；
实心杆件轴向剖，	图上不见剖面线。
配合代号一起看，	装配关系便了然；
弄清零件明关系，	看懂全图不费力。

二、任务描述

配合多媒体课件，指导学生完成下面作业。

1. 提出工作任务

根据装配图拆绘零件图（见图 8-20、图 8-21）。

2. 任务讲解

(1) 根据减速器的装配图，选用 A4、A3 图纸，按 1：1 的比例绘制各个零件的零件图。要求做到：视图数目要恰当，表达方案的选择要正确，尺寸和技术要求的标注要齐全、合理。

(2) 图面要整洁、清晰，图线要光滑，同类图线的粗细要一致，圆弧连接处要平滑过渡。

172

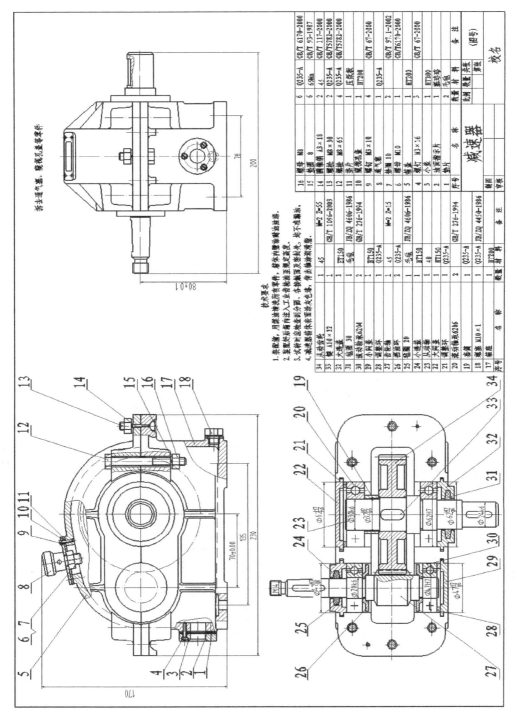

拆主视气室、俯视凸盖零件

技术要求

1. 装配前，用煤油清洗所有零件，都不得随温端油浊渍。
2. 主要对每种油注入至油松油至油面规定值。
3. 减速器应做密封性测试检查及密封，底不允许渗漏。

序号	名　称	数量	材　料	备　注
34	从动齿轮	1	45	M=2 Z=55
33	键 A10×12	2		GB/T 1096—2003
32	大透盖	1	HT150	
31	毡圈 30	1	毛毡	
30	滚动轴承6234	2		JB/ZQ 4606—1986
29	小阿盖	1	HT150	
28	调整环	1	Q235-A	
27	齿轮轴	1	45	M=2 Z=15
26	密封环	2	Q235-A	
25	毡圈 20	1	毛毡	
24	小透盖	1	HT150	
23	水沟套	1	40	
22	大阿盖	1	HT150	
21	调整环	1	Q235-A	
20	滚动轴承6206	2		JB/ZQ 4606—1986
19	套筒	1	Q235-A	
18	螺塞 M10×1	1	Q235-A	JB/ZQ 4450—1986
17	端盖	1	HT200	
序号	名　称	数量	材　料	备　注

16	螺母 M8	6	Q235-A	GB/T 6170—2000
15	垫圈 8	6	65Mn	GB/T 93—1987
14	圆柱销 A3×18	2	45	GB/T 117—2000
13	螺栓 M8×30	2	Q235-A	GB/T578B2—2000
12	螺栓 M8×65	4	Q235-A	GB/T578B2—2000
11	垫片	1	压板纸板	
10	窥视孔盖	4	HT200	
9	螺钉 M3×10	4		GB/T 67—2000
8	通气塞	2	Q235-A	
7	油塞 10	1		GB/T97.1—2002
6	螺栓 M10	1		GB/T6170—2000
5	挡油	3	HT200	
4	小盖	1	HT200	
3	螺钉 M3×16	3		GB/T 67—2000
2	油面指示片	1	钢丝绳	
1	垫片	2	压板纸板	
序号	名　称	数量	材　料	备　注

	减速器			比例 数量 共 张 第 张 (图号)
制图				
审核				校名

图 8 − 20

（3）正确使用参考资料、手册、标准及规范等，正确使用常用绘图工具。

（4）在绘图中要注意培养独立分析问题和解决问题的能力，并且保质、保量、按时地完成减速器盘盖类零件图绘制工作任务。

三、做一做

（1）根据减速器装配图，选用适当图纸，拆画输出轴零件图。

（2）根据减速器装配图，选用适当图纸，拆画大透盖零件图。

（3）根据减速器装配图，选用适当图纸，拆画大齿轮零件图。

（4）根据减速器装配图，选用适当图纸，拆画箱座零件图。

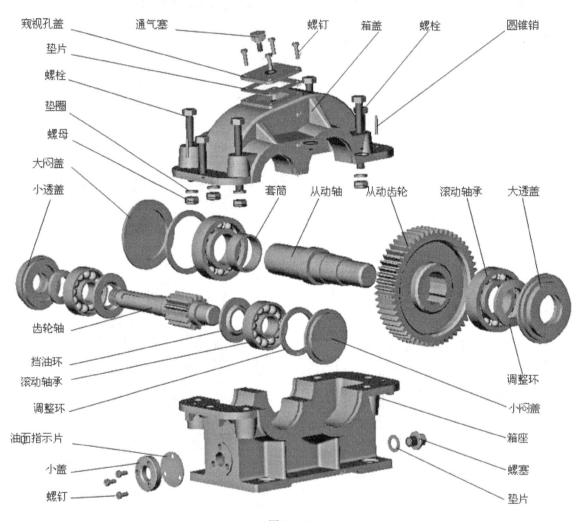

图 8-21

学习活动四　工作总结、展示与评价

【学习目标】

(1) 掌握总结报告的格式与写法，独立撰写工作总结。

(2) 提高表达能力与沟通能力。

(3) 能够流利的发言并将自己的成果充分展示出来。

建议学时：2学时

学习地点：制图一体化实训室

【学习准备】

任务书、演示文稿PPT、由装配图拆绘的零件图、互联网资源、多媒体设备、工作页、计算机。

【学习过程】

一、引导问题

经过本任务的学习，你在这段时间内有什么收获？温故而知新，通过你的总结和自我评价，你可能会产生一些心得体会和感悟。

二、任务描述

配合多媒体课件，介绍高年级优秀生的PPT总结报告，指导学生自评、互评，独立撰写工作总结报告，讲授演讲技巧，指导学生展示、汇报学习成果：

(1) 掌握PPT的制作方法。

(2) 能结合学习成果表达自己在本学习任务中的收获。

三、做一做

(1) 你准备通过什么样的形式来展示你的成果？

(2) 试制作PPT演示文稿，展示由减速器装配图拆绘零件图的工作过程，并展示你的工作成果。

(3) 你对工作过程满意吗？你觉得还有哪些地方是需要改进的？

四、工作总结报告（见表 8-3）

表 8-3

一体化课程名称	机械技术基础——机械制图与零件测绘		
任务	识读装配图　拆绘零件图		
姓　名		地　点	
班　级		时　间	
学习目的			
学习流程与活动			
收获与感受			

【评价与分析】

评价方式：自我评价、小组评价、教师评价，结果请填写在表 8-4 中。

任务八：识读装配图　技能考核评分标准表

表 8-4

序号	项目	项目配分	子　项	子项配分	表现结果	评分标准	自我评价	小组评价	教师评价
1	纪律	12	迟　到	1		违规不得分			
			走　神	1		违规不得分			
			早　退	1		违规不得分			
			串　岗	1		违规不得分			
			旷　课	6		违规不得分			
			其他（玩手机）	2		违规不得分			
2	安全文明	10	衣着穿戴	2		不合格不得分			
			行为秩序	2		不合格不得分			
			6S	6		每 S 至少扣 1 分			
3	操作过程	8	安全操作	4		酌情扣分至少扣 1 分			
			规范操作	4		酌情扣分至少扣 1 分			
4	课题项目	70	完成学习活动一工作页	5		酌情扣分至少扣 1 分			
			完成学习活动二工作页	40		酌情扣分至少扣 2 分			
			完成学习活动三工作页	20		酌情扣分至少扣 2 分			
			完成学习活动四工作页	5		酌情扣分至少扣 1 分			
5	总分	100							

学习任务九
测绘装配图

【学习目标】

专业能力

(1) 测绘能力（装配体测绘的方法）。

(2) 绘图能力（制图技能：徒手绘图、尺规绘图、计算机绘图）。

(3) 专业资料查询能力（查阅图表确定减速器中标准件的相关尺寸）。

(4) 掌握装配图的规定画法和特殊画法。

方法能力

(1) 自学能力（通过图书资料或网络获取信息）。

(2) 分析判断能力（标注尺寸、技术要求等）。

(3) 分析问题和解决问题的能力（对制图基础知识的综合运用）。

(4) 观察和动手能力（测绘能力）。

社会能力

(1) 团队协作意识的培养。

(2) 语言沟通和表达能力。

(3) 展示学习成果能力。

【建议课时】

20～46 学时

【工作流程与活动】

学习活动一：领取任务书、制订工作计划	2 学时
学习活动二：查阅收集资料	2 学时
学习活动三：绘制减速器装配示意图	6 学时
学习活动四：绘制减速器装配图（高技）	26 学时
学习活动五：拼画千斤顶装配图	8 学时
学习活动六：工作总结、展示与评价	2 学时

【工作情景描述】

装配图是表达机器（或部件）的图样。设计时，一般先画装配图，根据装配图绘制零件图；装配时，根据装配图把零件装配成机器；同时，装配图又是安装、调试、操作和检修机器的重要参考资料。因此，装配图是表达设计思想、指导生产和技术交流的重要文件。

某企业制造 ZD99 型单级圆柱齿轮减速器（见图 9-1），现委托学习小组绘制减速器装配图。

【学习任务描述】

各学习小组接受绘制减速器装配图任务后，在老师的指导下，根据 ZD99 型减速器的结构特点，正确绘制减速器的装配示意图；并通过测量，选择合适的表达方案，绘制减速器装配图（见表 9-1）。

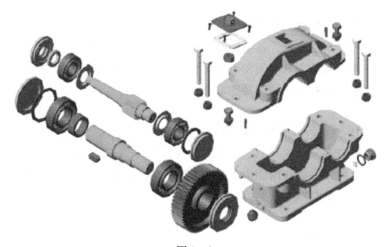

图 9-1

表 9-1

任务		活动内容	总课时	课时分配
测绘装配图	学习活动一	领取任务书、制订工作计划	46	2
	学习活动二	查阅收集资料 （1）减速器的工作原理 （2）减速器的装配关系 （3）整理、看懂零件图		2
	学习活动三	绘制减速器装配示意图		6
	学习活动四	绘制减速器装配图		
		（1）画装配图的方法步骤　布图		4
		（2）画主视图		6
		（3）画俯视图及其他视图		12
		（4）标注尺寸、技术要求、零件编号		2
		（5）绘图整理		2
	学习活动五	拼画千斤顶装配图		8
	学习活动六	工作总结、展示与评价		2

学习活动一　领取任务书、制订工作计划

【学习目标】

（1）能解读绘制减速器装配图的工作任务，并制订工作计划书。

（2）能正确指出减速器中组成零件的类型及其名称。

建议学时：2学时

学习地点：制图一体化实训室

【学习准备】

组织教学、准备资料、现场讲解。

【学习过程】

一、引导问题

机械制造行业中，组装、检验、使用和维修机器，以及进行技术交流、技术革新时需要参阅哪些工程图？

> 前面我们已经拆画了轴套类、盘盖类、叉架类、箱壳类等结构零件及相关标准零件。这些零件拆画的依据是什么？如何实施？

二、任务描述

1. 提出工作任务

绘制减速器装配图。

2. 任务讲解

各学习小组接受绘制减速器装配图任务后，在老师的指导下根据 ZD99 型减速器的结构特点，正确绘制减速器的装配示意图；并通过测量，选择合适的表达方案，绘制减速器装配图。

3. 知识点、技能点

知识点：减速器装配图的规定画法。

技能点：减速器装配图表达方案的确定。

三、做一做

（1）请说出测绘 ZD99 型单级圆柱齿轮减速器需要准备哪些工具和用品？

（2）请说出 ZD99 型单级圆柱齿轮减速器中包含哪些零件？

（3）请分析装配图的内容有哪些？

（4）装配图画法的基本规则？

（5）解读测绘减速器装配图的工作任务，并制订工作计划书（见表9-2）。

表9-2

任务九	测 绘 装 配 图		
工作目标			
学习内容			
执行步骤			
接受任务时间	年　月　日	完成任务时间	年　月　日
计划制订人		计划承办人	

学习活动二　查阅收集资料

【学习目标】

（1）能借助技术资料、手册及网络查阅减速器的工作原理。

（2）能借助技术资料、手册及网络查阅减速器的装配关系。

（3）整理并看懂减速器组成零件的工作图。

建议学时：2学时

学习地点：制图一体化实训室

【学习准备】

（1）讲解收集资料与制定方案的方法。

（2）准备资料、手册，开放网络连接。

【学习过程】

一、引导问题

前面我们已经认知了单级齿轮减速器并掌握了其组成零件的类型、表达方法。那么，我们应该如何装配这些零件，使其正常工作呢？

二、任务描述

通过完成本任务的第一个学习活动，大家都已经明确了工作任务，本次学习活动要求各小组发挥团队合作精神、分工合作，通过网络及其他途径查阅减速器的工作原理、装配关系以及整理、看懂减速器组成零件的工作图，并能回答工作页中提出的问题。

三、知识链接

一级圆柱齿轮减速器是通过装在箱体内的一对啮合齿轮的转动将动力从一轴传至另一轴实现减速的。图 9 - 2 是齿轮减速器的结构。动力由电动机通过皮带轮（图中未画出）传送到齿轮轴，然后通过两啮合齿轮（小齿轮带动大齿轮）传送到轴，从而实现减速之目的。由于传动比 $i = n_1 / n_2$，则从动轴的转速 $n_2 = z_1 / z_2 \times n_1$。

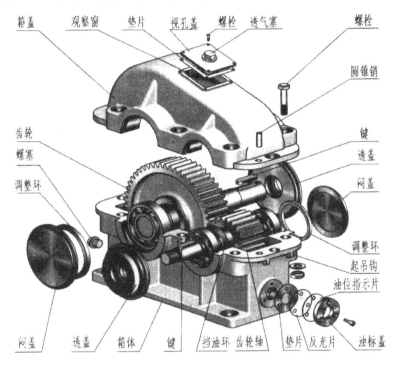

图 9 - 2

减速器有两条轴系——两条装配线，两轴分别由滚动轴承支承在箱体上，采用过渡配合，有较好的同轴度，从而保证齿轮啮合的稳定性。

端盖嵌入箱体内，从而确定轴和轴上零件的轴向位置，装配时只要修磨调整环的厚度，就可使轴向间隙达到设计要求。

箱体采用分离式，沿两轴线平面分为箱座和箱盖，二者采用螺栓连接。为了保证箱体上安装轴承和端盖的孔的正确形状，装配时它们之间采用圆锥销定位。

箱座下部为油池，内装机油，供齿轮润滑。通气塞是为了排放箱体内的挥发气体，拆去小盖可检视齿轮磨损情况或加油。

箱体前后对称，两啮合齿轮安置在该对称面上，轴承和端盖对称分布在齿轮的两侧。

箱体的左右两边有两个加强肋板，作用为起吊运输。

四、做一做

（1）查阅资料，详细说明 ZD99 型单级圆柱齿轮减速器的工作原理。

（2）查阅资料，说明 ZD99 型单级圆柱齿轮减速器中，哪些零件有配合关系？并确定其配合类型。

（3）整理以往绘制的 ZD99 型减速器零件图，并按要求依次递增进行装订（零件图号可为 JSQ－001、JSQ－002、……）

学习活动三　绘制减速器装配示意图

【学习目标】

（1）能测量减速器装配体相关尺寸。

（2）能根据单级圆柱齿轮减速器的结构特点，绘制装配示意图。

建议学时：6 学时

学习地点：制图一体化实训室

【学习准备】

（1）教材：《机械制图》、《机械制图新国家标准》。

（2）专业资料：《机械设计手册》。

（3）减速器。

（4）测量工具、绘图工具。

（5）计算机、移动投影、投影布幕、实物投影仪（辅助教学）、多媒体课件。

（6）A3 图纸（每人 1 张）。

【学习过程】

一、引导问题

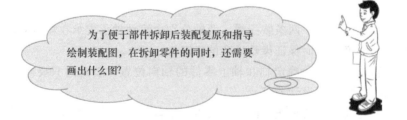

为了便于部件拆卸后装配复原和指导绘制装配图，在拆卸零件的同时，还需要画出什么图?

二、任务描述

（1）正确使用工具，按顺序拆卸减速器。

（2）正确使用参考资料、手册、标准及规范等，正确使用测量工具。

（3）正确绘制单级圆柱齿轮减速器装配示意图。

三、知识链接

1. 拆卸减速器

旋松并取出螺栓，取出圆锥销，卸下箱盖，抽出闷盖、调整环，上抬齿轮轴及其轴系使之脱离箱体，退出透盖……

至此，主动轴上还剩一对滚动轴承和一对挡油环，考虑到轴承内圈与轴颈的配合较紧，是否继续拆下轴承等零件，可根据组合在一起的零件的各部分尺寸是否可以测量来决定。

2. 画减速器装配示意图

对于零件数较少的简单装配体，其装配示意图画一个图形即可。由于减速器的零件总数较多，需画两个图形。两个图形间应保持对应关系。

需要注意的是，减速器的箱体、箱盖等专用件随不同型号形状各异，画示意图时，只需用单线（粗实线）反映出外轮廓的大致形状特征即可。

在边拆卸边画装配示意图的同时，还需测量确定标准件的规格。与螺纹有关的标准件应先进行螺纹测绘。标准件规格的尺寸系列需由相应的标准查取选定。确定了标准件规格后可按其标记示例注写在装配示意图中，或先记录，最后分项填入装配图的明细栏中。图9-3是某一单级圆柱齿轮减速器的装配示意图。

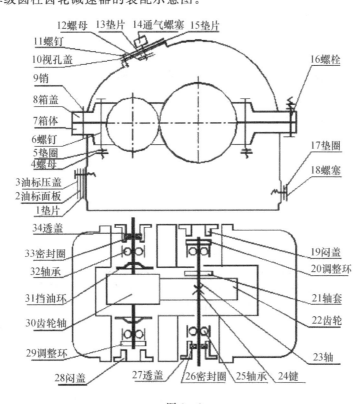

图 9-3

四、做一做

根据 ZD99 型单级圆柱齿轮减速器的结构，用 A3 图纸绘制减速器装配示意图。

183

学习活动四　绘制减速器装配图

【学习目标】

（1）能根据单级圆柱齿轮减速器的结构特点选择视图的表达方案。

（2）能按规定绘制减速器的组成部件。

（3）能正确绘制减速器装配图。

（4）能正确标注装配图尺寸。

（5）能正确编写技术要求。

建议学时：26学时

学习地点：制图一体化实训室

【学习准备】

（1）教材：《机械制图》、《机械制图新国家标准》。

（2）专业资料：《机械设计手册》。

（3）减速器。

（4）测量工具、绘图工具。

（5）电脑、移动投影、投影布幕、实物投影仪（辅助教学）。

（6）多媒体课件。

（7）A1图纸（每人1张）。

【学习过程】

一、引导问题

装配图主要表达装配体的结构、各零件间的装配关系及主要零件的形状，表达的是装配体的总体情况而不是单个零件的形状。那么，前面学习的零件图表达方法在装配图中会有怎样的变化呢？

二、任务描述（见表9－3）

（1）用A1图纸，正确绘制减速器装配图。要求：视图表达方案的选择要正确，尺寸和技术要求的标注要齐全、合理。

（2）在装配图中，按规定要求填写标题栏的各项内容。

（3）图面要整洁、清晰，图线要光滑，同类图线的粗细要一致，圆弧连接处要平滑过渡。

表 9 - 3

学习活动四	学习任务	任务目标	课时
绘制减速器装配图	（1）画装配图的方法步骤 （2）画主视图 （3）画俯视图及其他视图 （4）标注尺寸、技术要求、零件编号 （5）绘图整理	（1）掌握减速器装配图的规定画法和部件的特殊画法 （2）掌握装配图表达方案的选择方法 （3）掌握掌握装配图中尺寸标注、零件序号的编排方法	26

（4）在绘图中要注意培养独立分析问题和解决问题的能力，并且保质保量按时完成减速器装配图的绘制工作任务。

三、知识链接

画装配图的方法步骤：

1. 制定方案、布图

掌握 ZD99 型单级圆柱齿轮减速器装配图的设置方法，拟订表达方案、定比例、图幅、布图。

2. 画主视图

（1）掌握装配图中主视图的选择原则；

（2）掌握 ZD99 型单级圆柱齿轮减速器装配图中螺纹连接件及螺纹连接的画法；

（3）掌握 ZD99 型单级圆柱齿轮减速器装配图中键、销连接的画法。

3. 画俯视图及其他视图

（1）掌握装配图中其他视图的选择原则；

（2）掌握 ZD99 型单级圆柱齿轮减速器装配图中齿轮及齿轮啮合区的画法；

（3）掌握 ZD99 型单级圆柱齿轮减速器装配图中轴承的简化画法。

4. 标注尺寸、技术要求、零件编号

（1）掌握装配图标注尺寸的规定；

（2）掌握装配图中编写技术要求的方法；

（3）掌握装配图中编写零件序号的方法。

5. 绘图整理

检查加深图线、填写标题栏明细栏。

四、做一做

（1）试分析说明减速器装配图表达方案的选择方法。

（2）测量 ZD99 型单级圆柱齿轮减速器相关尺寸，选择合适图纸，按 1 ∶ 1 正确绘制装配图。

五、操作提示

（1）读懂零件图和装配示意图（见图 9 - 4）。

（2）定方案、定比例、定图幅，画出图框（见图 9 - 5）。

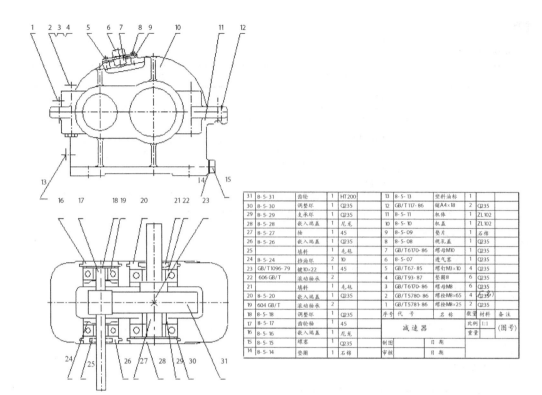

31	8-5-31	齿轮	1	HT200		13	8-5-13	塑料油标	1		
30	8-5-30	调整环	1	Q235		12	GB/T117-86	销A4×18	2	Q235	
29	8-5-29	支承环	1	Q235		11	8-5-11	机体	1	ZL102	
28	8-5-28	嵌入端盖	1	尼龙		10	8-5-10	机盖	1	ZL102	
27	8-5-27	轴	1	45		9	8-5-09	垫片	1	石棉	
26	8-5-26	嵌入端盖	1	Q235		8	8-5-08	视孔盖	1	Q235	
25		填料	1	毛毡		7	GB/T6170-86	螺母M10	1	Q235	
24	8-5-24	挡油环	2	10		6	8-5-07	透气塞	1		
23	GB/T1096-79	键10×22	1	45		5	GB/T67-85	螺钉M3×10	4	Q235	
22	606 GB/T	滚动轴承	2			4	GB/T93-87	垫圈8	6	Q235	
21		填料	1	毛毡		3	GB/T6170-86	螺母M8	6	Q235	
20	8-5-20	嵌入端盖	1	Q235		2	GB/T5780-86	螺栓M8×65	4	(Q235)	
19	604 GB/T	滚动轴承	2			1	GB/T5781-86	螺栓M8×25	1	Q235	
18	8-5-18	调整环	1	Q235		序号	代号	名称	数量	材料	备注
17	8-5-17	齿轮轴	1	45				减速器		比例 1:1	[图号]
16	8-5-16	嵌入端盖	1	尼龙						重量	
15	8-5-15	螺塞	1	Q235		制图		日期			
14	8-5-14	垫圈	1	石棉		审核		日期			

图 9-4

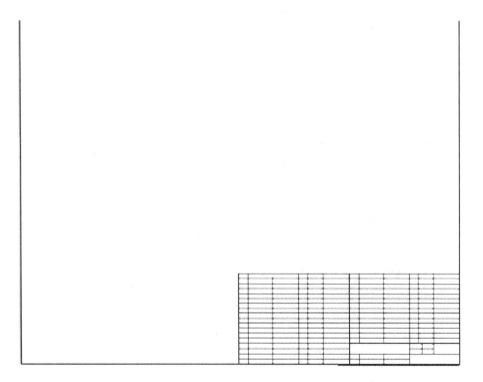

图 9-5

186

（3）根据表达方案画主要基准线（见图 9-6）。

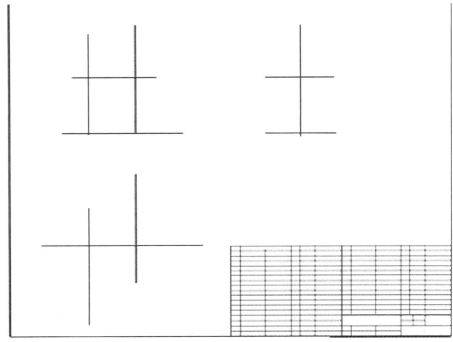

图 9-6

（4）画主要装配干线，逐次向外扩张。

1）画出箱座（见图 9-7）。

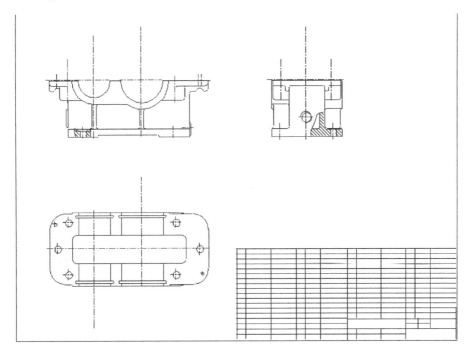

图 9-7

187

2）画出箱盖（见图 9-8）。

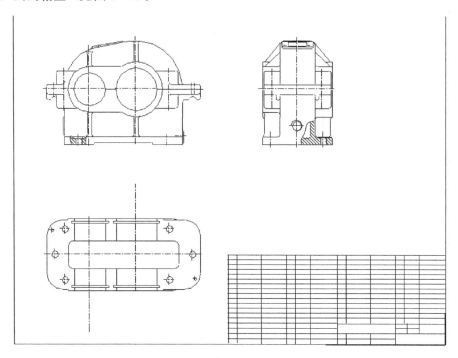

图 9-8

3）画出齿轮及齿轮轴（见图 9-9）。

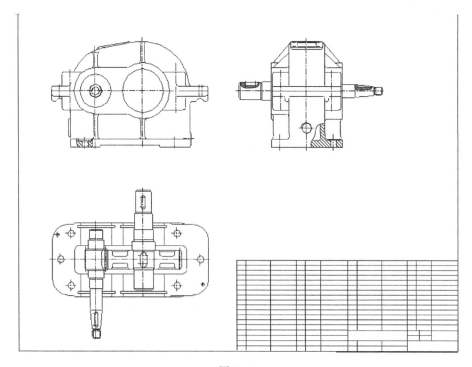

图 9-9

188

4）画出轴承、轴承端盖、挡油环、轴套及调整环（见图9-10）。

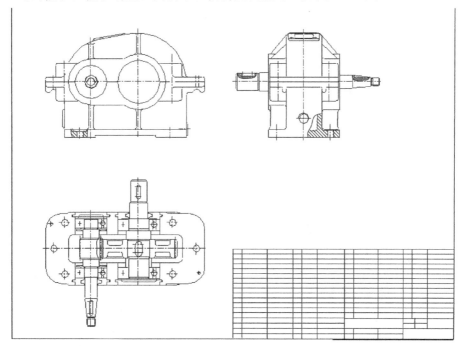

图 9-10

5）画出密封圈（见图9-11）。

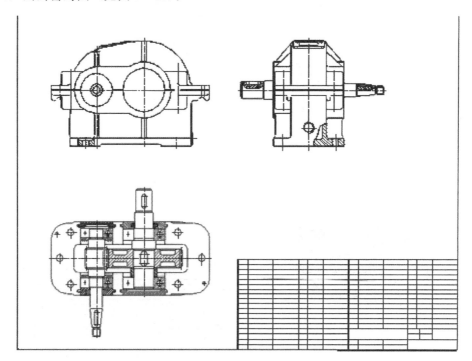

图 9-11

6）画出螺栓、销（见图 9-12）。

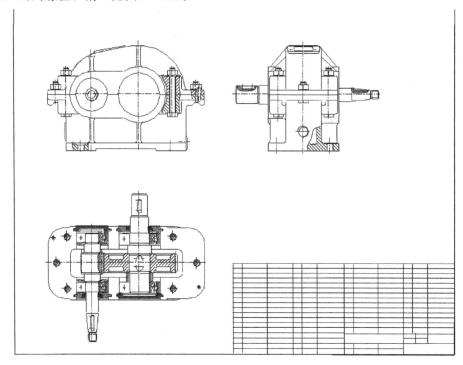

图 9-12

7）画出油塞（见图 9-13）。

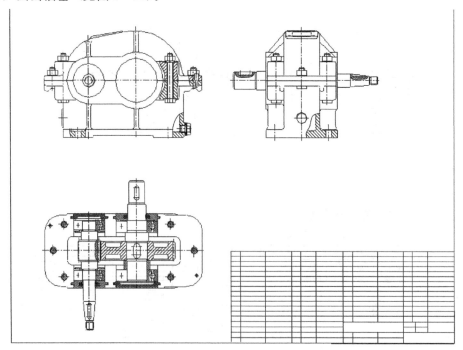

图 9-13

8) 画出油标（见图 9 - 14）。

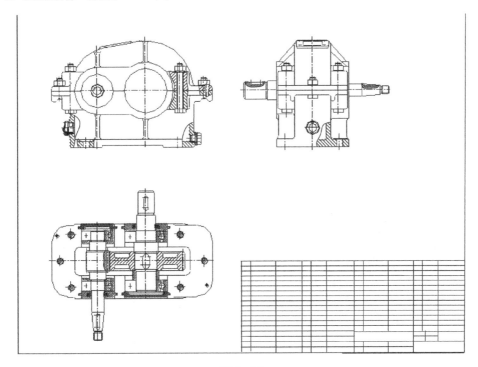

图 9 - 14

9) 画出视孔盖（见图 9 - 15）。

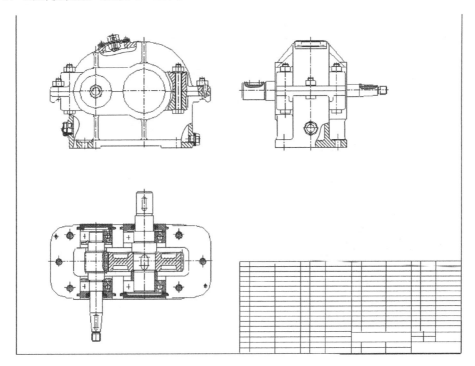

图 9 - 15

（5）标注尺寸（见图 9-16）。

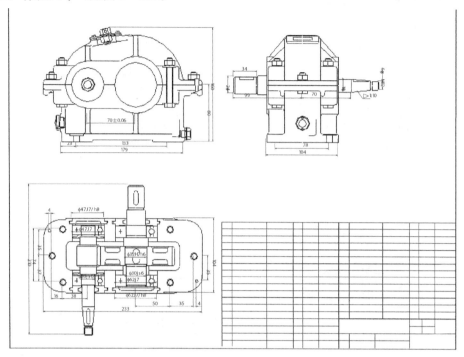

图 9-16

（6）编件号、填写明细表、标题栏和技术要求（见图 9-17）。

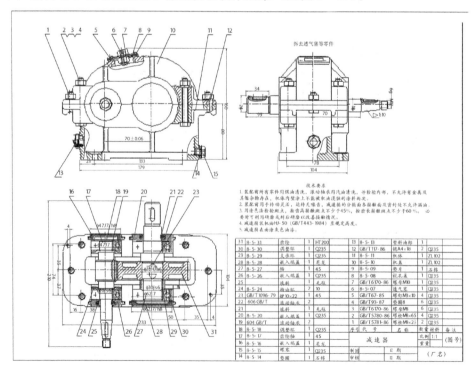

图 9-17

（7）检查、描深。

六、装配图绘制检查要点

（1）螺纹连接件及螺纹连接画法（见图 9-18）。

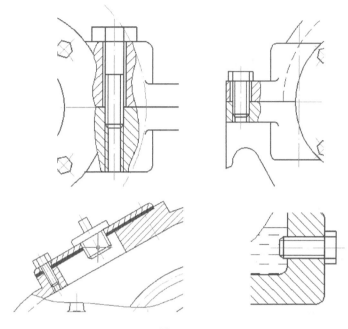

图 9-18

（2）键、销连接画法（见图 9-19）。

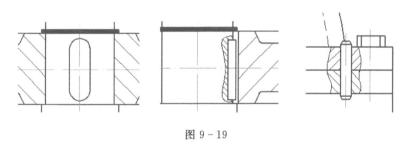

图 9-19

（3）齿轮及齿轮啮合区画法（见图 9-20）。

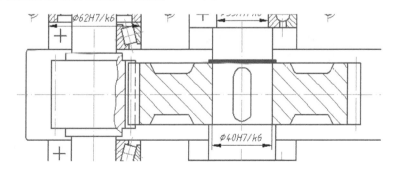

图 9-20

（4）轴承的简化画法（见图9-21）。

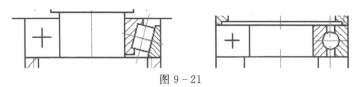

图 9-21

学习活动五　拼画千斤顶装配图

【学习目标】

（1）能根据千斤顶的结构特点，选择装配图的表达方案。

（2）能正确识读千斤顶组成零件的工作图。

（3）能根据千斤顶零件图正确绘制装配图。

（4）能正确标注装配图尺寸。

建议学时：8 学时

学习地点：制图一体化实训室

【学习准备】

（1）教材：《机械制图》、《机械制图新国家标准》。

（2）专业资料：《机械设计手册》。

（3）绘图工具。

（4）计算机、移动投影、投影布幕、实物投影仪（辅助教学）。

（5）多媒体课件。

（6）A3 图纸（每人 1 张）。

【学习过程】

一、引导问题

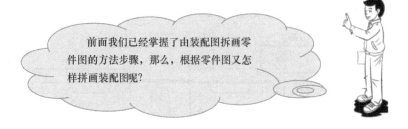

前面我们已经掌握了由装配图拆画零件图的方法步骤，那么，根据零件图又怎样拼画装配图呢？

二、任务描述

（1）用 A3 图纸，正确绘制千斤顶装配图。要求：视图表达方案的选择要正确，尺寸和技术要求的标注要齐全、合理。

（2）在装配图中，按规定要求填写标题栏的各项内容。

（3）图面要整洁、清晰，图线要光滑，同类图线的粗细要一致，圆弧连接处要平滑过渡。

（4）在绘图中要注意培养独立分析问题和解决问题的能力，并且保质保量按时地完成千斤顶装配图的绘制工作任务。

三、知识链接

配合多媒体课件，指导学生完成下面的工作页填写。

1. 千斤顶的结构组成（见图 9-22）

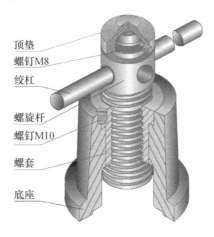

图 9-22

2. 千斤顶的工作原理

千斤顶是简单起重工具，工作时，用可调节力臂长度的绞杠带动螺旋杆在螺套中作旋转运动，使螺旋杆上升，装在螺旋杆头部的顶垫顶起重物。骑缝安装的螺钉 M10 阻止螺套回转，顶垫与螺旋杆头部以球面接触，其内径与螺旋杆有较大间隙，既可减少摩擦力不使顶垫随同螺旋杆回转，又可自调心使顶垫上平面与重物贴平；螺钉 M8 可防止顶垫脱出。

3. 绘制千斤顶装配图的参考步骤（见表 9-4）

表 9-4

绘图方法与步骤	图　　例
（1）布置图面、画出作图基准线、标题栏和明细栏	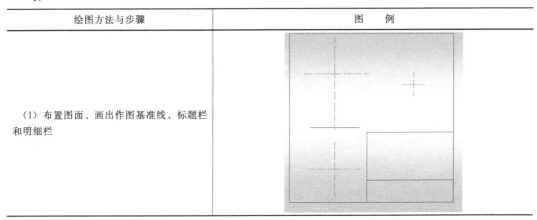

绘图方法与步骤	图　例
（2）画出底座	
（3）画出螺套	
（4）画出螺杆	
（5）画出顶垫	

绘图方法与步骤	图　　例
（6）画出绞杠	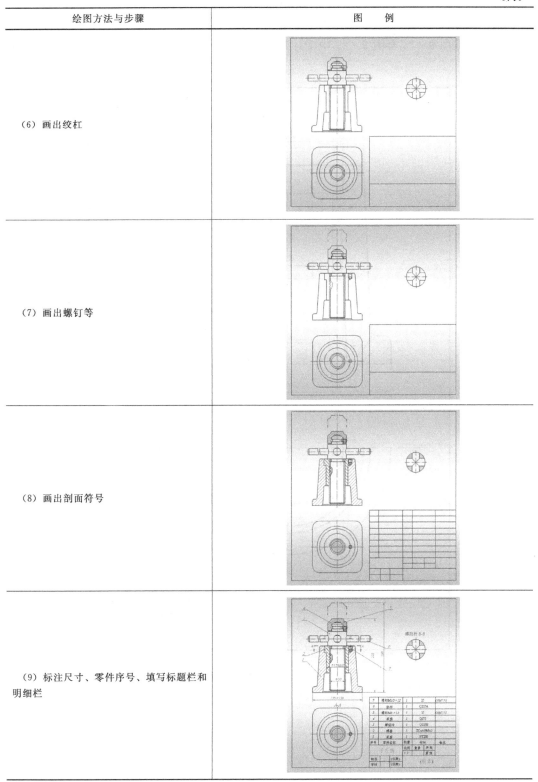
（7）画出螺钉等	
（8）画出剖面符号	
（9）标注尺寸、零件序号、填写标题栏和明细栏	

四、做一做

（1）试分析说明千斤顶装配图的表达方案。

（2）根据图 9-23 至图 9-29 中千斤顶的零件图，选择合适图纸，按 1 : 1 正确拼画装配图。

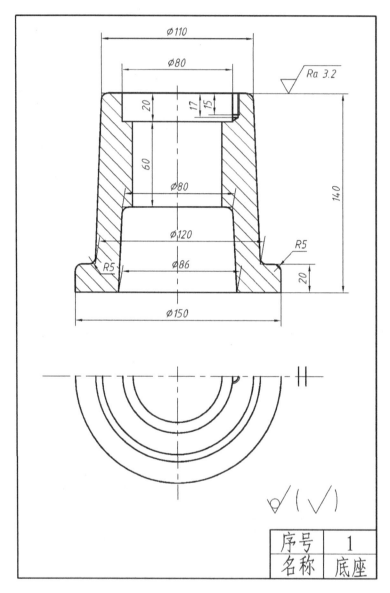

图 9-23

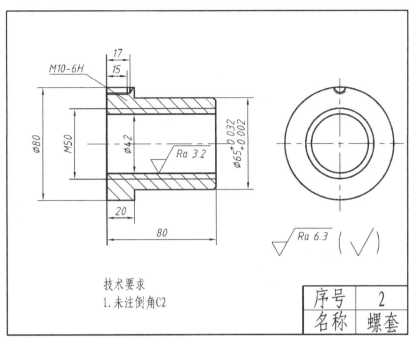

技术要求
1. 未注倒角C2

序号	2
名称	螺套

图 9 - 24

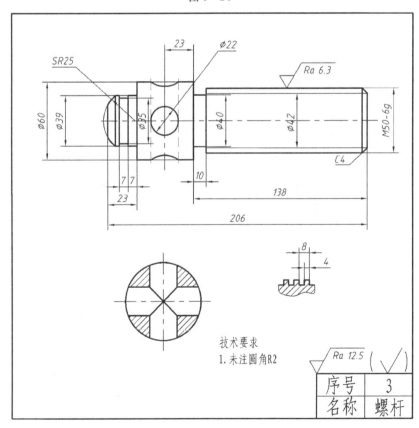

技术要求
1. 未注圆角R2

序号	3
名称	螺杆

图 9 - 25

199

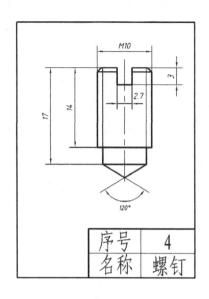

序号	4
名称	螺钉

图 9-26

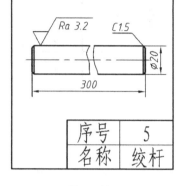

序号	5
名称	绞杆

图 9-27

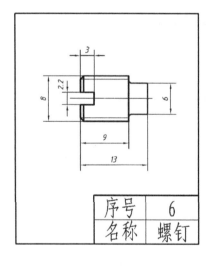

序号	6
名称	螺钉

图 9-28

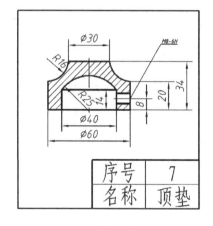

序号	7
名称	顶垫

图 9-29

学习活动六　工作总结、展示与评价

【学习目标】

（1）掌握总结报告的格式与写法，独立撰写工作总结。

（2）了解 PPT 的制作方法。

（3）能展示工作成果并进行工作总结。

建议学时：2 学时

学习地点：制图一体化实训室

【学习准备】

（1）任务书。

（2）演示文稿 PPT。

（3）减速器装配图。

（4）互联网资源、多媒体设备、工作页、计算机。

【学习过程】

一、引导问题

通过本任务学习，你学会了些什么？你对工作过程满意吗？你觉得还有哪些地方是需要改进的？你将如何通过 PPT 制作，把减速器装配图绘制的工作过程及工作成果展示出来？

二、任务描述

（1）学习总结报告的书写格式与写法。

（2）了解演示文稿 PPT 的制作方法。

（3）学生自评、互评，独立书写工作总结报告，通过小组评价和成果展示，培养自信心，提高表达能力。

（4）指导学生演讲，展示工作成果、工作总结报告。

三、做一做

（1）你准备通过什么样的形式来展示你的成果？

（2）试制作 PPT 演示文稿，展示减速器装配图绘制的工作过程，并展示你的工作成果。

（3）你对工作过程满意吗？你觉得还有哪些地方是需要改进的？

（4）试通过网络或书本中的知识学习，概括总结你整个学习过程的收获与感受。

四、工作总结报告（见表9-5）

表9-5

一体化课程名称	机械技术基础——机械制图与零件测绘		
任务	测绘装配图		
姓 名		地 点	
班 级		时 间	
学习目的			
学习流程与活动			
收获与感受			

【评价与分析】

评价方式：自我评价、小组评价、教师评价，结果请填写在表9-6中。

任务九：测绘装配图 技能考核评分标准表

表9-6

序号	项目	项目配分	子 项	子项配分	表现结果	评分标准	自我评价	小组评价	教师评价
1	纪律	12	迟 到	1		违规不得分			
			走 神	1		违规不得分			
			早 退	1		违规不得分			
			串 岗	1		违规不得分			
			旷 课	6		违规不得分			
			其他（玩手机）	2		违规不得分			
2	安全文明	10	衣着穿戴	2		不合格不得分			
			行为秩序	2		不合格不得分			
			6S	6		每S至少扣1分			
3	操作过程	8	安全操作	4		酌情扣分至少扣1分			
			规范操作	4		酌情扣分至少扣1分			
4	课题项目	70	完成学习活动一工作页	5		酌情扣分至少扣1分			
			完成学习活动二工作页	5		酌情扣分至少扣1分			
			完成学习活动三工作页	10		酌情扣分至少扣2分			
			完成学习活动四工作页	30		酌情扣分至少扣2分			
			完成学习活动五工作页	15		酌情扣分至少扣2分			
			完成学习活动六工作页	5		酌情扣分至少扣1分			
5	总分	100							

学习任务十
CAD 绘图基础

【学习目标】

(1) 能独立阅读学习任务书，明确学习任务。

(2) 能独立查阅参考资料、网络资料等，小组讨论学习任务书，制订工作计划。

(3) 能熟悉使用 AutoCAD 软件绘制简单平面图形。

(4) 能创建二维复杂对象及复杂平面图形象。

(5) 能熟练使用 AutoCAD 软件绘制机械零件图。

(6) 能遵守机房管理规定，正确使用计算机。

(7) 能与人进行有效沟通，发现问题、分析问题及解决问题。

(8) 能主动获取有效信息，展示工作成果，对学习与工作进行总结反思。

【建议课时】

40 学时

【工作流程与活动】

学习活动一：领取任务、查阅资料、制订工作计划	1 学时
学习活动二：AutoCAD 基本操作	1 学时
学习活动三：AutoCAD 绘图基础	12 学时
学习活动四：尺寸标注	4 学时
学习活动五：画简单平面图形	8 学时
学习活动六：创建二维复杂对象	2 学时
学习活动七：编辑及显示图形	2 学时
学习活动八：绘制复杂平面图形	2 学时
学习活动九：零件图绘制	6 学时
学习活动十：工作总结、展示与评价	2 学时

【工作情景描述】

AutoCAD 在机械设计方面的应用相当普遍，AutoCAD 可方便地进行绘制、编辑和修改图形，而且成图质量的比例相当高。CAD 技术与 CAM 技术相结合，无须借助图纸等媒介即可直接将设计结果传送至生产单位。学好 CAD 绘图基础知识，为日后看图与作图、数控生产加工打下良好的基础。

学习活动一 领取任务、查阅资料、制订工作计划

【学习目标】

(1) 通过解读任务书，能描述 CAD 绘图基础学习的任务。

(2) 制订工作计划书。

建议学时：1 学时

学习地点：AutoCAD 实训室

【学习准备】

计算机、AutoCAD 软件、投影仪、教材、学生工作页。

【学习过程】

AutoCAD 具有易于掌握、使用方便、体系结构开放等优点，能够绘制二维图形与三维图形、标注尺寸、渲染图形以及打印输出图纸，目前已广泛应用于机械、建筑、电子、航天、造船、石油化工、土木工程等领域。

(1) 你使用的计算机座位号是＿＿＿＿＿＿＿＿＿＿。

(2) 你使用的 AutoCAD 软件是什么版本？＿＿＿＿＿＿＿＿＿＿。

(3) 你能通过查阅资料，了解 AutoCAD 软件的使用情况吗？

(4) 解读 CAD 绘图基础的工作任务，并制订工作计划书。

表 10-1

任务九	CAD 绘图基础		
工作目标			
学习内容与执行步骤			
接受任务时间	年 月 日	完成任务时间	年 月 日
计划制订人		计划承办人	

学习活动二　AutoCAD基本操作

【学习目标】

（1）了解AutoCAD软件的工作界面。

（2）能正确打开、存储CAD文件等。

建议学时：1学时

学习地点：AutoCAD实训室

【学习准备】

计算机、AutoCAD软件、投影仪、教材、学生工作页。

【学习过程】

一、引导问题

在工程设计时，用户通过菜单浏览器、功能区或命令提示窗口发出命令，在绘图区中画出图形；而状态栏则显示作图过程中的各种信息，并提供给用户各种辅助绘图工具。因此了解AutoCAD程序界面各部分的功能是非常必要的。

二、做一做

（1）AutoCAD用户界面主要由哪几部分组成（见图10-1）？

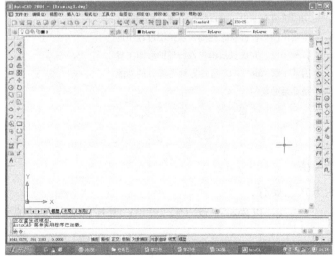

图10-1

（2）如何打开、关闭及移动工具栏？试着打开、关闭 AutoCAD 提供的各种工具栏的操作。

（3）AutoCAD 的图形文件扩展名为 _____；AutoCAD 的模板文件扩展名为 _____。

（4）打开一个图形文件，练习使用缩放命令 Zoom 对图形进行浏览，并体会各种按钮的不同功能。

（5）使用 AutoCAD 提供的"帮助"功能，查找用户手册。

学习活动三　AutoCAD 绘图基础

【学习目标】

（1）能正确使用输入法作图。

（2）能在图层下作图。

（3）能在图形中正确输入文字。

（4）能精确绘图。

建议学时：12 学时

学习地点：AutoCAD 实训室

【学习准备】

计算机、AutoCAD 软件、投影仪、教材、学生工作页。

【学习过程】

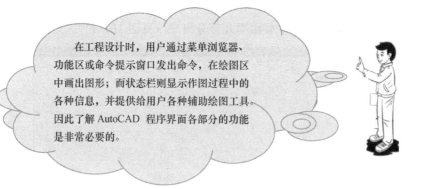

在工程设计时，用户通过菜单浏览器、功能区或命令提示窗口发出命令，在绘图区中画出图形；而状态栏则显示作图过程中的各种信息，并提供给用户各种辅助绘图工具。因此了解 AutoCAD 程序界面各部分的功能是非常必要的。

一、坐标输入法

（1）坐标输入方式主要有：

1）_____：以坐标原点（0，0，0）为基点来定位其他所有点；如（120，100，0）。

2）_____：相对前一点为参考点，然后输入相对位移坐标的值来确定点，

206

"输入相对位移坐标的值"前需加"@";如@80,0。

3) _____：用距离和角度来确定线段，用尖括号"<"分开，如60<120，60 表示点到原点的距离，120 表示极轴方向与 X 轴正向间的夹角。

（2）在极坐标输入法中，若 x 轴按逆时针旋转到极轴方向，角度为_____；若 x 轴按顺时针旋转到极轴方向，角度为_____。

（3）是_____命令按钮，该命令还可通过什么途径打开？如何使用该命令？

（4）已知点 A 的绝对坐标及图形尺寸（见图 10-2），现用直线命令绘制该图，并以"图 10-2"图名存盘。

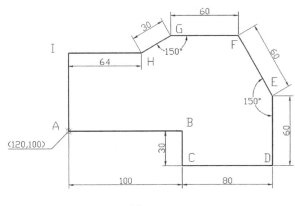

图 10-2

（5）运用所学命令完成图 10-3，并以为"图 10-3"图名存盘。

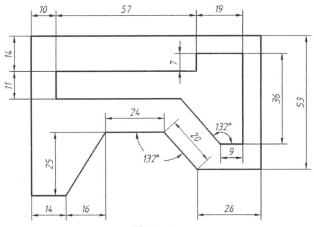

图 10-3

如何绘制水平线与垂直线？
当打开"正交"模式绘制水平线
或竖直线段时，可大大提高绘图效率。

(6) 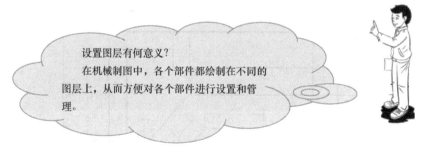（正交）是＿＿＿＿＿＿＿命令按钮，如何使用该命令？该命令有何特点？

(7) 使用直线命令并结合正交模式绘制图 10 - 4。

(8) 是＿＿＿＿＿命令按钮，该命令还可通过什么途径打开？如何使用该命令？

(9) 是＿＿＿＿＿命令按钮，该命令还可通过什么途径打开？如何使用该命令？

图 10 - 4

(10) 运用所学知识完成 A3 和 A4 的图框与标题栏（见图 10 - 5），并分别用文件名"A3"、"A4"存在学生自己的文件夹中。（暂不填写文字）

30	55	25	30
考生姓名		题号	A1
性别		比例	1:1
身份证号码			
准考证号码			

（4×8=32）

图 10 - 5

二、图层设置

设置图层有何意义？
在机械制图中，各个部件都绘制在不同的图层上，从而方便对各个部件进行设置和管理。

(1)＿＿＿＿＿＿＿是＿＿＿＿＿＿工具条，该功能还可通过什么途径打开？如何设置图层？如何修改图层？

(2) 打开前面已保存的文件"A3"（或"A4"），按表 10 - 2 的规定设置图层及线型，并设定线型比例，按制图要求在对应的图层状态下对图框和标题栏进行修改。

表 10 - 2

图层名称	颜 色	颜色号	线 型	线 宽
01	绿	(3)	实线 Continuous（粗实线用）	0.7
02	白	(7)	实线 Continuous（细实线用）	0.35

208

图层名称	颜　色	颜色号	线　型	线　宽
03	白	(7)	实线 Continuous （尺寸标注用）	默认
04	黄	(2)	虚线 DASHED2	0.35
05	红	(1)	点画线 CENTER	0.35
06	粉红	(6)	双点画线 ACAD_ISO05W100	0.35
07	黄	(2)	实线 Continuous （文字用）	默认

三、文字输入

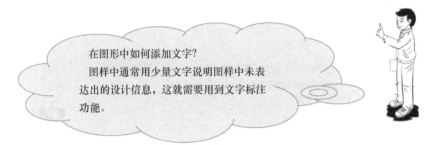

在图形中如何添加文字？
图样中通常用少量文字说明图样中未表达出的设计信息，这就需要用到文字标注功能。

（1）在图形中如何添加文字？

1）　 　是＿＿＿＿＿命令按钮，该命令还可通过什么途径打开？如何使用该命令？

2）字体中选择＿＿＿＿＿，从大字体中选择＿＿＿＿＿（见图10-6）。

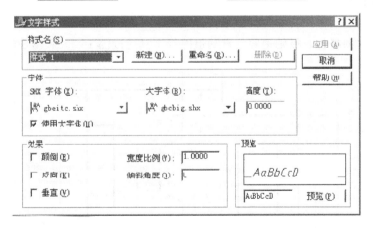

图 10-6

3）文本标注方式有单行文字标注和多行文字标注，该命令还可通过什么途径打开？如何使用该命令？如何进行编辑？

（2）新建 A3、A4 图纸，设置图层、画图框、画标题栏，并完成图10-7的填写。（标题栏文字样式：仿宋 GB_2312；尺寸标注 文字样式：GB gbeitc.shx、gbcbig.shx）

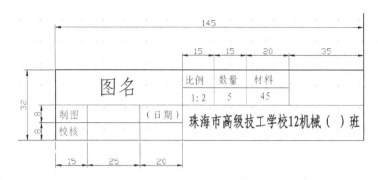

图 10－7

四、精确绘图

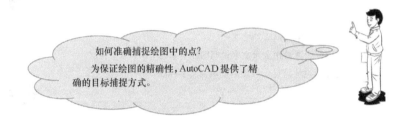

（1）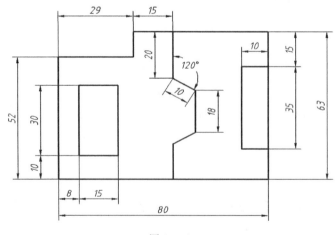 是_____工具条，如何打开该工具条？如何使用该命令？了解各按钮的功能。

（2）极轴 对象捕捉 对象追踪 分别是_____功能按钮，这些功能还可通过什么途径打开？分别如何使用？

（3）在使用自动追踪功能时，必须打开_____。

（4）利用对象捕捉、极轴追踪、自动追踪等工具完成图 10－8 和图 10－9。

图 10－8

210

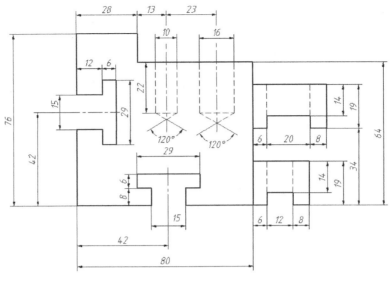

图 10－9

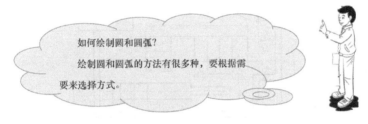

如何绘制圆和圆弧？

绘制圆和圆弧的方法有很多种，要根据需要来选择方式。

（5）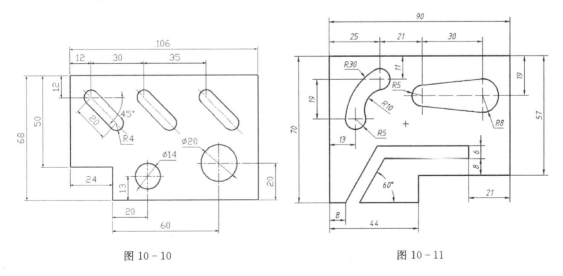是＿＿＿＿＿＿命令按钮，该命令还可通过什么途径打开？如何使用该命令？

（6）＿＿＿＿＿＿是＿＿＿＿＿＿命令按钮，该命令还可通过什么途径打开？如何使用该命令？

（7）调整线条长度的"拉长"命令如何打开？如何使用该命令？

（8）绘制图 10－10 至图 10－15 中圆和圆弧，并运用偏移命令绘制图形。

图 10－10

图 10－11

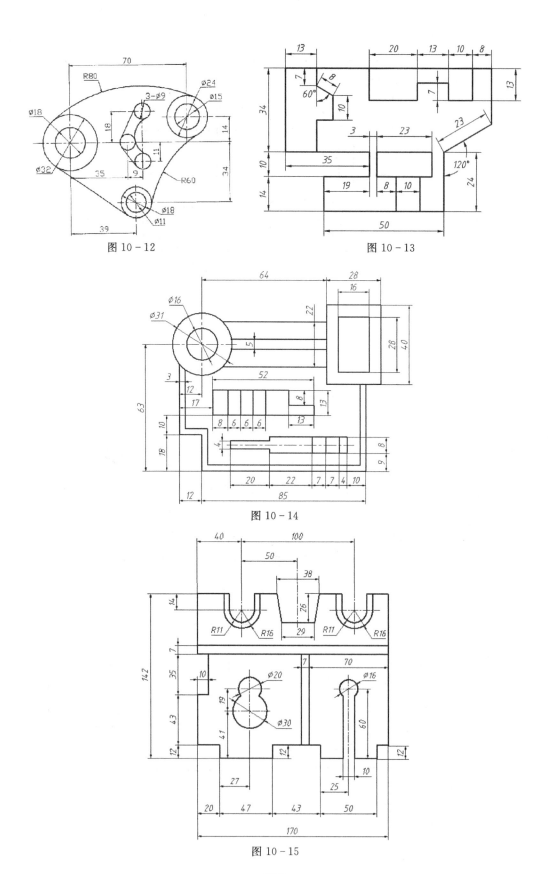

图 10 - 12

图 10 - 13

图 10 - 14

图 10 - 15

212

（9）综合训练：绘制机械手柄（见图 10-16），并以"机械手柄"为图名存盘。

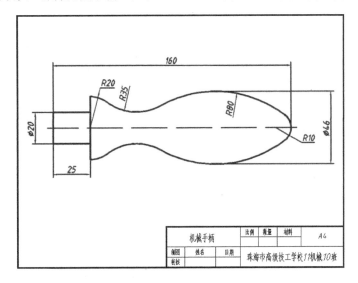

图 10-16

学习活动四 尺寸标注

【学习目标】

（1）能正确设置尺寸标注样式。
（2）能正确标注尺寸。
（3）能对尺寸进行编辑。

建议学时：4 学时

学习地点：AutoCAD 实训室

【学习准备】

计算机、AutoCAD 软件、投影仪、教材、学生工作页。

【学习过程】

尺寸标注是图形设计中的一个重要步骤，是机械加工的依据。AutoCAD提供了较为齐全的尺寸标注格式，为完善图形设计提供了坚实的基础。

（1）在图形中如何标注尺寸？

1）如何创建尺寸样式？

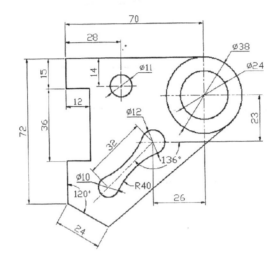

具条，如何打开该工具条？如何使用该命令？了解各按钮的功能。

2）了解图样中尺寸标注样式的设置。

3）了解图样中尺寸的标注。

4）尺寸标注如何进行编辑？

（2）运用所学命令完成图 10-17 至图 10-19，标注尺寸。

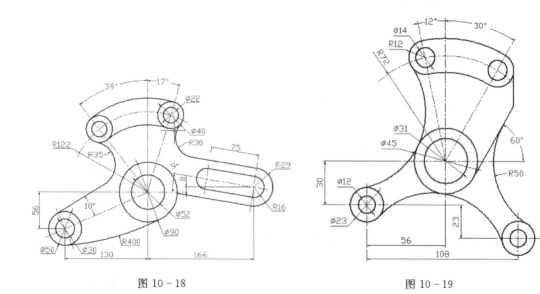

图 10-17

图 10-18

图 10-19

214

学习活动五　画简单平面图形

【学习目标】

能正确使用矩形、多边形、椭圆、镜像、倒圆角、倒斜角、阵列、构造线等命令绘制图形。
建议学时：8 学时
学习地点：AutoCAD 实训室

【学习准备】

计算机、AutoCAD 软件、投影仪、教材、学生工作页。

【学习过程】

熟练运用二维编辑命令，对提高绘图速度
有很大帮助。

(1) ▢ 是_____命令按钮，该命令还可通过什么途径打开？如何使用该命令？

(2) ⬠ 是_____命令按钮，该命令还可通过什么途径打开？如何使用该命令？

(3) ⬭ 是_____命令按钮，该命令还可通过什么途径打开？如何使用该命令？

(4) ⟳ 是_____命令按钮，该命令还可通过什么途径打开？如何使用该命令？

(5) 绘制图 10-20 至图 10-22 中的矩形、椭圆及多边形，标注尺寸。

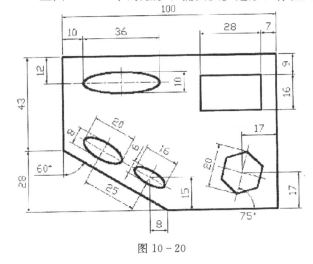

图 10-20

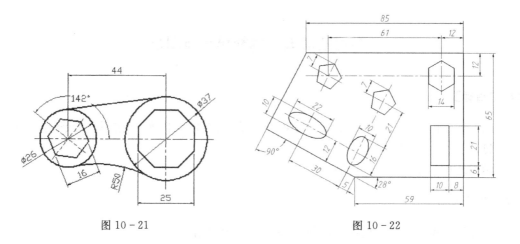

图 10-21   图 10-22

（6）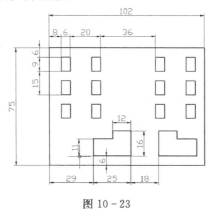 是_____命令按钮，该命令还可通过什么途径打开？如何使用该命令？

（7）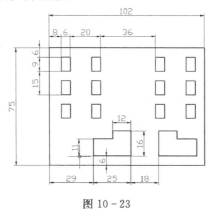 是_____命令按钮，该命令还可通过什么途径打开？如何使用该命令？

（8）运用阵列、镜像等命令完成图 10-23。

图 10-23

（9）创建矩形阵列、环形阵列，标注尺寸见图 10-24、图 10-25。

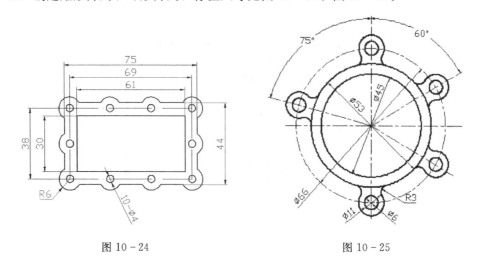

图 10-24   图 10-25

216

（10）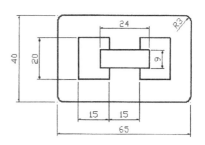

（10）　是_____命令按钮，该命令还可通过什么途径打开？如何使用该命令？

（11） 　是_____命令按钮，该命令还可通过什么途径打开？如何使用该命令？

（12）　是_____命令按钮，该命令还可通过什么途径打开？如何使用该命令？

（13）运用所学命令完成图 10-26 至图 10-32。

图 10-26

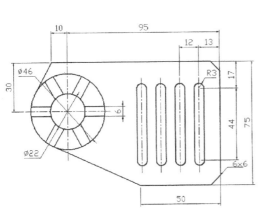

图 10-27

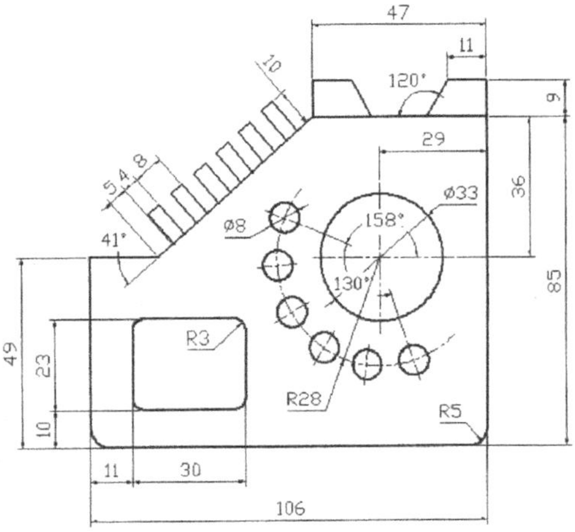

图 10-28

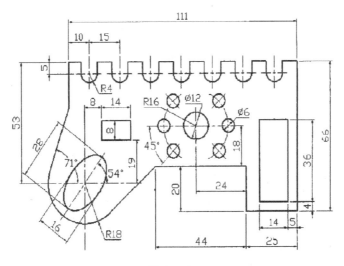

图 10-29

217

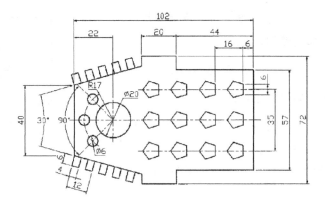

图 10 - 30

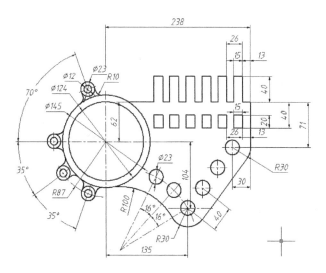

图 10 - 31

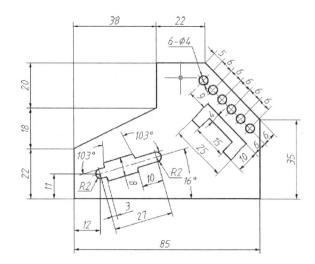

图 10 - 32

(14) 学会了 CAD 绘图基础，能绘制简单的平面图形，你有什么收获感言？

学习活动六　创建二维复杂对象

【学习目标】

能正确使用多线、多段线、云状线、点对象、射线等命令绘制图形。

建议学时：2 学时

学习地点：AutoCAD 实训室

【学习准备】

计算机、AutoCAD 软件、投影仪、教材、学生工作页。

【学习过程】

多线、多段线、云状线等命令可创建较复杂的二维对象，虽然这些对象在工程图中出现的频率不高，但 AutoCAD 对它们的强大处理能力使系统可以轻易地构建出二维平面内各种各样的图形对象。

(1) 在图形中如何绘制多线？

1) 多线工具通过什么途径打开？如何创建多线？了解创建多线样式。

2) 了解图样中多线的绘制。

(2) 在图形中如何绘制多段线？

1) ⤵ 是_____命令按钮，该命令还可通过什么途径打开？如何设置该命令？

2) 了解图样中多段线的使用。

(3) 运用 MLINE 多线、PLINE 多段线命令完成图 10－33。

(4) 运用 MLINE 多线、PLINE 多段线及 DONUT 圆环等命令绘制图 10－34。

(5) 🌀 是 _____命令按钮，该命令还可通过什么途径打开？如何使用该命令？

(6) 在图形中如何绘制点？

1) ˙ 是_____命令按钮，该命令还可通过什么途径打开？如何设置该命令？

2) 了解图样中点命令使用的种类及使用。

(7) ✒ 是_____命令按钮，该命令还可通过什么途径打开？如何使用该命令？

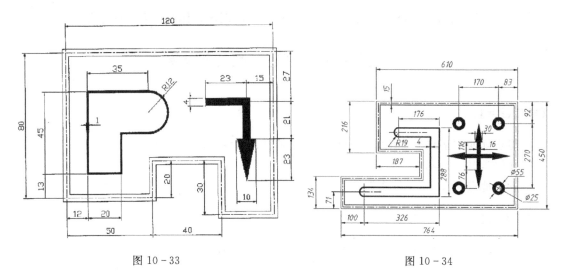

图 10 - 33

图 10 - 34

（8）绘制云状线、射线及点（见图 10 - 35）。

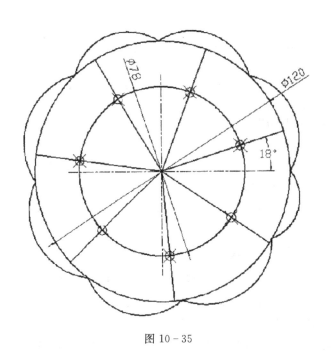

图 10 - 35

学习活动七　编辑及显示图形

【学习目标】

能正确使用移动、复制、对齐、延伸、打断、对齐等命令绘制图形。

建议学时：2 学时

220

学习地点：AutoCAD 实训室

【学习准备】

计算机、AutoCAD 软件、投影仪、教材、学生工作页。

【学习过程】

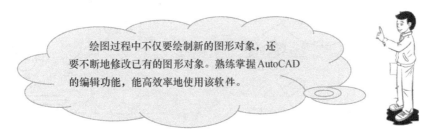

（1）![移动] 是_____命令按钮，该命令还可通过什么途径打开？如何使用该命令？

（2）![旋转] 是_____命令按钮，该命令还可通过什么途径打开？如何使用该命令？

（3）对齐实体的"对齐"命令如何打开？如何使用该命令？

（4）![拉伸] 是_____命令按钮，该命令还可通过什么途径打开？如何使用该命令？

（5）![对齐] 是_____命令按钮，该命令还可通过什么途径打开？如何使用该命令？

（6）对齐的命令启动方法步骤是_____。

（7）运用对齐、旋转、阵列等命令完成图 10－36 至图 10－39。

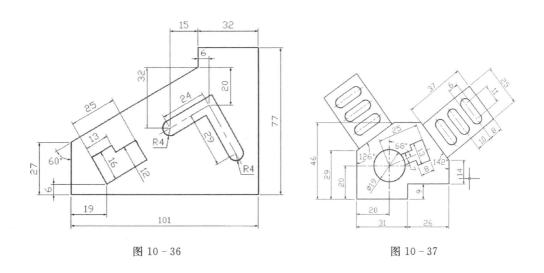

图 10－36   图 10－37

221

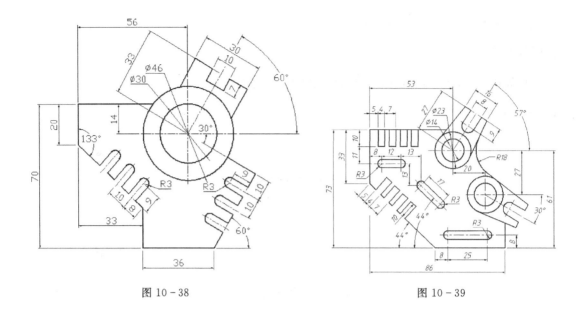

图 10-38 图 10-39

学习活动八 绘制复杂平面图形

【学习目标】

能正确使用拉伸、夹点编辑、面域造型等命令绘制图形。

建议学时：2学时

学习地点：AutoCAD实训室

【学习准备】

计算机、AutoCAD软件、投影仪、教材、学生工作页。

【学习过程】

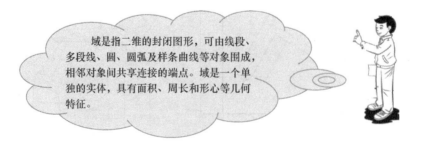

域是指二维的封闭图形，可由线段、多段线、圆、圆弧及样条曲线等对象围成，相邻对象间共享连接的端点。域是一个单独的实体，具有面积、周长和形心等几何特征。

（1）拉伸图形对象的"拉伸"命令如何打开？如何使用该命令？在使用命令时，AutoCAD只能识别最新的_____窗口选择集。

（2）如何使用夹点编辑方式？

1）夹点编辑如何设置？

222

2）了解夹点编辑方式的用法。

（3）在图形中如何进行面域造型？

1）如何创建面域？

2）了解图样中"并"、"交"、"差"等布尔运算。

（4）利用面域造型法绘制图 10 - 40 至图 10 - 42。

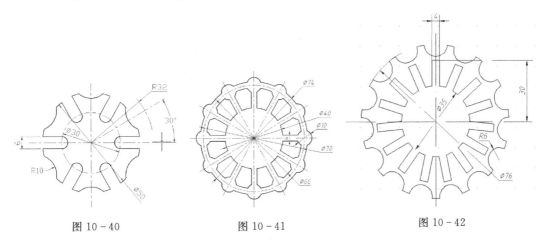

图 10 - 40　　　　　　　　图 10 - 41　　　　　　　　图 10 - 42

【小拓展】

综合实训：利用所学命令完成图 10 - 43 至图 10 - 48，并存盘。

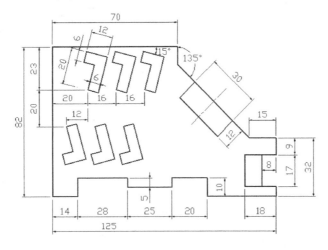

图 10 - 43

223

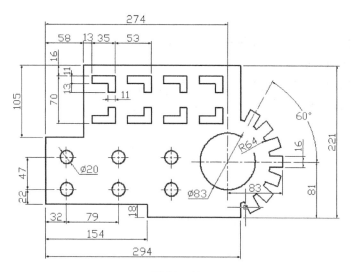

图 10-44

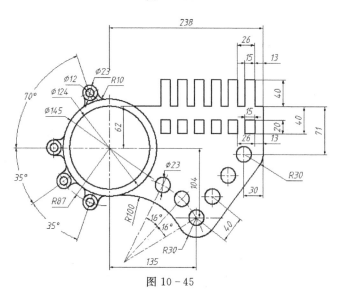

图 10-45

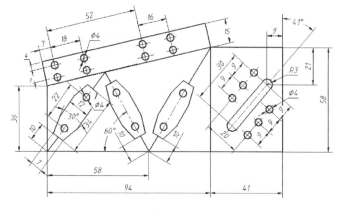

图 10-46

224

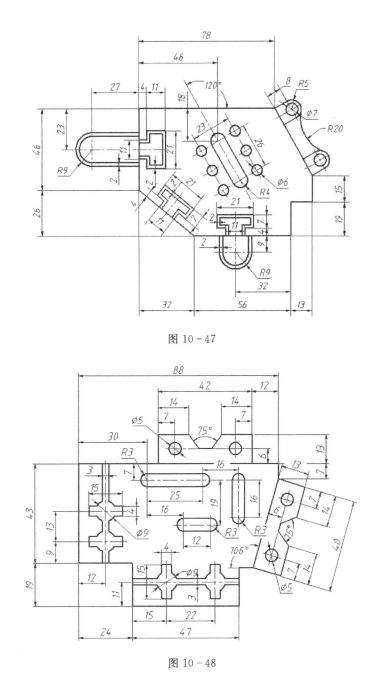

图 10 - 47

图 10 - 48

学习活动九 零件图绘制

【学习目标】

能正确填充剖面图案，修改非连续线型外观、标注尺寸公差和形位公差，能正确使用

225

图块等绘制机械图形。

建议学时：6 学时

学习地点：AutoCAD 实训室

【学习准备】

计算机、AutoCAD 软件、投影仪、教材、学生工作页。

【学习过程】

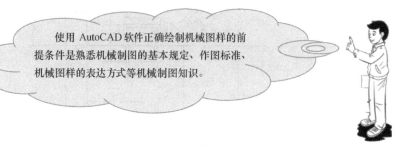

(1) 在机械图形中如何填充剖面图案？

1) 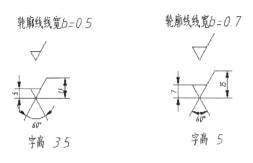是_____命令按钮，该命令还可通过什么途径打开？如何设置该命令？

2) 了解图样中图案填充。

(2) 如何修改非连续线型外观？

(3) 在机械图形中如何标注尺寸公差、形位公差和表面粗糙度？

1) 如何标注尺寸公差？

2) 如何标注形位公差？

3) "表面粗糙度"需按制图标准绘制（见图 10-49）。

轮廓线线宽b=0.5　　　　轮廓线线宽b=0.7

字高 3.5　　　　字高 5

图 10-49

(4) 在图形中如何创建和使用图块？

1) 是_____命令按钮，该命令还可通过什么途径打开？如何"创建图块"？

2) 是_____命令按钮，该命令还可通过什么途径打开？如何"插入图块"？

(5) 运用所学知识，抄画图 10-50。

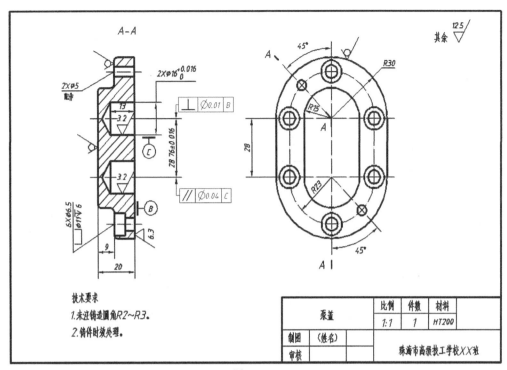

图 10-50

【小拓展】

（1）运用所学知识，抄画图 10-51。

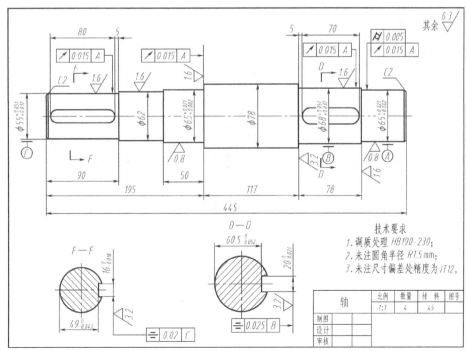

图 10-51

227

（2）运用所学知识，抄画图 10 - 52。

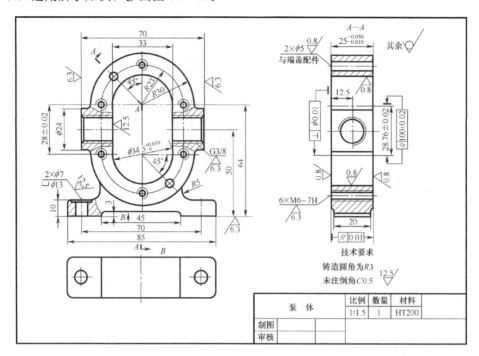

图 10 - 52

（3）运用所学知识，抄画图 10 - 53。

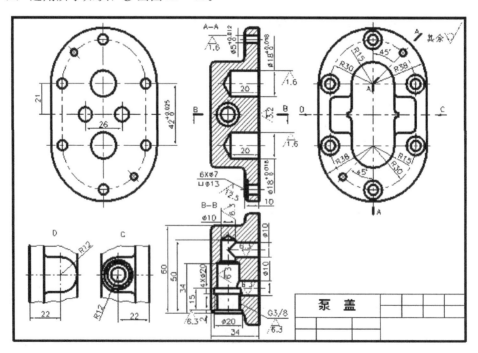

图 10 - 53

228

学习活动十　工作总结、展示与评价

【学习目标】

（1）掌握总结报告的格式与写法，独立撰写工作总结。

（2）能展示工作成果并进行工作总结。

建议学时：2 学时

学习地点：AutoCAD 实训室

【学习准备】

计算机、AutoCAD 软件、投影仪、教材、学生工作页。

【学习过程】

AutoCAD 软件的熟练应用，对于绘制机械图形有很大帮助。

通过对知识的总结、学习的评价，有助于对知识的掌握与巩固。

工作总结报告（见表 10 - 3）

表 10 - 3

一体化课程名称	机械技术基础——机械制图与零件测绘		
任务	CAD 绘图基础		
姓　名		地　点	
班　级		时　间	
学习目的			
学习流程与活动			
收获与感受			

【评价与分析】

评价方式：自我评价、小组评价、教师评价，结果请填写在表 10 - 4 中。

任务十：CAD 绘图基础　技能考核评分标准表

表 10-4

序号	项目	项目配分	子　项	子项配分	表现结果	评分标准	自我评价	小组评价	教师评价
1	纪律	12	迟　到	1		违规不得分			
			走　神	1		违规不得分			
			早　退	1		违规不得分			
			串　岗	1		违规不得分			
			旷　课	6		违规不得分			
			其他（玩手机）	2		违规不得分			
2	安全文明	10	衣着穿戴	2		不合格不得分			
			行为秩序	2		不合格不得分			
			6S	6		每 S 至少扣 1 分			
3	学习过程	8	学习主动	4		酌情扣分至少扣 1 分			
			协作精神	4		酌情扣分至少扣 1 分			
4	课题项目	70	完成学习活动一工作页	3		酌情扣分至少扣 1 分			
			完成学习活动二工作页	2		酌情扣分至少扣 1 分			
			完成学习活动三工作页	10		酌情扣分至少扣 2 分			
			完成学习活动四工作页	5		酌情扣分至少扣 2 分			
			完成学习活动五工作页	10		酌情扣分至少扣 2 分			
			完成学习活动六工作页	5		酌情扣分至少扣 2 分			
			完成学习活动七工作页	5		酌情扣分至少扣 2 分			
			完成学习活动八工作页	10		酌情扣分至少扣 2 分			
			完成学习活动九工作页	15		酌情扣分至少扣 2 分			
			完成学习活十工作页	5		酌情扣分至少扣 1 分			
5	总分	100							

学习任务十一

CAD 技能鉴定

【学习目标】

(1) 能正确使用计算机操作系统。

(2) 能使用 CAD 绘制平面图形及编辑平面图形。

(3) 能通过 CAD 给定形体的两个投影求其第三个投影。

(4) 能绘制形体的全剖视图、半剖视图、局部剖视图。

(5) 能编辑复杂图形（如带属性的图形块的定义与插入、图案填充等），能掌握尺寸标注、复杂文本等的生成及编辑。

(6) 能绘制零件图和拆画简单装配图。

【建议课时】

44 学时

【工作流程与活动】

学习活动一：领取任务、查阅资料、制订工作计划	1 学时
学习活动二：CAD 绘图的基本设置	1 学时
学习活动三：CAD 几何作图	4 学时
学习活动四：识读投影图，补画三视图及轴测图	6 学时
学习活动五：CAD 补画、改画剖视图	4 学时
学习活动六：CAD 抄画零件图	14 学时
学习活动七：由装配图拆画零件图	10 学时
学习活动八：技能鉴定、模拟考核	3 学时
学习活动九：工作总结、展示与评价	1 学时

【学习情景描述】

广东省职业技能鉴定中心开展计算机辅助绘图员职业技能鉴定工作至今已有十多年，为了规范广东省的计算机辅助设计技能培训、提高绘图人员的技术水平，广东省鉴定中心组织有关专家研制开发了智能化考试与阅卷系统，通过该系统评判考生试卷，提高判定的正确性和阅卷效率。

CAD 技能鉴定实训的指导思想是：紧密结合专业要求，加强制图的基础知识、图形思维想象能力、绘图软件的操作能力、标准化和规范化作图能力的考核训练。掌握 CAD 技能鉴定考核的基本原则、题型及内容，对日后参加广东省中级计算机辅助绘图员（机械类）技能鉴定的考生将会有积极的指导作用。

学习活动一　领取任务、查阅资料、制订工作计划

【学习目标】

（1）通过解读任务书，能描述 CAD 技能鉴定学习的任务。
（2）制订工作计划书。
建议学时：1 学时
学习地点：AutoCAD 实训室

【学习准备】

计算机、AutoCAD 软件、投影仪、教材、学生工作页。

【学习过程】

一、引导问题

我们在接到一个工作任务以后，为了完成这个任务，我们需要完成哪些方面的知识储备？

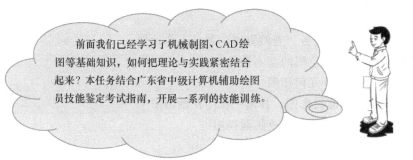

前面我们已经学习了机械制图、CAD 绘图等基础知识，如何把理论与实践紧密结合起来？本任务结合广东省中级计算机辅助绘图员技能鉴定考试指南，开展一系列的技能训练。

二、任务描述

配合多媒体课件，指导学生完成下面的工作页填写。

1. 提出工作任务

CAD 技能鉴定培训。

2. 任务讲解

广东省中级计算机辅助绘图员技能鉴定的指导思想是：紧密结合专业要求，加强绘图的基础知识、图形思维想象能力、绘图软件的操作能力、标准化和规范化作图能力的考核。考核的内容具体有以下几点：

（1）考查应用绘图软件的基本技能，如图幅设置、图层、线型设置、绘制图框、标题

栏、设置字样、注写文字等。

（2）考查基本绘图能力，如几何作图、圆弧连接、目标捕捉、绘图命令、编辑命令等。

（3）考查识读投影图的能力，如通过形体的两个投影求出第三个投影，包括叠加式的组合体、简单切割式的组合体。

（4）考查视图表达的能力，如剖视、断面、简化等方法表达形体的应用。

（5）零件图的画法，包括：零件的视图表达、尺寸标注、公差和表面粗糙度代号的标注。

（6）装配图的画法，包括：由简单装配图拆画零件图，所画零件图要求能正确选择视图和标注尺寸；由零件图拼画简单的装配图。

三、做一做

（1）解读 CAD 技能鉴定的工作目标，并制订工作计划书（见表 11-1）。

表 11-1

任务十一	CAD 技能鉴定 培训		
工作目标			
活动	学习内容与执行步骤	课时分配	总课时
学习活动一			
学习活动二			
学习活动三			
学习活动四			
学习活动五			
学习活动六			
学习活动七			
学习活动八			
学习活动九			

（2）你能通过查阅资料，了解近几年广东省中级计算机辅助绘图员技能鉴定所考过的题型吗？

学习活动二　CAD绘图的基本设置

【学习目标】

（1）能根据制图标准，应用绘图软件进行绘图的基本设置，包括图幅设置、图层、线型、颜色设置。

（2）能应用绘图与编辑命令绘制图框、标题栏，设置字样、注写文字。

建议学时：1学时

学习地点：AutoCAD实训室

计算机、AutoCAD 软件、投影仪、教材、学生工作页。

【学习过程】

一、引导问题

机械 CAD 绘图，图层一般设几个？文字的样式有哪些？国标中图样幅面尺寸是如何规定的？字体高度是如何规定的？线宽又是如何规定的？

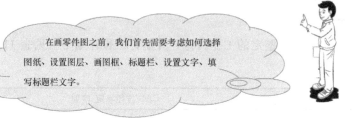

在画零件图之前，我们首先需要考虑如何选择图纸、设置图层、画图框、标题栏、设置文字、填写标题栏文字。

二、任务描述

配合多媒体课件，指导学生完成下面的工作页填写。

1. 知识要点

能根据 CAD 制图标准和国家机械制图标准，应用绘图软件进行绘图的基本设置，包括：

（1）设置图幅、图层、线型、线型比例、颜色；

（2）绘制图框、标题栏；

（3）设置字样、注写文字等。

2. 注意问题

（1）图层的设置，包括图层名、颜色、线型不可设置错误；

（2）标题栏的内容：姓名、性别、身份证号码、准考证号码等要填写完整；

（3）图框线要画得准确；

（4）画线和填写文字的图层不可用错。

三、做一做

打开图形文件 A1. dwg，在其中完成下列工作：

（1）按以下规定设置图层及线型，并设定线型比例；绘图时不考虑图线宽度。

图层名称	颜色	（颜色号）	线型
01	绿	（3）	实线 Continuous（粗实线用）
02	白	（7）	实线 Continuous（细实线、尺寸标注及文字用）
04	黄	（2）	虚线 ACAD_ISO02W100
05	红	（1）	点画线 ACAD_ISO04W100
07	粉红	（6）	双点画线 ACAD_ISO05W100
11	红	（1）	定位点用，已设定，不得删除或变动

（2）按 1∶1 比例设置 A3 图幅（横装）一张，留装订边，画出图框线（纸边界线已画出）。

（3）画出如图 11-1 所示的标题栏（不注尺寸）。

	30	55	25	30
4×8=32	考生姓名		题号	A1
	性别		比例	1∶1
	身份证号码			
	准考证号码			

图 11-1

（4）按国家标准规定设置有关的文字样式，然后填写标题栏。

（5）完成以上各项后，仍然以原文件名"A1. dwg"存盘。

学习活动三　CAD 几何作图

【学习目标】

（1）能分析圆弧连接中的已知线段、中间线段和连接线段，熟练运用绘图软件进行圆弧连接。

（2）能运用绘图软件中的目标捕捉、跟踪等工具，准确地定位圆弧与圆弧、圆弧与直线的切点。

建议学时：4 学时

学习地点：AutoCAD 实训室

【学习准备】

计算机、AutoCAD 软件、投影仪、教材、学生工作页。

【学习过程】

一、引导问题

机械制图中圆弧连接的作图要点是什么？CAD 绘图中圆弧连接的作图技巧有哪些？

为了正确地绘制几何图形，首先要分析几何图形中的已知线段、中间线段和连接线段。

作图时，先绘制已知线段，再绘制中间线段，最后绘制连接线段。

二、任务描述

配合多媒体课件，指导学生完成下面的工作页填写。

1. 知识要点

考查基本绘图能力，包括：

（1）对圆弧连接中的已知线段、中间线段和连接线段的分析；

（2）运用绘图软件中的绘图命令、编辑命令和目标捕捉、跟踪等工具，准确地定位圆弧与圆弧、圆弧与直线的切点。

2. 注意问题

（1）常用画圆命令 CIRCLE 的"相切、相切、半径（T）"项进行圆弧连接；

（2）不能用"相切、相切、半径（T）"项进行圆弧连接时，考虑用几何作图中求圆心轨迹的方法作图；

（3）注意修整图线，点画线伸出轮廓线外 4mm。

三、做一做

（1）用比例 1∶1 作出图 11-2，标注尺寸。绘图前先打开图形文件 A2.dwg。该图已作了必要的设置，可直接在其上作图，作图结果以原文件名保存。

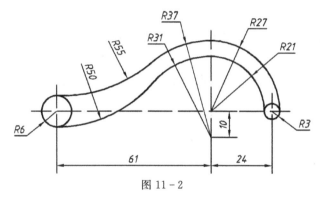

图 11-2

（2）按 1∶1 比例作出图 11-3（图中 O 点为定位点），标注尺寸。绘图前先打开图形文件 B2.dwg。该图形文件已作了必要的设置，可直接在其上按所给的定位点 O 作图（定位点的位置不能变动）。作图结果以原文件名保存。

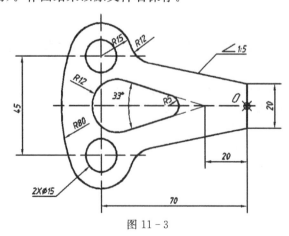

图 11-3

236

（3）用 1∶1 比例作出下图（图中 O 点为定位点），标注尺寸。绘图前先打开图形文件 C2.dwg。该图已作了必要的设置，可直接在其上按所给的定位点 O 作图（定位点的位置不能变动）。作图结果以原文件名保存。

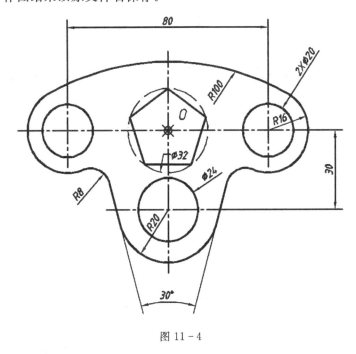

图 11-4

（4）用比例 1∶1 作出图 11-5，标注尺寸。绘图前先打开图形文件 D2.dwg，该图已作了必要的设置，可直接在其上作图，作图结果以原文件名保存。

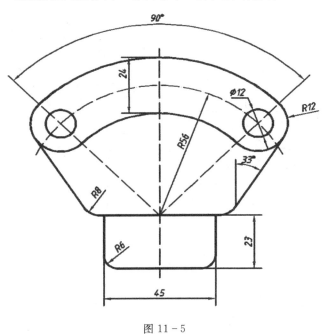

图 11-5

237

（5）用 1:1 比例作出图 11-6，标注尺寸。绘图前先打开图形文件 E2. dwg，该图已作了必要的设置，可直接在其上作图，作图结果以原文件名保存。

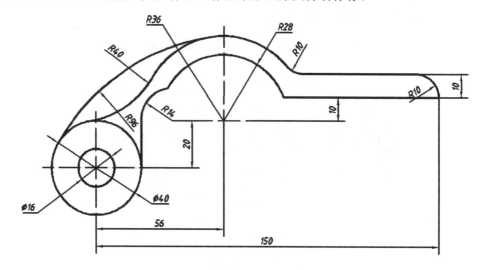

图 11-6

（6）用比例 1:1 作出图 11-7，标注尺寸。绘图前先打开图形文件 F2. dwg，该图已作了必要的设置，可直接在其上作图，作图结果以原文件名保存。

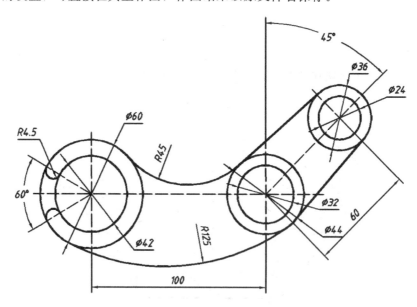

图 11-7

（7）用 1:1 比例作出图 11-8，标注尺寸。绘图前先打开图形文件 G2. dwg，该图已作了必要的设置，可直接在其上作图，作图结果以原文件名保存。

（8）用 1:1 比例作出图 11-9，标注尺寸。绘图前先打开图形文件 H2. dwg，该图已作了必要的设置，可直接在其上作图，作图结果以原文件名保存。

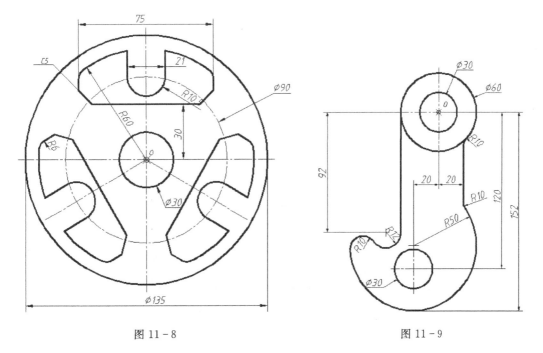

图 11-8   图 11-9

（9）用 1∶1 比例作出图 11-10，标注尺寸。绘图前先打开图形文件 I. dwg，该图已作了必要的设置，可直接在其上作图，作图结果以原文件名保存。

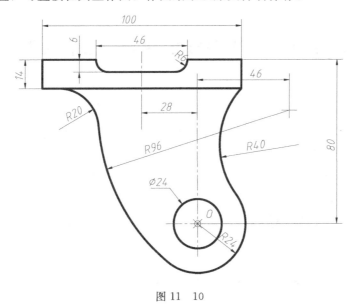

图 11 10

（10）用 1∶1 比例作出图 11-11，标注尺寸。绘图前先打开图形文件 J2. dwg，该图已作了必要的设置，可直接在其上作图，作图结果以原文件名保存。

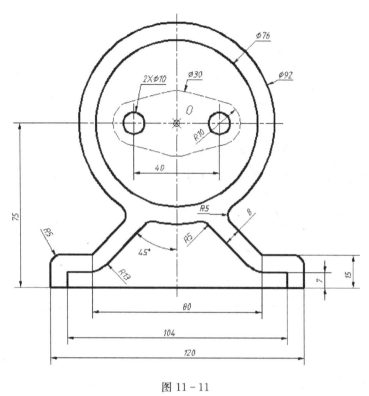

图 11-11

学习活动四　识读投影图，补画三视图及轴测图

【学习目标】

（1）能运用形体分析法和线面分析法的原理，通过形体的两个投影，正确地想象形体的三维形状，并进而求出形体的第三个投影。

（2）能掌握三视图的投影关系："长对正、高平齐、宽相等"。

建议学时：6学时

学习地点：AutoCAD实训室

【学习准备】

计算机、AutoCAD软件、投影仪、教材、学生工作页。

【学习过程】

一、引导问题

三投影面体系是如何建立的？三视图的投影规律是什么？三视图与物体的方位对应关系是什么？

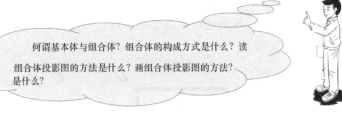

二、任务描述

配合多媒体课件，指导学生完成下面的工作页填写。

1. 知识要点

识读投影图的能力，包括：

(1) 掌握三视图的投影关系："长对正、高平齐、宽相等"。

(2) 能运用形体分析法和线面分析法的原理，想象形体的三维形状，并正确地求出形体的第三个投影。

(3) 正等测图与斜二测图的画法与应用。

2. 注意问题

(1) 求出的第三个投影必须符合投影的"三等"规律。

(2) 使用类似性投影的基本知识：平面切平面立体，它的交线是 n 边形的话，除了积聚性的投影外，其他的投影都是 n 边形。平行边的投影仍然平行。

(3) 相贯线画法、轴测图画法。

三、做一做

(1) 根据立体已知的两个投影作出第 3 个投影，并画出轴测图（见图 11－12）。绘图前先打开图形文件 A3.dwg，该图已作了必要的设置，可直接在其上作图，作图结果以原文件名保存。

(2) 根据立体已知的两个投影作出第 3 个投影，并画出轴测图（见图 11－13）。绘图前先打开图形文件 B3.dwg，该图形文件已作了必要的设置，可直接在其上按所给的定位点 O 作图（定位点的位置不能变动）。作图结果以原文件名保存。

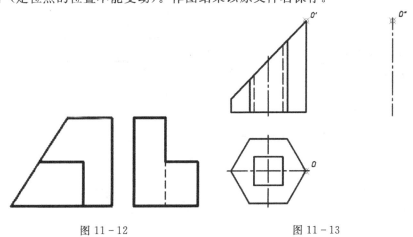

图 11－12   图 11－13

（3）根据立体已知的两个投影作出第 3 个投影，并画出轴测图（见图 11-14）。绘图前先打开图形文件 C3.dwg，该图已作了必要的设置，可直接在其上按所给的定位点 O 作图（定位点的位置不能变动）。

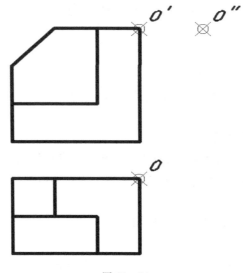

图 11-14

（4）根据立体已知的两个投影作出第 3 个投影，并画出轴测图（见图 11-15）。绘图前先打开图形文件 D3.dwg，该图已作了必要的设置，可直接在其上作图，作图结果以原文件名保存。

（5）根据立体已知的两个投影作出第 3 个投影，并画出轴测图（见图 11-16）。绘图前先打开图形文件 E3.dwg，该图已作了必要的设置，可直接在其上作图，作图结果以原文件名保存。

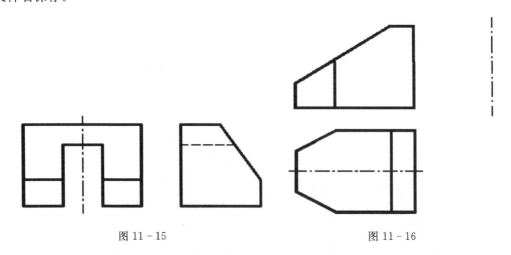

图 11-15   图 11-16

（6）根据立体已知的两个投影作出第 3 个投影，并画出轴测图（见图 11-17）。绘图前先打开图形文件 F3.dwg，该图已作了必要的设置，可直接在其上作图，作图结果以原文件名保存。

（7）根据立体已知的两个投影作出第 3 个投影，并画出轴测图（见图 11 - 18）。绘图前先打开图形文件 G3. dwg，该图已作了必要的设置，可直接在其上作图，作图结果以原文件名保存。

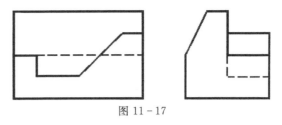

图 11 - 17

（8）根据立体已知的两个投影作出第 3 个投影，并画出轴测图（见图 11 - 19）。绘图前先打开图形文件 H3. dwg，该图已作了必要的设置，可直接在其上作图，作图结果以原文件名保存。

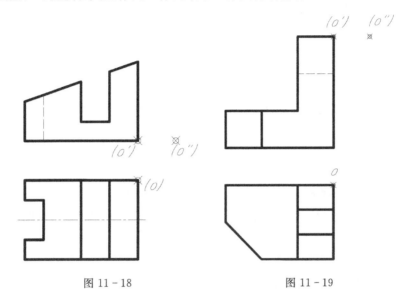

图 11 - 18   图 11 - 19

（9）根据立体已知的两个投影作出第 3 个投影，并画出轴测图（见图 11 - 20）。绘图前先打开图形文件 I3. dwg，该图已作了必要的设置，可直接在其上作图，作图结果以原文件名保存。

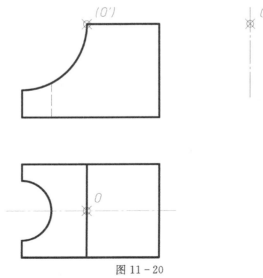

图 11 - 20

243

（10）根据立体已知的两个投影作出第 3 个投影，并画出轴测图（见图 11 - 21）。绘图前先打开图形文件 J3.dwg，该图已作了必要的设置，可直接在其上作图，作图结果以原文件名保存。

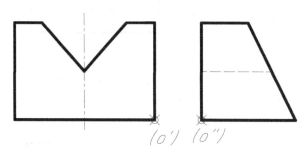

图 11 - 21

学习活动五　CAD 补画、改画剖视图

【学习目标】

（1）能熟练掌握全剖视图、半剖视图、局部剖视图的画法。

（2）能运用绘图软件中的样条曲线、多段线的命令绘制波浪线，运用图案填充命令绘制剖面线。

建议学时：4 学时

学习地点：AutoCAD 实训室

【学习准备】

计算机、AutoCAD 软件、投影仪、教材、学生工作页。

【学习过程】

一、引导问题

画剖视图时应注意哪些问题？根据剖切范围的大小，剖视图可分为哪些？根据剖切面的种类，剖视图又可分为哪些？

　　假想用剖切面剖开机件，将处在观察者和剖切面之间的部分移去，而将其余部分向投影面做投射，所得到的图形叫剖视图。

　　剖视图着重表达形体的内部结构，如机件中的孔、洞、槽。

图 11 - 22

二、任务描述

配合多媒体课件，指导学生完成下面的工作页填写。

1. 考核的知识点

对视图、剖视概念的理解与掌握，包括：

(1) 按要求将形体的视图改画成全剖视图、半剖视图、局部剖视图。

(2) 运用绘图软件中的样条曲线命令绘制波浪线，运用图案填充命令绘制剖面线。

2. 注意问题

(1) 选择图案名称为"ANSI31"，填充角度根据需要设为"0"或"90"（必要时也可以设为"30"或"60"），填充比例为"1"（剖面线间隔比例要根据实际需要调试好，不一定是1），见图 11 - 22。

(2) 剖面线是一个整体，若要修改，则删去重新填充，不要断开后进行修改，否则扣分严重，见图 11 - 23 (b)。

(3) 半个剖视图的位置，内部规定按以下原则配置：主视图中位于对称线右侧；俯视图中位于对称线下方；左视图中位于对称线右侧。

(4) 个别考题要求先画出第 3 个视图后再作剖视，见图 11 - 23 (a)。

(5) 要删除不剖部分的虚线，见图 11 - 23 (b) 的左视图。

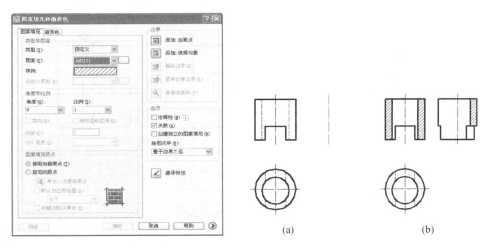

图 11 - 22   (a)   (b)   图 11 - 23

三、做一做

(1) 把图 11 - 24 中主视图改画成全剖视图，并补画左视图（半剖视图）。绘图前先打开图形文件 A4. dwg，该图已作了必要的设置，可直接在其上作图，左视图的右半部分取剖视。作图结果以原文件名保存。

(2) 把图 11 - 25 中主视图改画成全剖视图，并补画左视图（半剖视图）。绘图前先打开图形文件 B4. dwg，该图形文件已作了必要的设置，可直接在其上按所给的定位点 O 作图（定位点的位置不能变动），左视图的右半部分取剖视。作图结果以原文件名保存。

(3) 把图 11 - 26 中主视图改画成全剖视图，左视图改画成半剖视图。绘图前先打开

245

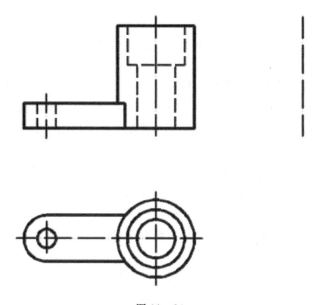

图 11-24

图形文件 C4.dwg，该图已作了必要的设置，可直接在其上按所给的定位点 O 作图（定位点的位置不能变动），左视图的右半部分取剖视。作图结果以原文件名保存。

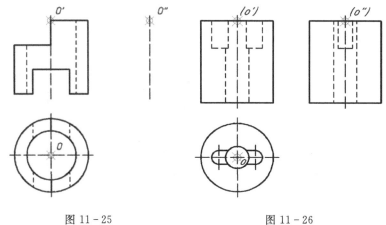

图 11-25   图 11-26

（4）把图 11-27 中主视图改画成全剖视图，左视图画成半剖视图。绘图前先打开图形文件 D4.dwg，该图已作了必要的设置，可直接在其上作图，左视图改画成半剖视。作图结果以原文件名保存。

（5）把图 11-28 中主视图改画成半剖视图，左视图画成全剖视图。绘图前先打开图形文件 E4.dwg，该图已作了必要的设置，可直接在其上作图，主视图的右半部分取剖视。作图结果以原文件名保存。

（6）把图 11-29 中主视图画成全剖视图，左视图画成半剖视图。绘图前先打开图形文件 F4.dwg，该图已作了必要的设置，可直接在其上作图，左视图的右半部分取剖视。作图结果以原文件名保存。

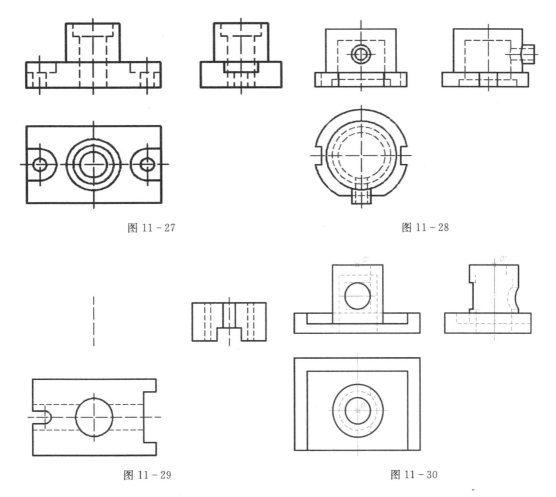

图 11-27   图 11-28

图 11-29   图 11-30

（7）把图 11-30 中主视图改画成半剖视图，左视图改画成全剖视图。绘图前先打开图形文件 G4. dwg，该图已作了必要的设置，可直接在其上作图，左视图的右半部分取剖视。作图结果以原文件名保存。

（8）把图 11-31 中主视图改画成全剖视图，并补画半剖视图的左视图。绘图前先打开图形文件 H4. dwg，该图已作了必要的设置，可直接在其上作图，左视图的右半部分取剖视。作图结果以原文件名保存。

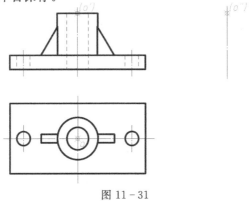

图 11-31

(9) 把图 11-32 中主视图改画成全剖视图，左视图画成半剖视图。绘图前先打开图形文件 I4. dwg，该图已作了必要的设置，可直接在其上作图，左视图的右半部分取剖视。作图结果以原文件名保存。

(10) 把图 11-33 中主视图改画成全剖视图，左视图改画成半剖视图。绘图前先打开图形文件 J4. dwg，该图已作了必要的设置，可直接在其上作图，左视图的右半部分取剖视。作图结果以原文件名保存。

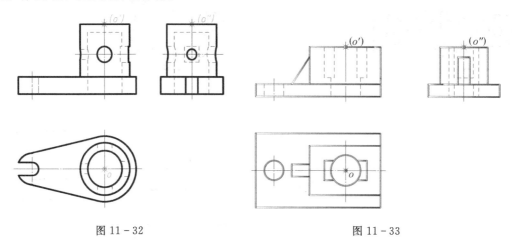

图 11-32   图 11-33

学习活动六　CAD 抄画零件图

【学习目标】

(1) 能识读零件图，包括零件图视图表达、尺寸标注、公差和表面粗糙代号的标注。

(2) 能综合运用绘图软件绘制零件图，能将表面粗糙度代号构造为带属性的图块并插入图块，能设置尺寸样式并标注尺寸，特别是标注尺寸公差。

建议学时：14 学时

学习地点：AutoCAD 实训室

【学习准备】

计算机、AutoCAD 软件、投影仪、教材、学生工作页。

【学习过程】

一、引导问题

零件图的内容有哪些？如何读懂零件图？CAD 绘制零件图的方法与步骤？如何掌握 CAD 绘图的技能技巧？

二、任务描述

配合多媒体课件，指导学生完成下面的工作页填写。

表达单个零件的结构、大小及技术要求的图样，称为零件图。

零件图是在生产过程中进行加工制造及检验零件质量的技术文件。

1. 考核的知识点

对零件图的认识，掌握零件图的画法，要求考生具有综合运用绘图软件绘制零件图的能力。包括：

（1）零件图的视图选择、各视图的表达内容。

（2）将表面粗糙度代号构造为带属性的图形块，并插入图形块。

（3）设置尺寸样式，并标注尺寸和公差。

（4）螺纹结构的画法。

2. 注意问题

（1）准确抄画指定的零件图形，在指定的图上标注尺寸。

（2）插入表面粗糙度代号时必须与轮廓线接触，不能分离（用捕捉最近点功能插入）。

（3）螺纹结构的画法：

1）不穿通螺纹孔的近似画法。不穿通的螺纹孔结构如图 11-34 所示。绘制不穿通的螺纹孔时，一般应将钻孔深度与螺纹部分的深度分别画出，如图 11-35 所示。

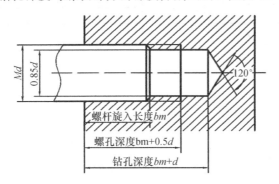

图 11-34

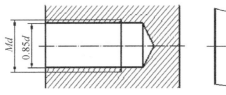

图 11-35

2）旋入端深度 bm，根据被旋入零件材料的不同，国家标准将其分为四种规格，每一种规格对应一个标准代号，如表 11-2 所示。

表 11-2

旋入端材料	旋入端长度 bm	标准代号
钢与青铜	$bm=d$	GB/T 897—1988
铸铁	$bm=1.25d$	GB/T 898—1988
铸铁或铝合金	$bm=1.5d$	GB/T 899—1988
铝合金	$bm=2d$	GB/T 900—1988

3）简单运算，可以 AUTOCAD 命令行进行：

命令：（* 16 0.85）； ➡️ 结果为：13.6

4）注意钻头尖角画成120°，不标注尺寸。

三、做一做

（1）抄画零件图（见图11-36）。

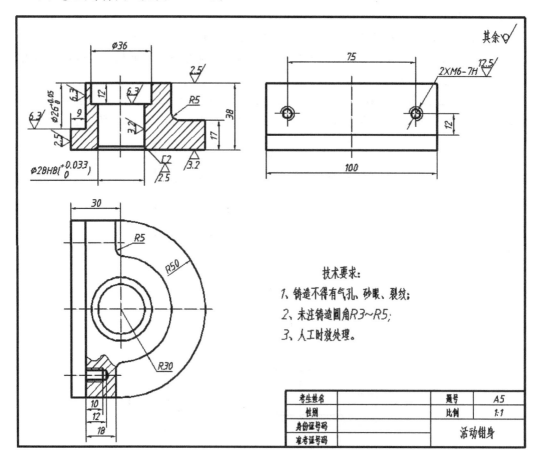

图 11-36

具体要求：

1）抄画零件图。绘图前先打开图形文件 A5.dwg，该图已作了必要的设置，可直接在其上作图；

2）按国家标准有关规定，设置机械图尺寸标注样式；

3）标注尺寸与粗糙度代号（将粗糙度代号定义成带属性的图形块，再使用插入块的方法标注）；

4）画图框及标题栏；

5）作图结果以原文件名保存。

（2）抄画零件图（见图 11-37）。

具体要求：

1）抄画零件图。绘图前先打开图形文件 B5.dwg，该图已作了必要的设置；

2）按国家标准有关规定，设置机械制图尺寸标注样式（样式名为"M_cad"）；

3）标注尺寸与粗糙度代号（将粗糙度代号定义成带属性的图形块，再使用插入块的方法标注），填写技术要求；

4）画图框及标题栏，样式同前一题；

5）作图结果以原文件名保存。

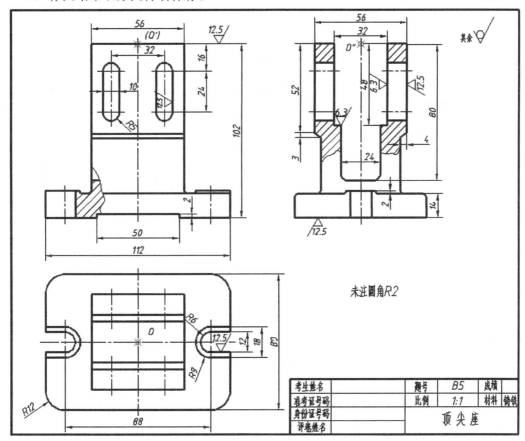

图 11-37

（3）抄画零件图（见图 11 - 38）。

具体要求：

1）抄画零件图。绘图前先打开图形文件 C5. dwg，该图已作了必要的设置；

2）按国家标准有关规定，设置机械制图尺寸标注样式（样式名为 "M _ cad"）；

3）标注尺寸与粗糙度代号（将粗糙度代号定义成带属性的图形块，再使用插入块的方法标注），填写技术要求；

4）画图框及标题栏，样式同前一题；

5）作图结果以原文件名保存。

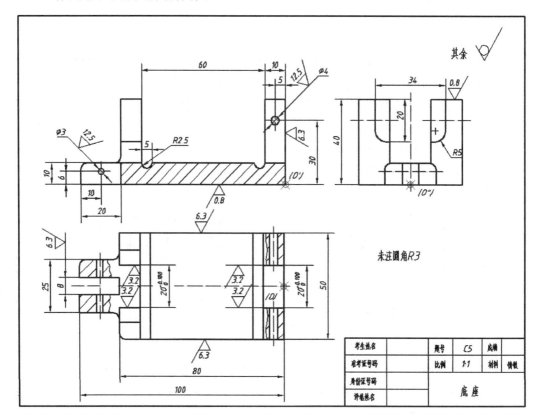

图 11 - 38

（4）抄画零件图（见图 11 - 39）。

具体要求：

1）抄画零件图。绘图前先打开图形文件 D5. dwg，该图已作了必要的设置，可直接在其上作图；

2）按国家标准有关规定，设置机械制图尺寸标注样式（样式名为 "M _ cad"）；

3）标注尺寸与表面粗糙度代号（表面粗糙度代号要使用带属性的块的方法标注，块名 Block Name 为 "RA"，属性标签 Tag 为 "RA"，提示 Prompt 为 "RA"）；

4）画图框及标题栏，样式同前一题；

5）作图结果以原文件名保存。

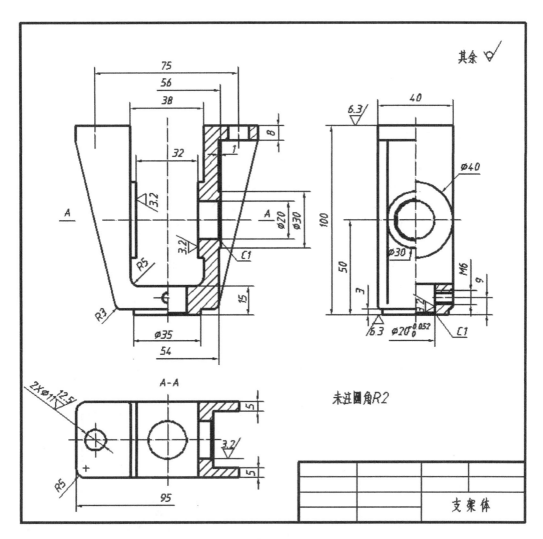

图 11-39

（5）画零件图（见图 11-40）。

具体要求：

1）抄画零件图。绘图前先打开图形文件 E5.dwg，该图已作了必要的设置；

2）按国家标准有关规定，设置机械制图尺寸标注样式（样式名为"M_cad"）；

3）标注尺寸与粗糙度代号（将粗糙度代号定义成带属性的图形块，再使用插入块的方法标注），填写技术要求；

4）画图框及标题栏，样式同前一题；

5）作图结果以原文件名保存。

（6）抄画零件图（见图 11-41）。

具体要求：

1）画 2 个视图。绘图前先打开图形文件 F5.dwg，该图已作了必要的设置，可直接在其上按所给的定位点 O 作图（定位点的位置不能变动）；

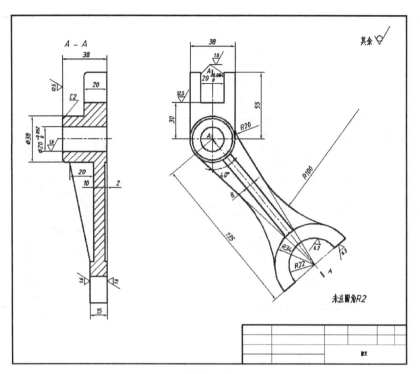

图 11-40

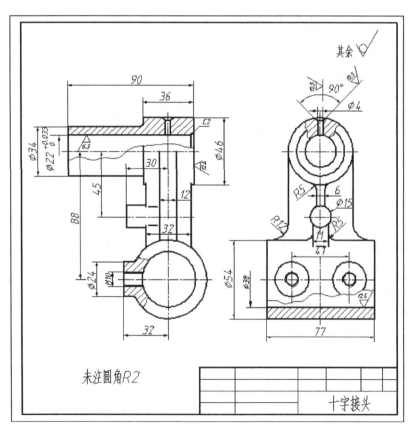

图 11-41

254

2）按国家标准有关规定，设置机械图尺寸标注样式；

3）标注主视图的尺寸与粗糙度代号（粗糙度代号要使用带属性的块的方法标注）；

4）不画图框及标题栏，不用注写右上角的粗糙度代号及"未注圆角"等字样；

5）作图结果以原文件名保存。

（7）抄画零件图（见图11-42）。

具体要求：

1）只要求抄画 A—A 和 B—B 剖视图。绘图前先打开图形文件 G5.dwg，该图已作了必要的设置，可直接在其上按所给的定位点 O 作图（定位点的位置不能变动）；

2）按国家标准有关规定，设置机械图尺寸标注样式；

3）标注 A—A 剖视图的尺寸与粗糙度代号（粗糙度代号要使用带属性的块的方法标注）；

4）不画图框及标题栏，不用注写右上角的粗糙度代号及"未注圆角"等字样。

5）作图结果以原文件名保存。

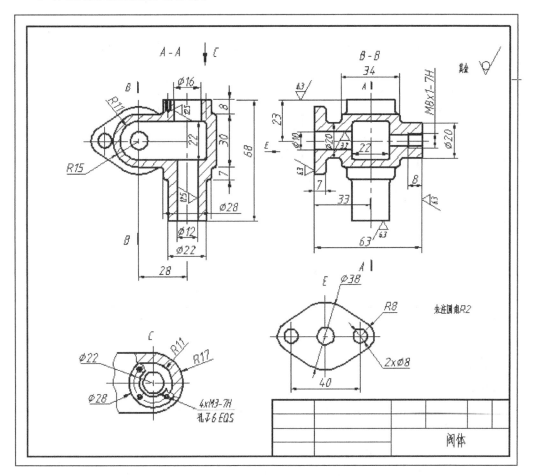

图 11-42

（8）抄画零件图（见图11-43）。

255

具体要求：

1）抄画3个视图。绘图前先打开图形文件 H5.dwg，该图已作了必要的设置，可直接在其上按所给的定位点 O 作图（定位点的位置不能变动）；

2）按国家标准有关规定，设置机械图尺寸标注样式；

3）标注主视图的尺寸与粗糙度代号（粗糙度代号要使用块的方法标注）；

4）不用画图框及标题栏，不用注写右上角的粗糙度代号及"未注圆角"等字样；

5）作图结果以原文件名保存。

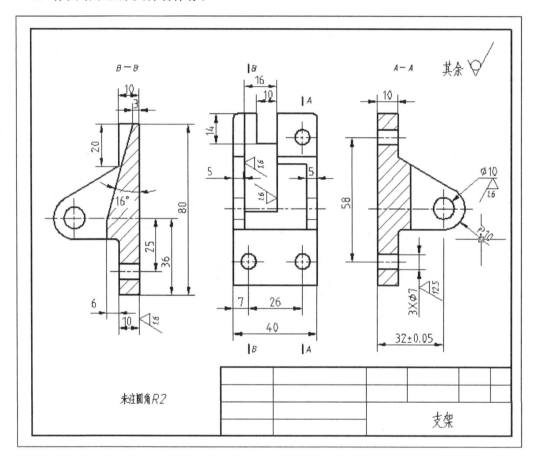

图 11-43

（9）画零件图（见图 11-44）。

具体要求：

1）抄画三视图。绘图前先打开图形文件 I5.dwg，该图已作了必要的设置，可直接在其上按所给的定位点 O 作图（定位点的位置不能变动）；

2）按国家标准有关规定，设置机械图尺寸标注样式；

3）标注左视图的尺寸与粗糙度代号（粗糙度代号要使用带属性的块的方法标注）；

4）不画图框及标题栏，不用注写右上角的粗糙度代号及"未注圆角"等字样；

5）作图结果以原文件名保存。

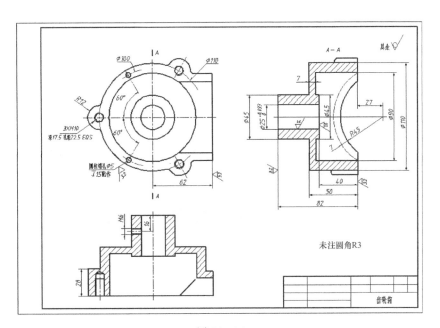

图 11-44

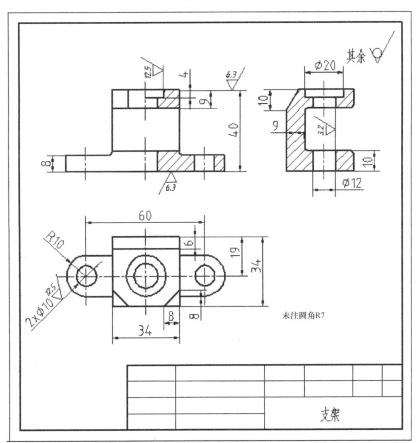

图 11-45

257

（10）抄画零件图（见图 11 - 45）。

具体要求：

1）抄画三视图。绘图前先打开图形文件 J5.dwg，该图已作了必要的设置，可直接在其上按所给的定位点 O 作图（定位点的位置不能变动）；

2）按国家标准的有关规定，设置机械图尺寸标注样式；

3）注主视图和左视图的尺寸与粗糙度代号（粗糙度代号要使用块的方法标注）。

4）不用画图框及标题栏，不用注写右上角的粗糙度代号及"未注圆角"等字样；

5）作图结果以原文件名保存。

学习活动七　由装配图拆画零件图

【学习目标】

（1）能看懂简单装配图，能拆画所指定的零件。

（2）能正确选择零件图的视图表达方案并绘制零件图及标注尺寸。

（3）能根据零件图拼画简单的装配图。

建议学时：10 学时

学习地点：AutoCAD 实训室

【学习准备】

计算机、AutoCAD 软件、投影仪、教材、学生工作页。

【学习过程】

一、引导问题

重温机械制图中由装配图拆画零件图的几个知识点：装配图的内容；装配图的表达方法；内外螺纹连接、螺栓连接件的连接画法；齿轮啮合、齿轮与轴及键连接的画法；装配图的尺寸标注及尺寸公差、零件表面粗糙度和技术要求；由装配图拆画零件图的方法与步骤。

装配图是用来表示机器或部件的图样。它反映了机器或部件的整体结构、工作原理、零件之间的装配连接关系，是设计和绘制零件图的主要依据，也是产品装配、调试、安装、维修等环节中的主要技术文件。

二、任务描述

1. 考核的知识点

阅读简单装配图，并掌握从中拆画出指定零件的零件图的能力，包括：

（1）看懂简单的装配图。

（2）拆画出指定零件的零件图，所画零件图要求能正确选择视图和标注尺寸。

2. 注意问题

（1）拆画出指定零件的零件图后，要删除原装配图，否则扣分严重。

（2）补齐零件图的尺寸。

三、做一做

（1）由给出的夹线体组件装配图（见图 11-46）拆画零件 3（夹套）的零件图。

具体要求：

1）绘图前先打开图形文件 A6. dwg，该图已作了必要的设置，可直接在该装配图上进行编辑以形成零件图，也可以全部删除重新作图。

2）选取合适的视图。

3）标注尺寸。如装配图标注有某尺寸的公差代号，则零件图上该尺寸也要标注上相应的代号。不标注表面粗糙度符号和形位公差符号，也不填写技术要求。

4）画图框及标题栏。

5）作图结果以原文件名保存。

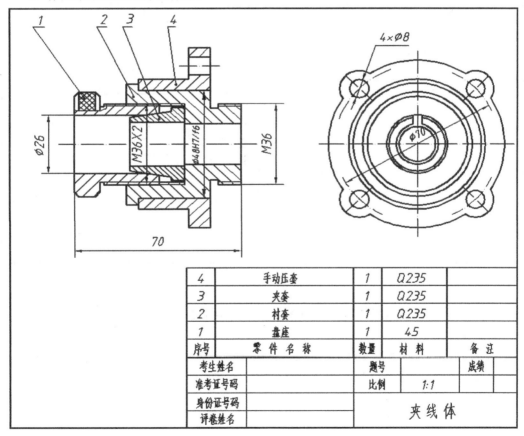

4	手动压套	1	Q235	
3	夹套	1	Q235	
2	衬套	1	Q235	
1	盘座	1	45	
序号	零件名称	数量	材料	备注
考生姓名			题号		成绩
准考证号码			比例	1:1	
身份证号码			夹线体		
评卷姓名					

图 11-46

（2）由给出的扶手轴承装配图（见图 11-47）拆画零件 1（轴承座）的零件图。

具体要求：

1）绘图前先打开图形文件 B6.dwg，该图形文件已作了必要的设置，可直接在该装配图上进行删改以形成零件图，也可以全部删除重新作图，但所给的定位点 O 的位置都不能变动；

2）选取合适的视图；

3）标注尺寸（如装配图注有公差配合代号，则零件图应填上相应的的公差代号），不注表面粗糙度代号和形位公差代号，也不填写技术要求；

4）画图框及标题栏，样式同前一题；

5）作图结果以原文件名保存。

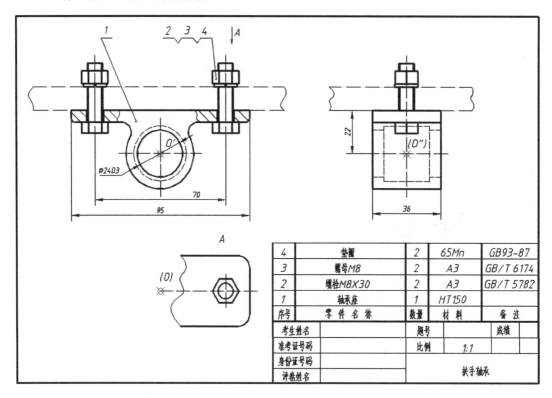

4	垫圈	2	65Mn	GB93-87
3	螺母M8	2	A3	GB/T 6174
2	螺栓M8X30	2	A3	GB/T 5782
1	轴承座	1	HT150	
序号	零件名称	数量	材料	备注

考生姓名		题号		成绩	
准考证号码		比例	1:1		
身份证号码			扶手轴承		
评卷姓名					

图 11-47

（3）由给出的扶杆支座装配图（见图 11-48）拆画零件 2（中支座）的零件图。

具体要求：

1）绘图前先打开图形文件 C6.dwg，该图已作了必要的设置，可直接在该装配图上进行删改或增添以形成零件图，也可以全部删除重新作图，但所给的定位点 O 的位置都不能变动；

2）选取合适的视图；

3）标注尺寸，包括已给出的公差代号（不标注表面粗糙度代号和形位公差代号，也不填写技术要求）；

4）画图框及标题栏，样式同前一题；

5）技术要求只填写未注圆角；

6）作图结果以原文件名保存。

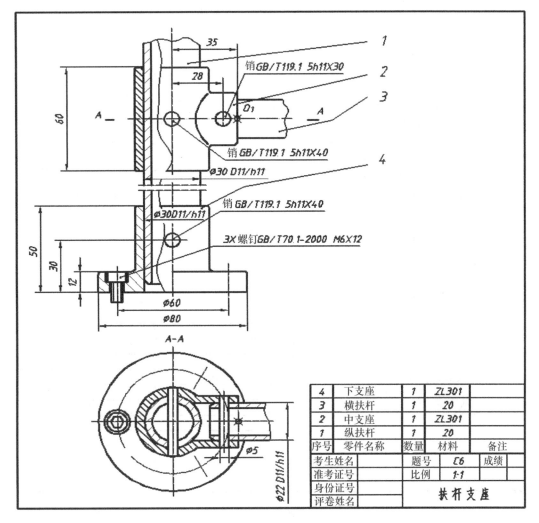

图 11-48

（4）给出的齿轮心轴组件装配图（图 11-49）拆画零件 1（心轴）的零件图。

具体要求：

1）绘图前先打开图形文件 D6.dwg，该图已作了必要的设置，可直接在该装配图上进行编辑以形成零件图；也可以全部删除重新作图。

2）选取合适的视图。

3）标注尺寸（尺寸样式名为"M_cad"），包括已给出的公差代号（不标注表面粗糙度代号和形位公差代号，也不填写技术要求）。

4）画图框及标题栏，样式同前一题。

5）作图结果以原文件名保存。

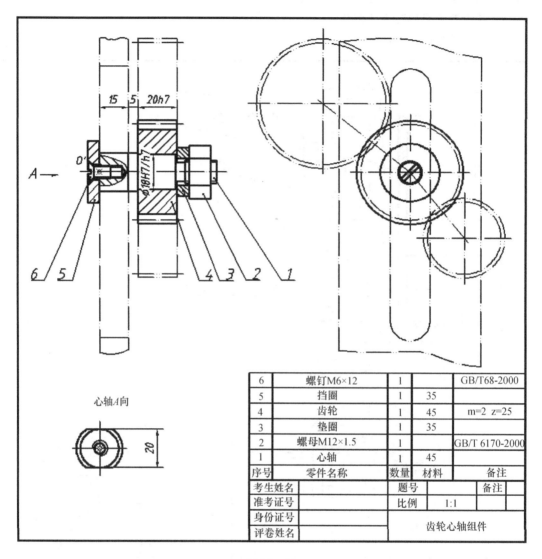

6	螺钉M6×12	1		GB/T68-2000
5	挡圈	1	35	
4	齿轮	1	45	m=2 z=25
3	垫圈	1	35	
2	螺母M12×1.5	1		GB/T 6170-2000
1	心轴	1	45	
序号	零件名称	数量	材料	备注

考生姓名		题号		备注	
准考证号		比例	1:1		
身份证号		齿轮心轴组件			
评卷姓名					

心轴A向

图 11-49

（5）由给出的结构齿轮组件装配图（见图 11-50）拆画零件 1（轴套）的零件图。

具体要求：

1）绘图前先打开图形文件 E6.dwg，该图形文件已作了必要的设置，可直接在该装配图上进行编辑以形成零件图，也可以全部删除从新作图；

2）选取合适的视图；

3）标注尺寸（如装配图注有公差配合代号，则零件图应填上相应的的公差代号），不注表面粗糙度代号和形位公差代号，也不填写技术要求；

4）画图框及标题栏，样式同前一题；

5）作图结果以原文件名保存。

262

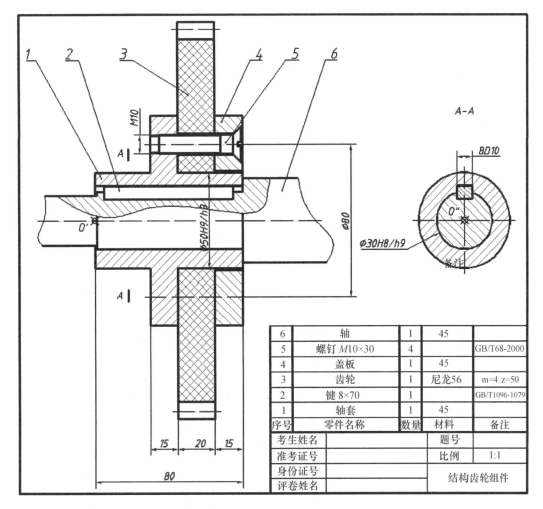

6	轴	1	45	
5	螺钉 M10×30	4		GB/T68-2000
4	盖板	1	45	
3	齿轮	1	尼龙56	m=4 z=50
2	键 8×70	1		GB/T1096-1079
1	轴套	1	45	
序号	零件名称	数量	材料	备注

考生姓名		题号	
准考证号		比例	1:1
身份证号		结构齿轮组件	
评卷姓名			

图 11-50

（6）根据给出的千斤顶装配图（见图 11-51）拆画零件 1（座体）的零件图。

具体要求：

1）绘图前先打开图形文件 F6.dwg，该图已作了必要的设置，可直接在该装配图上进行编辑以形成零件图，也可以全部删除重新作图；

2）选取合适的视图；

3）标注尺寸（尺寸样式名为"M_cad"），包括已给出的公差代号（不标注表面粗糙度代号和形位公差代号，也不填写技术要求）；

4）画图框及标题栏，样式同前一题；

5）作图结果以原文件名保存。

（7）根据给出的齿轮组件装配图（图 11-52）拆画零件 1（齿轮）零件图。

具体要求：

1）绘图前先打开图形文件 G6.dwg，该图已作了必要的设置，可直接在该装配图上

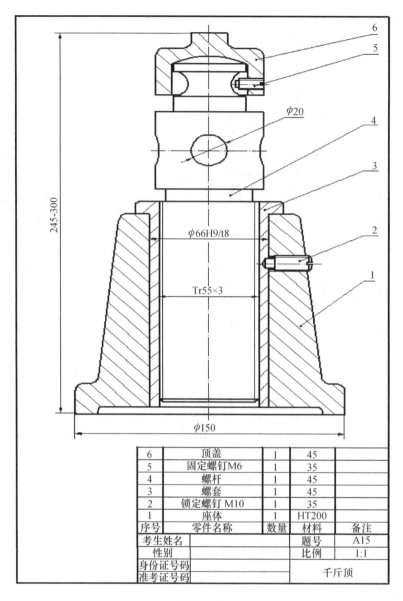

6	顶盖	1	45	
5	固定螺钉M6	1	35	
4	螺杆	1	45	
3	螺套	1	45	
2	锁定螺钉 M10	1	35	
1	座体	1	HT200	
序号	零件名称	数量	材料	备注
考生姓名			题号	A15
性别			比例	1:1
身份证号码			千斤顶	
准考证号码				

图 11 - 51

进行删改以形成零件图，也可以全部删除重新作图，所给的定位点 O 的位置都不能变动；

2）选取合适的视图；

3）标注尺寸。如装配图上注有某尺寸的公差代号，则零件图上该尺寸也要注上相应的代号。不注表面粗糙度代号和形位公差代号，也不填写技术要求。

（8）根据给出的定位器装配图拆画零件 3（上压板）零件图（图 11 - 53）。

具体要求：

1）绘图前先打开图形文件 H6.dwg，该图已作了必要的设置，可直接在该装配图上进行删改以形成零件图，也可以全部删除重新作图。所给的定位点 O 的位置都不能变动；

264

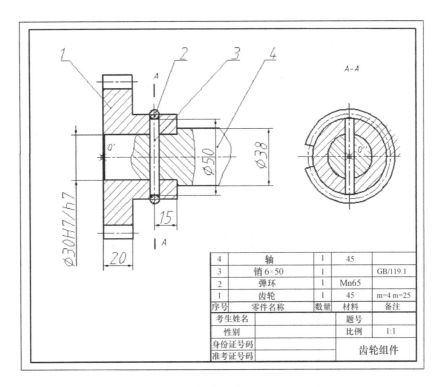

图 11-52

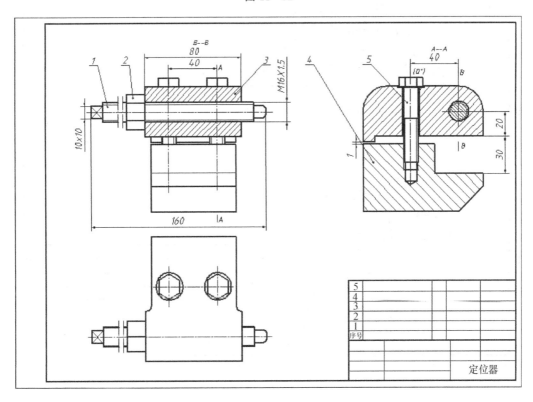

图 11-53

265

2）选取合适的视图；

3）标注尺寸，包括已给出的公差代号（不注表面粗糙度符号和形位公差符号，也不填写技术要求）；

4）不画图框和标题栏；

5）作图结果以原文件名保存。

（9）根据给出的微调座垫装配图（图 11-54）拆画零件 3（底座）零件图。

具体要求：

1）绘图前先打开图形文件 I6.dwg，该图已作了必要的设置，可直接在该装配图上进行删改以形成零件图，也可以全部删除重新作图。所给的定位点 O 的位置都不能变动；

2）选取合适的视图；

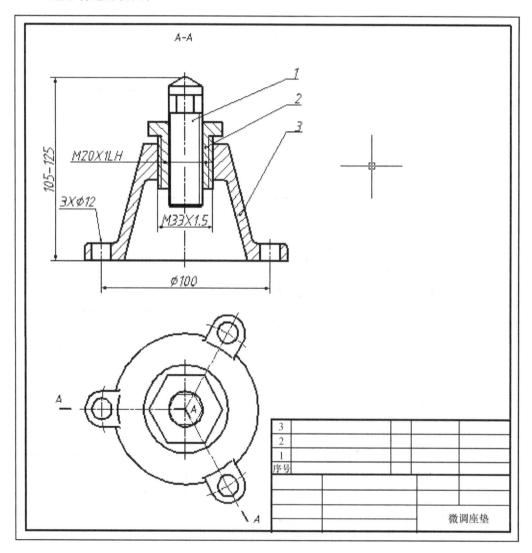

图 11-54

266

3）标注尺寸，包括已给出的公差代号（不注表面粗糙度符号和形位公差符号，也不填写技术要求）。

（10）按给出的滑轮座装配图（图 11-55）拆画零件 1（座体）零件图。

具体要求：

1）绘图前先打开图形文件 J6.dwg，该图已作了必要的设置，可直接在该装配图上进行删改以形成零件图，也可以全部删除重新作图，所给的定位点 O 的位置都不能变动；

2）选取合适的视图；

3）标注尺寸，包括已给出的公差代号（不注表面粗糙度代号和形位公差代号，也不填写技术要求）。

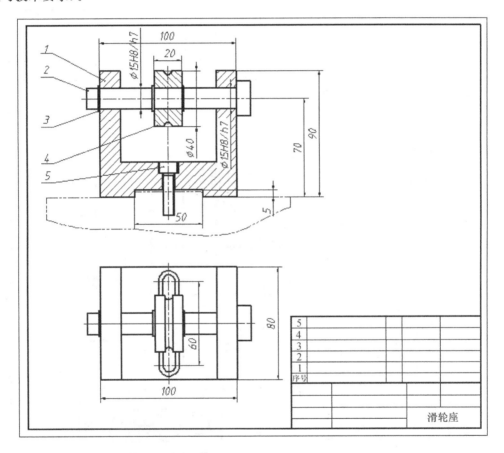

图 11-55

【小拓展】

根据齿轮泵装配示意图及零件图拼画齿轮泵装配图。

（1）齿轮泵的装配示意图见图 11-56。

齿轮油泵用于发动机的润滑系统，它将发动机底部油箱中的润滑油送到发动机上有关运动部件需要润滑的部位。

在泵体1内装有两个齿轮，一个是从动齿轮轴6，另一个是主动齿轮轴2（均由泵体、泵盖支承），动力通过主动齿轮轴上的齿轮（用键连接，图中未画）传递给主动齿轮，并带动从动齿轮旋转（旋转方向见工作原理图），使动力从动齿轮轴旋转，润滑油被吸入并充满齿槽。由于齿轮旋转，润滑油沿着壳壁被带到左边压油腔内，由于齿轮啮合使齿槽内形成部分真空，润滑油被挤压，从而产生高压油输出。

该齿轮油泵在750r/min时，油压应为0.4～0.6MPa。为使油压不超过该压力，在泵盖上有限压阀装置，它由螺塞16、小垫片15、弹簧14、钢珠定位圈13和钢珠12组成。当油压超过0.6MPa，高压油就克服弹簧压力，将钢珠阀门顶开，使润滑油自压油腔流回吸油腔，以保证整个润滑系统安全工作。

填料3、垫片7、小垫片15主要起密封防漏作用；垫片7的厚度大小，还可以调节齿轮两侧面间隙的大小。

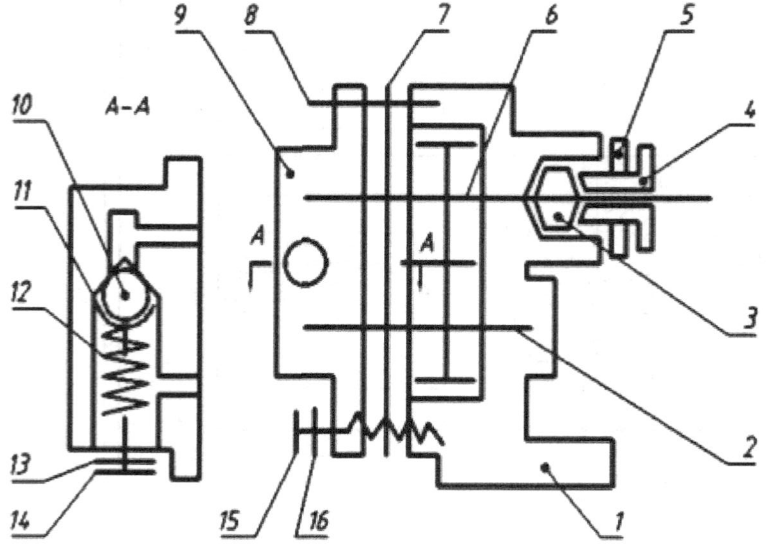

16			
15			
14			
13			
12			
11			
10			
9			
8			
7			
6			
5			
4			
3			
2			
1			
序号			

图 11-56

（2）从动齿轮轴的零件图见图 11-57。

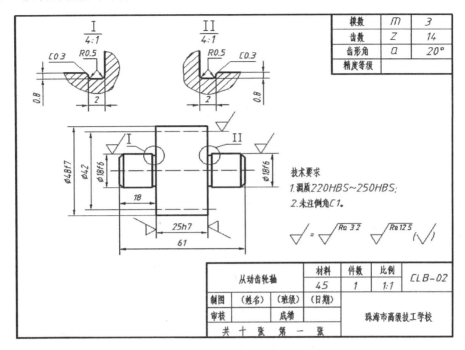

图 11-57

（3）主动齿轮轴的零件图见图 11-58。

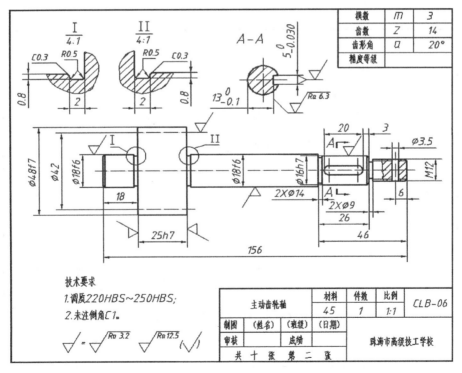

图 11-58

（4）锁紧螺母的零件图见图 11 - 59。

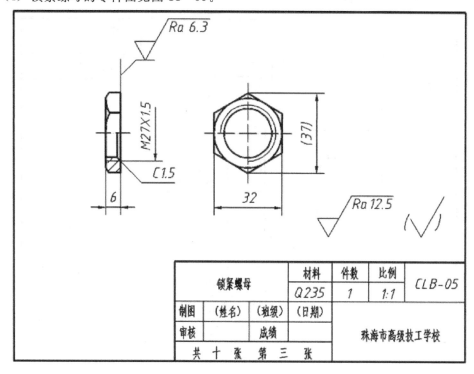

图 11 - 59

（5）填料压盖的零件图见图 11 - 60。

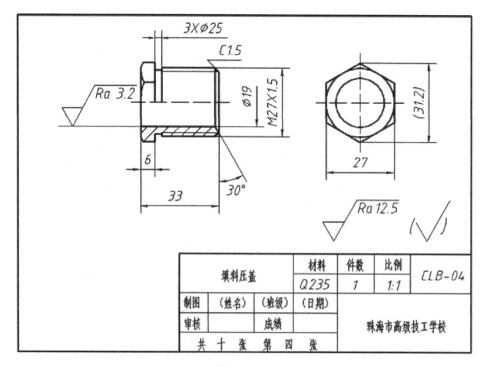

图 11 - 60

270

(6) 小垫片的零件图见图 11-61。

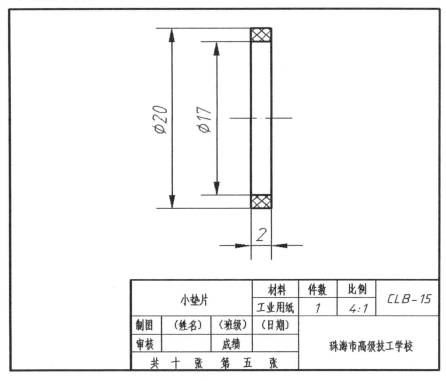

小垫片		材料	件数	比例	CLB-15
		工业用纸	1	4:1	
制图	(姓名)	(班级)	(日期)		珠海市高级技工学校
审核		成绩			
共 十 张 第 五 张					

图 11-61

(7) 螺塞的零件图见图 11-62。

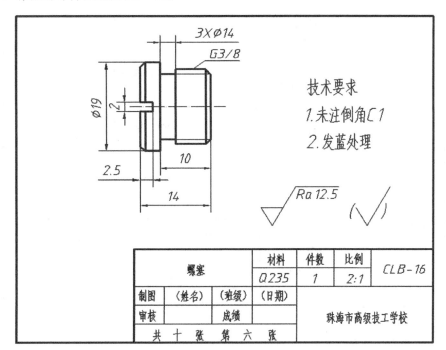

技术要求
1. 未注倒角C1
2. 发蓝处理

$\sqrt{}$ Ra 12.5 $(\sqrt{})$

螺塞		材料	件数	比例	CLB-16
		Q235	1	2:1	
制图	(姓名)	(班级)	(日期)		珠海市高级技工学校
审核		成绩			
共 十 张 第 六 张					

图 11-62

（8）钢珠定位圈的零件图见图 11-63。

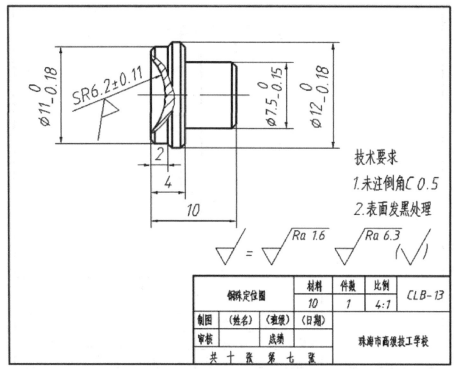

图 11-63

（9）弹簧的零件图见图 11-64。

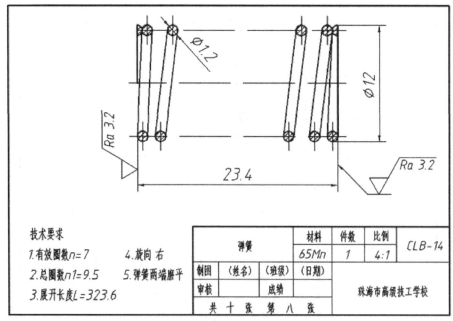

图 11-64

（10）泵盖的零件图见图 11-65。

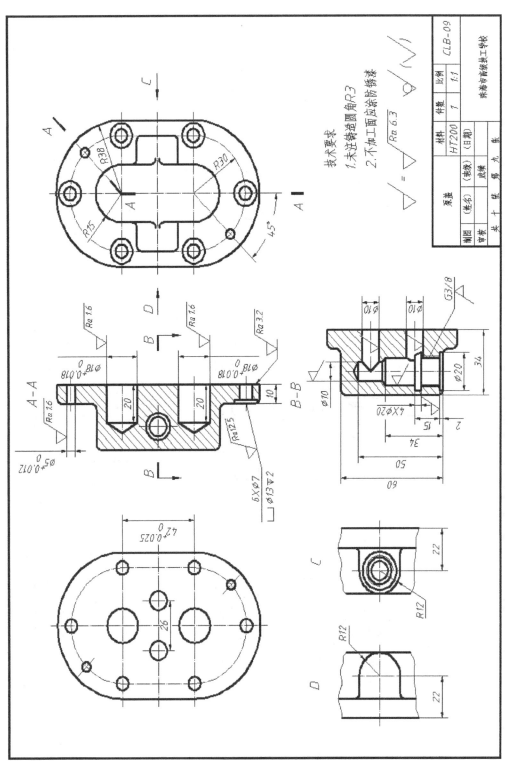

图 11－65

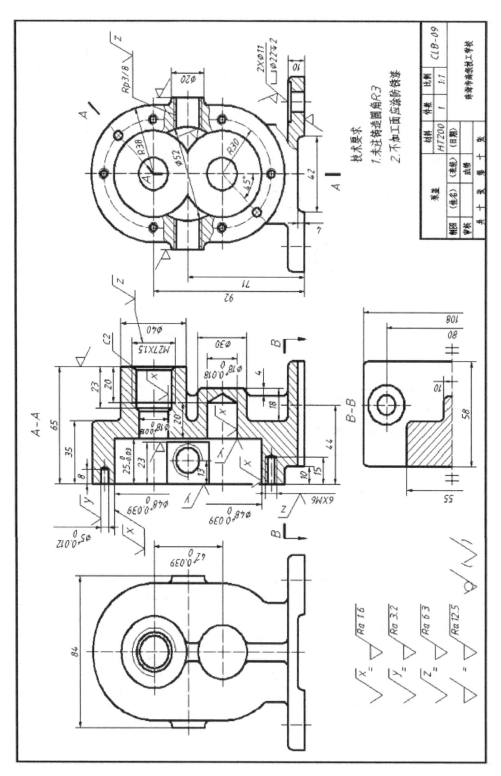

技术要求
1.未注铸造圆角R3
2.不加工面应涂防锈漆

图 11 - 66

274

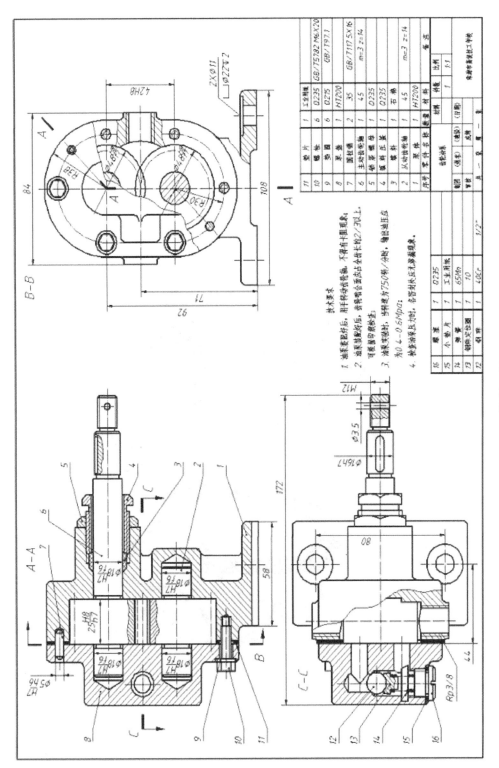

技术要求

1. 油泵装配好后，用手转动齿轮轴，不得有阻滞感；
2. 油泵装配后，齿轮端面应在全长1/3以上，齿端间隙合面应占全长的2/3以上，可用涂色印检查。
3. 油泵实验时，转数应为750转/分钟，输出油压应为0.6~0.6Mpa；
4. 输出油泵压力时，各密封处不应漏油。

序号	零件名称	数量	材料	备注
11	垫片	1	Q235	GB/T5782 M6×20
10	螺栓	6	Q235	GB/T97.1
9	垫圈	6	Q275	
8	泵盖	1	HT200	
7	圆柱销	2	35	GB/T119 5×16
6	主动齿轮轴	1	45	m=3 z=14
5	轴套螺母	1	Q235	
4	锁紧垫圈	1	Q235	
3	填料	5	石棉	
2	从动齿轮轴	1	45	m=3 z=14
1	泵体	1	HT200	

16	螺塞	1	Q235	
15	小垫片	1	工业用纸	
14	弹簧	1	65Mn	
13	钢球定位圈	1	10	
12	钢球	1	40Cr	

齿轮油泵 比例 1:1

图 11－67

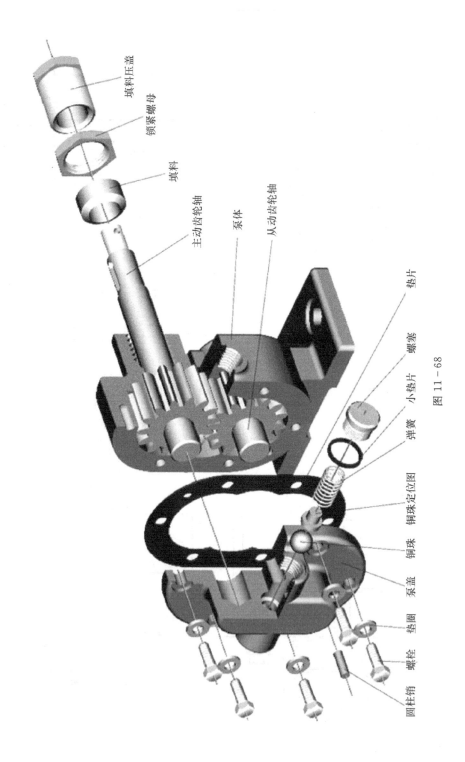

填料压盖
锁紧螺母
填料
主动齿轮轴
泵体
从动齿轮轴
垫片
螺塞
小垫片
弹簧
铜珠定位图
铜珠
泵盖
垫圈
螺栓
圆柱销

图 11－68

276

(11) 泵体的零件图见图 11 - 66。

(12) 齿轮油泵装配图见图 11 - 67。

(13) 齿轮油泵装配分解图见图 11 - 68。

学习活动八　技能鉴定、模拟考核

【学习目标】

(1) 能正确使用计算机操作系统。

(2) 能使用 CAD 绘制平面图形及编辑平面图形。

(3) 能通过给定形体的两个投影求其第三个投影。

(4) 能绘制形体的全剖视图、半剖视图、局部剖视图。

(5) 能编辑复杂图形（如带属性的图形块的定义与插入、图案填充等），能掌握尺寸标注、复杂文本等的生成及编辑。

(6) 能绘制零件图和拆画简单装配图。

建议学时：3 学时

学习地点：AutoCAD 实训室

【学习准备】

计算机、AutoCAD 软件、投影仪、教材、学生工作页。

【学习过程】

一、引导问题

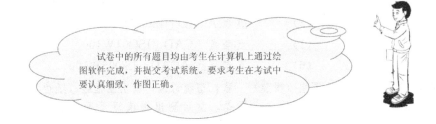

试卷中的所有题目均由考生在计算机上通过绘图软件完成，并提交考试系统。要求考生在考试中要认真细致、作图正确。

二、任务描述

注意事项：

(1) 认真审题，按照题目要求绘制图形。如在抄画零件图中，题目要求表面粗糙度代号要构造为带属性的图形块，再进行插入。若没按要求执行，而只是以简单的直线命令绘制粗糙度代号，则评卷系统将判断此处为错误。

(2) 应严格按照题目所给定的尺寸绘制图形。要求考生熟练掌握绝对坐标输入法、相对坐标输入法、极坐标输入法；熟练掌握确定相对基准点的方法；熟练掌握目标点捕捉的方法；熟练掌握跟踪的方法。

（3）根据要求设置图层、线型、颜色，应注意图形中的粗实线、细实线、点画线、双点画线、虚线等要绘制在相应的图层上，不要混淆不同的图层和线型。

（4）绘制的图形要精确。如对于圆弧连接中的切点，应运用目标捕捉的方式获取，而不应以目测的方式确定。

（5）根据要求设置尺寸标注样式，通过尺寸标注的有关命令标注尺寸，不得分解拆开，以保持所标注的尺寸是一个完整的图形元素。对于图案填充也是一个完整的图形元素，不要分解拆开。

三、做一做

计算机辅助设计绘图员（中级）技能鉴定试题（机械类）

题号：M_cad_mid_01

考试说明：

1. 本试卷共6题，试题初始的6个图形文件已存放在名为"考卷"的文件夹中，供完成本试卷6道试题用（注意，考生必须使用这6个图形文件）；

2. 考生须在桌面上的"保存位置"里建立一个以自己准考证后7位命名的文件夹为考生文件夹；

3. 考生复制"考卷"文件夹中的6个图形文件到考生文件夹中，然后依次打开相应的6个图形文件，按题目要求在其上作图，完成后仍然以原来图形文件名保存作图结果。确保文件保存在考生已建立的文件夹中，否则不得分；

4. 考试时间：120分钟。

一、基本设置（8分）

打开图形文件 A1.dwg，在其中完成下列工作：

1. 按以下规定设置图层及线型，并设定线型比例；绘图时不考虑图线宽度。

图层名称	颜色	（颜色号）	线型
01	绿	（3）	实线 Continuous（粗实线用）
02	白	（7）	实线 Continuous（细实线、尺寸标注及文字用）
04	黄	（2）	虚线 ACAD_ISO02W100
05	红	（1）	点画线 ACAD_ISO04W100
07	粉红	（6）	双点画线 ACAD_ISO05W100

2. 按1∶1比例设置 A3 图幅（横装）一张，留装订边，画出图框线（纸边界线已画出）；

3. 按国家标准规定设置有关的文字样式，然后画出并填写下图所示的标题栏，不标注尺寸；

4. 完成以上各项后，仍然以原文件名保存。

二、用比例 1：1 作出下图，不注尺寸。（10 分）

绘图前先打开图形文件 K2.dwg。该图已作了必要的设置，可直接在其上作图，作图结果以原文件名保存。

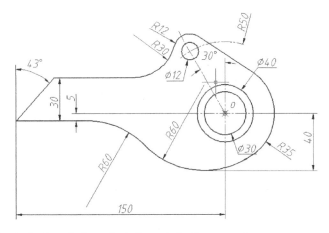

三、根据已知立体的两个投影作出第三个投影。（10 分）

绘图前先打开图形文件 K3.dwg，该图已作了必要的设置，可直接在其上作图，作图结果以原文件名保存。

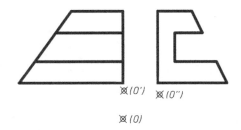

四、在指定位置将主视图画成全剖视图，补画左视图（半剖）。（10 分）

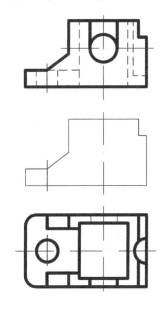

绘图前先打开图形文件 K4.dwg，该图已作了必要的设置，可直接在其上作图，作图结果以原文件名保存。

五、抄画零件图（附图1）。（50分）

具体要求：

1. 抄画零件图。绘图前先打开图形文件 K5.dwg，该图已作了必要的设置，可直接在其上作图；

2. 按国家标准有关规定，设置机械图尺寸标注样式；

3. 标注尺寸与粗糙度代号（将粗糙度代号定义成带属性的图形块，再使用插入块的方法标注）；

4. 画图框及标题栏，样式同试题一；

5. 作图结果以原文件名保存。

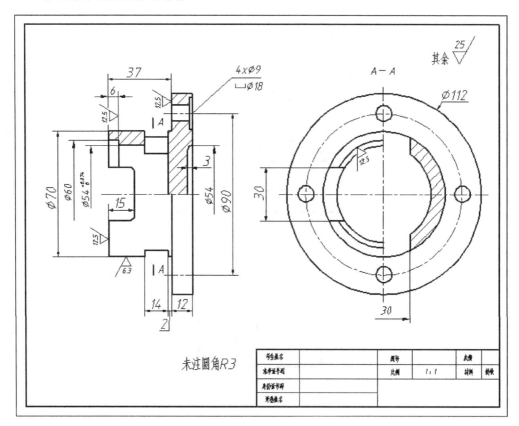

附图1

六、从给出的滚动轴承组件装配图（附图2）拆画零件1（端盖）零件图。（12分）

具体要求：

1. 绘图前先打开图形文件 I6.dwg，该图已作了必要的设置，可直接在该装配图上进行删改以形成零件图，也可以全部删除重新作图，所给的定位点 O 的位置不能变动；

2. 选取合适的视图；

280

3. 标注尺寸，包括已给出的公差代号（不注表面粗糙度代号和形位公差代号，也不填写技术要求）。

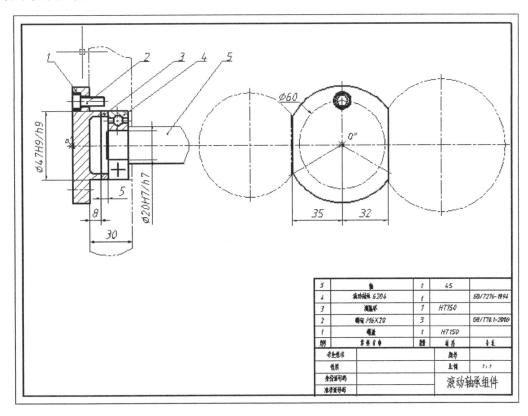

附图2

计算机辅助设计绘图员（中级）技能鉴定试题（机械类）

题号：M＿cad＿mid＿02

考试说明：

1. 本试卷共6题，试题初始的6个图形文件已存放在名为"考卷"的文件夹中，供完成本试卷6道试题用（注意，考生必须使用这6个图形文件）；

2. 考生须在桌面上的"保存位置"里建立一个以自己准考证后7位命名的文件夹为考生文件夹；

3. 考生复制"考卷"文件夹中的6个图形文件到考生文件夹中，然后依次打开相应的6个图形文件，按题目要求在其上作图，完成后仍然以原来图形文件名保存作图结果。确保文件保存在考生已建立的文件夹中，否则不得分；

4. 考试时间：180分钟。

一、基本设置（8分）

打开图形文件A1.dwg，在其中完成下列工作：

1. 按以下规定设置图层及线型，并设定线型比例；绘图时不考虑图线宽度。

图层名称	颜色	（颜色号）	线型
01	绿	（3）	实线 Continuous（粗实线用）
02	白	（7）	实线 Continuous（细实线、尺寸标注及文字用）
04	黄	（2）	虚线 ACAD_ISO02W100
05	红	（1）	点画线 ACAD_ISO04W100
07	粉红	（6）	双点画线 ACAD_ISO05W100

2. 按 1:1 比例设置 A3 图幅（横装）一张，留装订边，画出图框线（纸边界线已画出）；

3. 按国家标准规定设置文字样式，然后画出并填写如下图所示的标题栏，不标注尺寸；

4. 完成以上各项后，仍然以原文件名存盘。

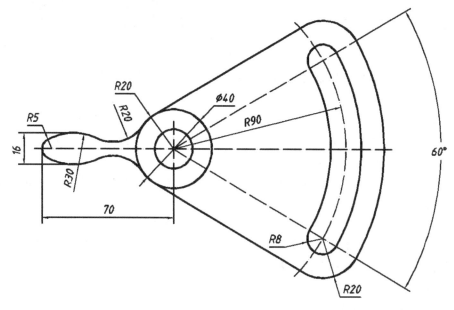

二、用比例 1:1 作出下图，不标注尺寸。（10 分）

绘图前先打开图形文件 L2.dwg，该图已作了必要的设置，可直接在其上作图，作图结果以原文件名保存。

三、根据立体已知的两个投影作出第三个投影。（10 分）

绘图前先打开图形文件 L3.dwg，该图已作了必要的设置，可直接在其上作图，作图结果以原文件名保存。

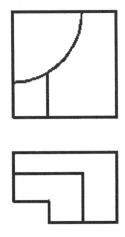

　　四、把下图所示立体的主视图画成半剖视图，左视图画成全剖视图。（10 分）

　　绘图前先打开图形文件 L4.dwg，该图已作了必要的设置，可直接在其上作图，主视图的右半部分取剖视。作图结果以原文件名保存。

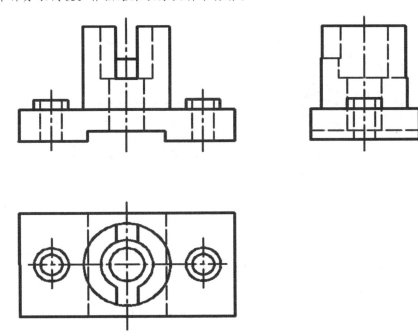

　　五、抄画零件图（附图 1）。（50 分）

　　具体要求：

　　1. 画阀体零件的主视图和左视图。绘图前先打开图形文件 L5.dwg，该图已作了必要的设置，可直接在其上作图；

　　2. 按国家标准有关规定，设置机械制图尺寸标注样式；

3. 标注主视图和左视图的尺寸与粗糙度代号（粗糙度代号要使用带属性的块的方法标注）；

4. 不画图框及标题栏，不用标注右上角的粗糙度代号及"未注圆角…"等字样）；

5. 作图结果以原文件名保存。

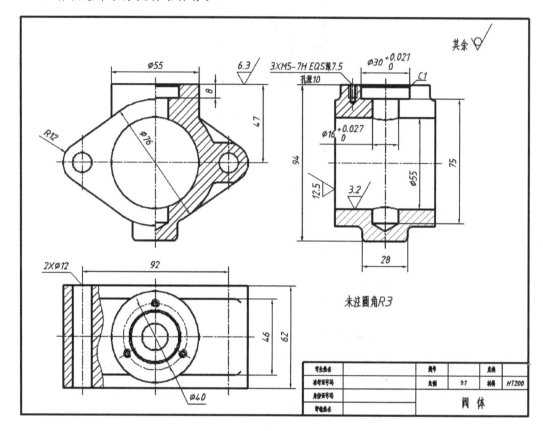

附图1

六、根据给出的套筒联轴器装配图（附图2）拆画零件1（套筒）零件图。(12分)

具体要求：

1. 绘图前先打开图形文件 L6.dwg，该图已作了必要的设置，可直接在该装配图上进行编辑以形成零件图，也可以全部删除重新作图；

2. 选取合适的视图；

3. 标注尺寸，包括已给出的公差代号（不标注表面粗糙度代号和形位公差代号，也不填写技术要求）。

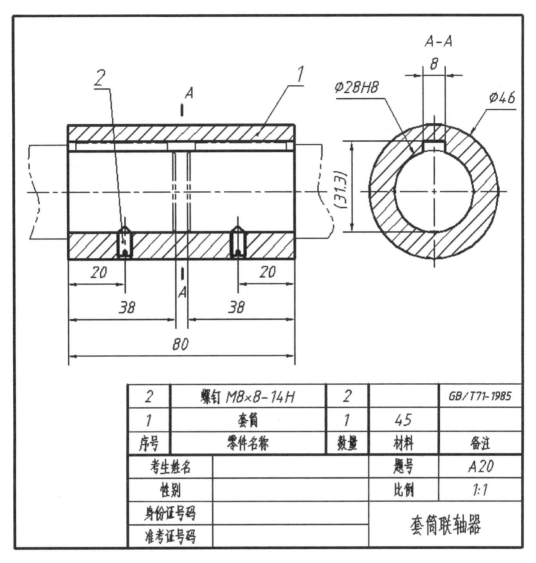

2	螺钉M8×8-14H	2		GB/T71-1985
1	套筒	1	45	
序号	零件名称	数量	材料	备注
考生姓名			题号	A20
性别			比例	1:1
身份证号码			套筒联轴器	
准考证号码				

附图2

学习活动九　工作总结、展示与评价

【学习目标】

（1）掌握总结报告的格式与写法，独立撰写工作总结。

（2）了解 PPT 的制作方法。

（3）能展示工作成果并进行工作总结。

建议学时：1 学时

学习地点：AutoCAD 实训室

【学习准备】

计算机、AutoCAD 软件、投影仪、教材、学生工作页。

【学习过程】

一、引导问题

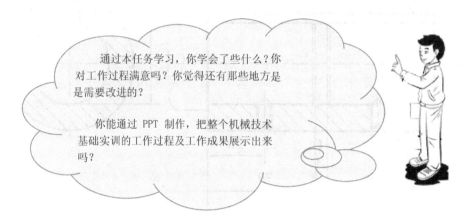

通过本任务学习,你学会了些什么?你对工作过程满意吗?你觉得还有那些地方是是需要改进的?

你能通过 PPT 制作,把整个机械技术基础实训的工作过程及工作成果展示出来吗?

二、任务描述

(1)学习总结报告的书写格式与写法。

(2)了解演示文稿 PPT 的制作方法。

(3)学生自评、互评,独立书写工作总结报告,通过小组评价和成果展示,培养自信心,提高表达能力。

(4)指导学生演讲、展示工作成果、作工作总结报告。

三、做一做

(1)你准备通过什么形式来展示你的工作成果?

(2)你对工作过程满意吗?你觉得还有哪些地方是需要改进的?

(3)试通过网络或书本中的知识学习,概括总结你整个学习过程的收获与感受。

四、工作总结报告(见表 11-3)

表 11-3

一体化课程名称	机械技术基础——机械制图与零件测绘		
任 务	CAD 技能鉴定培训		
姓 名		地 点	
班 级		时 间	
学习目的			
学习流程与活动			
收获与感受			

【评价与分析】

评价方式：自我评价、小组评价、教师评价，结果请填写在表 11 - 4 中。

任务十：CAD 技能鉴定　技能考核评分标准表

表 11 - 4

序号	项目	项目配分	子　项	子项配分	表现结果	评分标准	自我评价	小组评价	教师评价
1	纪律	12	迟　到	1		违规不得分			
			走　神	1		违规不得分			
			早　退	1		违规不得分			
			串　岗	1		违规不得分			
			旷　课	6		违规不得分			
			其他（玩手机）	2		违规不得分			
2	安全文明	10	衣着穿戴	2		不合格不得分			
			行为秩序	2		不合格不得分			
			6S	6		每 S 至少扣 1 分			
3	学习过程	8	学习主动	4		酌情扣分至少扣 1 分			
			协作精神	4		酌情扣分至少扣 1 分			
4	课题项目	70	完成学习活动一工作页	2		酌情扣分至少扣 1 分			
			完成学习活动二工作页	3		酌情扣分至少扣 1 分			
			完成学习活动三工作页	8		酌情扣分至少扣 2 分			
			完成学习活动四工作页	8		酌情扣分至少扣 2 分			
			完成学习活动五工作页	8		酌情扣分至少扣 2 分			
			完成学习活动六工作页	20		酌情扣分至少扣 2 分			
			完成学习活动七工作页	8		酌情扣分至少扣 2 分			
			完成学习活动八工作页	8		酌情扣分至少扣 2 分			
			完成学习活动九工作页	5		酌情扣分至少扣 1 分			
5	总分	100							

学习任务十二

CAD 二维绘图——绘制减速器零件图与装配图

【学习目标】

（1）了解"CAD 制图"国标规定，使用 AutoCAD 创建符合国家标准的样板文件。
（2）能使用 AutoCAD 属性块创建常用图形。
（3）能掌握使用 AutoCAD 绘制复杂图形的技巧。
（4）能掌握使用 AutoCAD 利用已有零件图拼画装配图的要点以及拼画方法和步骤。
（5）能掌握 AutoCAD 图形文件的输出打印。

【建议课时】

40 学时

【工作流程与活动】

学习活动一：领取任务、查阅资料、制订工作计划	2 学时
学习活动二：创建样板文件	2 学时
学习活动三：创建图库	4 学时
学习活动四：绘制轴类零件	4 学时
学习活动五：绘制盘盖类零件	4 学时
学习活动六：绘制箱壳类零件	8 学时
学习活动七：拼画减速器装配图	12 学时
学习活动八：图形文件的输出	2 学时
学习活动九：工作总结、展示与评价	2 学时

【工作情景描述】

在生产实践中，为了推广和学习先进技术，某企业要求我们仿制和改造一减速器设备，现需对减速器装配体进行实物测量，并将手工绘制的零件图和装配图，使用计算机绘图软件 AutoCAD 绘制并打印出图。

学习活动一　领取任务、查阅资料、制订工作计划

【学习目标】

（1）解读任务书，描述 CAD 二维绘图——绘制减速器零件图与装配图的学习任务，

288

制订工作计划书。

（2）了解 AutoCAD 开发背景、发展历史。

（3）了解 CAD 制图国家标准的有关规定及修订情况。

建议学时：2 学时

学习地点：AutoCAD 实训室

【学习准备】

计算机、AutoCAD 软件、投影仪、教材、学生工作页、制图标准。

【学习过程】

一、引导问题

我们在接到一个工作任务以后，为了完成这个任务，我们需要完成哪些方面的知识储备？

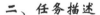

前面任务已经学习了机械制图、CAD 绘图等基础知识，通过对单级圆柱直齿轮减速器的测绘一体化实训，掌握了手工绘图的方法和步骤，并得到手工绘制的减速器零件图纸。

现使用计算机绘图软件 AutoCAD 根据减速器图纸抄画零件图，然后再拼画减速器装配图。通过这一次计算机绘图的一体化实训，进一步了解手工绘图和计算机绘图之间的差异，从而增强对 AutoCAD 的认识，提高计算机绘图效率。

二、任务描述

1. 提出工作任务

AutoCAD 绘图、抄画减速器零件图、拼画减速器装配图。

2. 任务讲解

（1）了解 CAD 制图国标规定，使用 AutoCAD 创建符合国家标准的样板文件，即 AutoCAD 绘图环境设置：图形界限、图层、线型比例、文字样式及标注样式等。

（2）创建和运用图库（常见图形的属性块文件集合），如标题栏、表面结构的图形符号、基准符号等。

（3）绘制轴类零件图（了解 AutoCAD 绘制的零件图所包含的内容，掌握 AutoCAD 绘图步骤）。

（4）绘制盘盖类零件图（掌握利用已有图形绘制结构相同尺寸不同图形的技巧，如关键点编辑、特性编辑、复制等快速修改图形命令）。

（5）绘制箱壳类零件图（掌握绘制形状结构复杂图形的方法和技巧）。

（6）利用零件图拼画减速器装配图（了解 AutoCAD 绘制装配图的要点，掌握 Auto-CAD 中零件序号的标注，以及拼画装配图的方法和步骤）。

（7）掌握 AutoCAD 图形文件的输出打印（了解模型空间和图纸空间出图区别，掌握打印参数的设置及操作步骤）。

（8）工作总结，展示与评价。

三、做一做

（1）你认为计算机绘图较之手工绘图具有哪些优点？

（2）你认为应用计算机绘图需具备什么条件？试从硬件、软件等方面叙述。

（3）通过查阅资料，理解何为 CAD？何为 AutoCAD？

CAD 是 _____ 英文简称，诞生于 _____

世纪 _____ 年代，由 _____ 研发，是一种

_____ 技术；

AutoCAD 是由美国 _____ 公司于 _____ 年应用 CAD 技术开发的

_____软件包，最新版本_____。

你知道的具有完全自主知识产权的国产 CAD 软件有：

_____

（4）通过查阅资料，了解"技术制图"和"机械制图"国家标准的修订情况。其中关于 CAD 制图的国家标准有哪几个？分别规定了哪些内容？

（5）解读使用 CAD 绘制减速器零件图与装配图的工作目标，并制订工作计划书（见表 12-1）。

表 12-1

任务十二	CAD 二维绘图——绘制减速器零件图与装配图		
工作目标			
活 动	学习内容与执行步骤	课时分配	总课时
学习活动一	任务导入（AutoCAD 抄画减速器零件图、拼画装配图）	2	
学习活动二			
学习活动三			
学习活动四			
学习活动五			
学习活动六			
学习活动七			
学习活动八			
学习活动九			

学习活动二　创建样板文件

【学习目标】

(1) 了解 AutoCAD 样板文件的作用。

(2) 掌握 AutoCAD 创建样板文件的步骤。

(3) 使用 AutoCAD 创建符合国标的样板文件：A2 – H. dwt、A4 – H. dwt。

建议学时：2 学时

学习地点：AutoCAD 实训室

【学习准备】

计算机、AutoCAD 软件、投影仪、教材、学生工作页、制图标准教学视频。

【学习过程】

一、引导问题

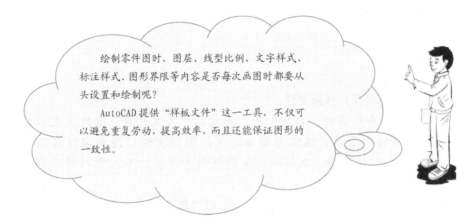

绘制零件图时，图层、线型比例、文字样式、标注样式、图形界限等内容是否每次画图时都要从头设置和绘制呢？

AutoCAD 提供"样板文件"这一工具，不仅可以避免重复劳动，提高效率，而且还能保证图形的一致性。

二、任务描述

1. 提出工作任务

创建符合国标的样板文件：A2 – H. dwt、A4 – H. dwt。

2. 任务讲解

(1) 关于 AutoCAD 样板文件。AutoCAD 提供了很多样板文件（均保存在 AutoCAD 的"＿＿＿＿＿"文件夹里），但并不满足我国的国家标准，因此需要创建一个符合国标的样板文件。

创建新文件时，常用的系统样板文件有两个：Acad. dwt 和 Acadiso. dwt（见图 12 – 1 对应关系）。＿＿＿＿＿. dwt 大部分设置符合我国的制图标准，在此基础上稍作修改即可。

(2) 使用 AutoCAD 创建样板文件的步骤：

291

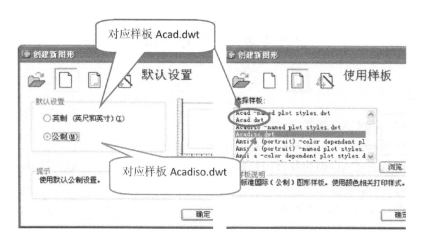

图 12-1

- 创建新图形;
- 保存样板文件;
- 设置图形界限;
- 设置图层;
- 画图框;
- 设置线型比例;
- 设置文字样式;
- 设置标注样式;
- 检查无误后再次保存样板文件。

（3）存盘要求。在桌面的"存盘位置"里创建个人文件夹，文件夹名以学生姓名命名（今后如无特殊要求，后续学习活动绘制的图形文件均按要求保存在个人文件夹里）。在个人文件夹里创建一文件夹，文件夹名为样板，本次学习活动创建的样板文件均保存于此。

（4）作业提交。将已保存的图形文件，使用"作业提交"功能上交教师机，供任课教师评改（具体操作步骤可参看桌面"教师机共享"里的"学生机作业提交"视频）。

三、查一查

《CAD 工程制图规则》GB/T _____和《机械工程　CAD 制图规则》GB/T _____有关规定。

（1）根据《技术制图　图纸幅面和格式》（GB/T _____—2008），在图 12-2 和图 12-3 中标注尺寸。

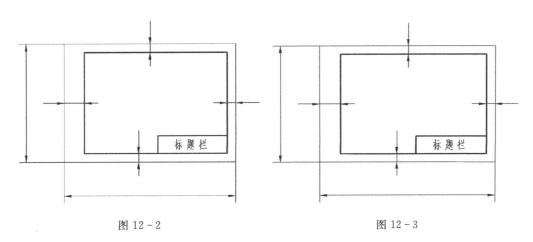

图 12-2   图 12-3

（2）绘图比例（GB/T _____—1993）采用_____，使用_____尺寸绘图。

（3）《CAD 工程制图规则》（GB/T 18229—2000）和《机械工程　CAD 制图规则》
（GB/T 14665—2012）两项常用国家标准，对 CAD 制图用线宽、线型、字体、字号、图
线颜色和图层管理等都有明确规定（见表 12-2 至表 12-6）：

表 12-2

组别	1	2	3	4	5	用　　途
线宽 （mm）	2.0	1.4	1.0			粗实线、粗点画线
	1.0	0.7	0.5			
备注	一般优先采用____组，线宽比为_____					

表 12-3

汉字字体	应用范围
长仿宋体	
单线宋体	
宋　体	
仿宋体	
楷　体	
黑　体	

表 12 - 4

标　准	图　幅	字　号	
		汉　字	字母与数字
GB/T 18229—2000	A0 A1 A2 A3 A4		
GB/T 14665—2012	A0 A1 A2 A3 A4		

表 12 - 5

序号	图线类型	显示颜色	
		GB/T 18229—2000	GB/T 14665—2012
01	粗实线		
02	细实线		
03	波浪线		
04	双折线		
05	虚线		
06	细点画线		
07	粗点画线		
08	双点画线		

表 12 - 6

层号	图线类型	图　例
01		
02		
03		
04		
05		
06		
07		
08		
09		
10		
11		
12		
13		
14、15、16		

四、操作提示

由表 12-4 和表 12-5 可见，GB/T 18229—2000 和 GB/T 14665—2012 两项标准对 CAD 制图的字号大小以及图线在屏幕上的显示颜色等规定不一致。为统一起见，建议按 GB/T 18229—2000 的规定执行，因为 GB/T 18229—2000 采用了相应的国际标准。

另外，需要强调的是，图线在屏幕上显示的颜色直接影响到图纸中图线的深浅，而这一点往往被忽视，如白色图线打印出的效果最深、红色次之，绿色和黄色相对较浅。如果图线颜色选择合理，则打印出的黑白图纸的图线浓淡相宜，富有层次感。因此，实际制图时应按标准规定，合理选择图线颜色，以保证图纸的打印效果。

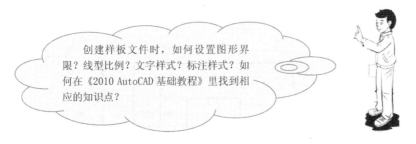

创建样板文件时，如何设置图形界限？线型比例？文字样式？标注样式？如何在《2010 AutoCAD 基础教程》里找到相应的知识点？

1. 设置图形界限的作用

AutoCAD 的绘图空间是_____的，将图形界限设为_____大小，配合栅格的启用，可显示出图形界限范围，有助于了解图形分布；将图形界限的边界检查参数设为_____时，可检查输入的坐标值是否超出图形界限，如超出界限会即时报错。

2. AutoCAD 线型比例

AutoCAD 线型比例是_____的外观，分_____（LTScale）和_____（CELTScale），它们之间区别是全局比例因子影响图形文件中（所有、部分）非连续线的外观，其值增加时，将使非连续线中_____加长；否则会_____，数值太小时，可使非连续线看起来像_____，一般可设置为_____。

有时需要为不同非连续线设置（相同、不同）比例，这时可使用当前对象缩放比例来控制（默认值为____）。该值调整后，只影响调整（前、后）所有新绘制的非连续线外观，一般不建议修改。

3. AutoCAD 文字样式设置

1）关于字体。带双 T 标志的字体是_____提供的_____字体，AutoCAD 的字体后缀名为"_____"，而带"_____"符号的中文字体可达到后边所示效果：_____ 。

AutoCAD 提供了符合国标的工程字体：【gbeitc. shx】_____西文、【gbenor. shx】_____西文、【大字体】是专为_____设计的文字字体。而【gbcbig. shx】是符合国标的_____字体，还包含一些常用的_____，但该字体不包含西文字体定义，因而使用时需与_____和_____配合使用。

2）关于字体高度见图 12-4。

图 12 - 4

4. AutoCAD 标注样式设置（见图 12 - 5）

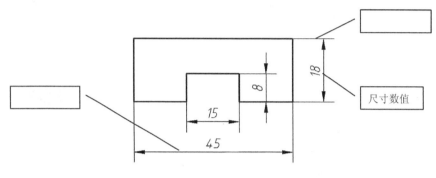

图 12 - 5

（1）标注样式的应用范围见图 12 - 6。

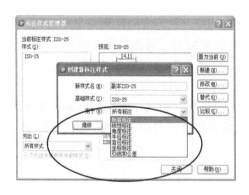

图 12 - 6

【用于】指的是标注样式的_____，下拉列表的选项如图 12 - 6 所示。其中"_____"是指新创建的标注样式将控制所有类型尺寸；其他选项控制的尺寸类型均有所不同。

（2）各参数项意义（具体数值设置可查阅国标规定）。

1）直线和箭头项：

【基线间距】决定了_____的距离，设为_____；

【超出尺寸线】控制_____的距离，设为_____；

【起点偏移量】控制_____的距离，设为_____；

【前头大小】设为_____，【圆心标记大小】设为_____。

2）文字项：

【从尺寸线偏移】设定_____和_____的距离，设为_____；

【文字对齐】方式
水平：水平放置文字，文字角度与尺寸线角度（有、无）关。
与尺寸线对齐：文字角度与尺寸线角度_____。
ISO标准：当文字在尺寸界线（内、外）时，文字与尺寸线_____；
当文字在尺寸界线（内、外）时，文字_____排列。

如图 12-7 绘制的机械图样，标注角度尺寸应设置为"_____"，标注线性尺寸应设置为"_____"，标注直径或半径尺寸应设置为"_____"。

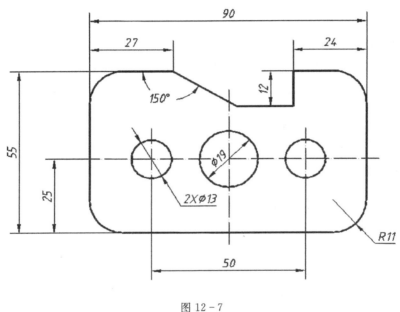

图 12-7

（3）标注样式的"修改"和"替代"区别：

"_____"某一种标注样式后，（所有、部分）使用此样式的标注都将按新标准发生（不改变、改变）；

"_____"适用于标注样式进行微调的情况，当改变某些参数设置后，只影响新标注的尺寸样式，并（不改变、改变）已经标注的尺寸样式。

五、做一做

（1）使用 AutoCAD 创建 A4 样板文件，文件名为 A4-H.dwt，保存在样板文件夹里。

1）按 1∶1 比例设置 A4 图幅（横向），留装订边，画图框（不画标题栏）；

2) 按 CAD 制图国标规定设置图层、线型和图线宽度：

图层名称	颜色	线型	线宽
01 粗实线	＿＿＿	＿＿＿＿＿＿＿	＿＿＿＿
02 细实线	＿＿＿	＿＿＿＿＿＿＿	＿＿＿＿
04 细虚线	＿＿＿	＿＿＿＿＿＿＿	＿＿＿＿
05 细点画线	＿＿＿	＿＿＿＿＿＿＿	＿＿＿＿
07 细双点画线	＿＿＿	＿＿＿＿＿＿＿	＿＿＿＿
08 尺寸标注	＿＿＿	＿＿＿＿＿＿＿	＿＿＿＿
10 剖面线	＿＿＿	＿＿＿＿＿＿＿	＿＿＿＿
11 文本	＿＿＿	＿＿＿＿＿＿＿	＿＿＿＿

3) 设置合适的线型比例＿＿＿＿＿＿＿；

4) 按 CAD 制图国标规定设置文字样式，样式名为 GB；

5) 按 CAD 制图国标规定设置标注样式，样式名为机械样式；

6) 开启栅格、全显图形（Z→E）后进行保存。

(2) 使用 AutoCAD 创建 A2 样板文件，文件名为 A2 – H. dwt，保存在样板文件夹里。

1) 按 1∶1 比例设置 A2 图幅（横向），留装订边，画图框（不画标题栏）；

2) 设置合适的线型比例＿＿＿＿＿＿＿＿＿；

3) 其余设置要求同上。

学习活动三　创建图库

【学习目标】

(1) 图块定义、分类及其作用。

(2) 属性定义、作用及其创建方法。

(3) 属性块文件的创建和使用。

建议学时：4 学时

学习地点：AutoCAD 实训室

【学习准备】

计算机、AutoCAD 软件、投影仪、教材、学生工作页、制图标准教学视频。

【学习过程】

一、引导问题

在学习任务十"CAD 绘图基础"学习中，我们已了解过何为图块。在 AutoCAD 中，你能知道哪些命令绘制的图形对象，其本身就是一个图块？

对于表面结构的图形符号、基准符号和标题栏
等在任何一张图中都保持不变的图形内容，是否每
次都要一条线、一个圆地重复绘制呢？有没有"一
劳永逸"的好办法？

二、任务描述

1. 提出工作任务

使用 AutoCAD 创建符合国标的图块，并组成图库。

2. 任务讲解

（1）存盘要求：在个人文件夹里创建一文件夹，文件夹名为图库，本次任务创建的文件均保存于此。

（2）作业提交。将已保存的图形文件，使用"作业提交"功能上交教师机，供任课教师评改（具体操作步骤可参看桌面"教师机共享"里的"学生机作业提交"视频）。

（3）知识点。

1）图块：①图块的定义；②图块的作用；③块和块文件的区别。

2）属性：①属性的定义；②属性的作用；③属性的组成。

3）创建属性块文件的步骤。

为什么要创建图块？图块的定义是什
么？块和块文件的区别？

三、知识链接

1. 图块

（1）图块的定义。图块是＿＿＿＿＿＿＿＿＿＿＿＿＿＿＿＿集合，分块和块文件。

在 AutoCAD 中，用"＿＿"命令绘制的长方形是一个由四条互相垂直的直线所组成的块；引线是由一个＿＿和一条＿＿组成的块。

尽管块由多个图形对象构成，在 AutoCAD 中却是作为一个＿＿＿＿＿来处理的，如有需要，可用"＿＿＿＿＿"命令炸开块，这样便能得到组成图块的每一个单独的图形对象。

（2）图块的作用：

1）（增加、减少）重复性劳动并实现"积木式"绘图；

2）节省存储空间；

3）方便修改编辑，提高绘图效率。

（3）块和块文件的区别——制作命令不同。

使用"Block"命令制作的图块称为（块、块文件），只能在创建该块的图形文件中使用，可形象地称为内块。

若要在其他图形文件使用，（需要、不需要）制作成块文件，使用"WBlock"命令制作的图块称为（块、块文件）。因其可保存为一个完整独立的_____图形文件，因此可形象地称为外块。

（4）使用图块的命令——"插入"Insert（具体操作将在学习活动四中讲述）。

2. 属性块文件

（1）属性的定义。在 AutoCAD 中，可以使图块附带属性。

属性类似于商品标签，包含了图块所不能表达的一些文本信息，将已定义的属性与图形对象一起制作成图块，这样图块中便包含属性了，如尺寸标注是由尺寸界线、尺寸线和尺寸值（属性值）组成的带属性的图块。

不含属性的图块，姑且称为普通图块。

（2）属性的作用。属性可用来预定义文本位置、内容或提供文本默认值。例如，把标题栏中的一些文字项目制作成属性，便能方便地填写或修改。

（3）属性的组成 {
标记——属性值的记号
默认值——即属性值，其内容可为文字、数字或字母
提示内容——输入属性值时的提示内容
}

属性的标记和默认值的内容可一样，为方便理解，在此约定，给属性标记加上括号以示区别。

（4）创建属性块文件的步骤：

1）绘制图形。

2）使用"ATTDEF"命令或"_____"菜单里的"_____"→"_____"命令创建属性。

3）使用"_____"命令将图形与属性一起制作成属性块文件。

（5）以图 12-8～图 12-10 创建明细栏的属性块文件为例，认识属性块文件的制作过程（具体操作可参看教学视频）。

7	视孔盖垫片	1	石棉橡胶纸	
6	视孔盖	1	Q235	
5	透气塞	1	ABS塑料	M18X16
4	视孔盖螺栓	4	Q235	GB/T5783 M6X16
3	箱盖	1	HT200	
2	机体螺栓	2	Q235/BF	GB/T5783 M10X25
1	底座	1	HT200	
序号	零件名称	数量	材料	备注

图 12-8

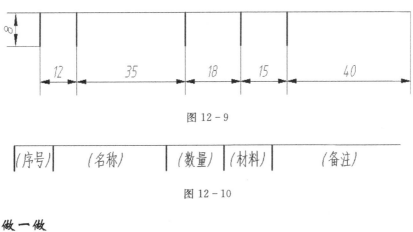

图 12 - 9

(序号)	(名称)	(数量)	(材料)	(备注)

图 12 - 10

四、做一做

(1) 图块的分类：

1) 按制作命令可划分 {_____

2) 按是否包含属性可划分 {_____

3) 属性块包含有_____和_____，（是、否）属于普通图块，（能、不能）被其他图形文件使用；块文件（不包含、包含）属性，使用_____命令制作的；属性块文件不仅包含_____和_____，并可制作成独立的_____文件，供其他图形文件使用。

(2) 使用 AutoCAD 创建基准符号的属性块文件：

【绘图要求】打开 A4 - H. dwt（见图 12 - 11），查阅《_____》GB/T _____规定绘制，保存为属性块文件，文件名为基准符号 . dwg，保存在图库文件夹里。

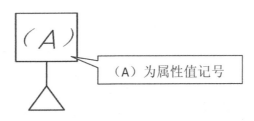

（A）为属性值记号

图 12 - 11

(3) 使用 AutoCAD 创建表面结构的图形符号（属性）块文件：

【绘图要求】打开 A4 - H. dwt，查阅《_____》GB/T _____规定绘制，在图库文件夹里新建一个名为表面结构符号文件夹，每个表面结构的图形符号单独保存为一个块文件，文件名分别为基本 . dwg、去除材料 . dwg、不去除材料 . dwg、RA. dwg，保存在表面结构符号文件夹里（见图 12 - 12 至图 12 - 15）。

301

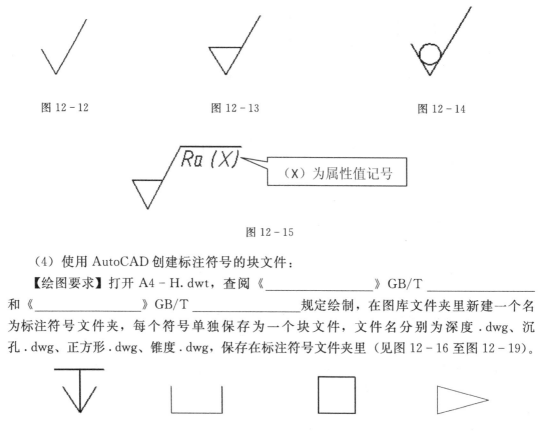

图 12-12 图 12-13 图 12-14

图 12-15

（4）使用 AutoCAD 创建标注符号的块文件：

【绘图要求】打开 A4-H.dwt，查阅《＿＿＿＿＿＿＿＿》GB/T ＿＿＿＿＿＿＿＿

和《＿＿＿＿＿＿＿》GB/T ＿＿＿＿＿＿＿规定绘制，在图库文件夹里新建一个名

为标注符号文件夹，每个符号单独保存为一个块文件，文件名分别为深度.dwg、沉

孔.dwg、正方形.dwg、锥度.dwg，保存在标注符号文件夹里（见图 12-16 至图 12-19）。

图 12-16 图 12-17 图 12-18 图 12-19

（5）创建标题栏和明细栏属性块文件（明细栏格式可参看前述内容）：

【绘图要求】打开 A4-H.dwt，均保存为属性块文件，文件名为标题栏.dwg、明细

栏.dwg，保存在图库文件夹里（见图 12-20）。

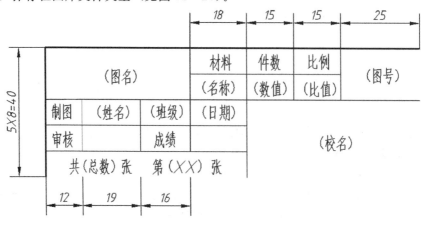

图 12-20

学习活动四　绘制轴类零件

【学习目标】

(1) 掌握 AutoCAD 绘制零件图的方法和步骤。

(2) 掌握 AutoCAD 绘制零件图的技巧。

(3) 使用 AutoCAD 绘制减速器主动轴（齿轮轴）和从动轴的零件图。

建议学时：4 学时

学习地点：AutoCAD 实训室

【学习准备】

计算机、AutoCAD 软件、投影仪、教材、学生工作页、教学视频。

【学习过程】

一、引导问题

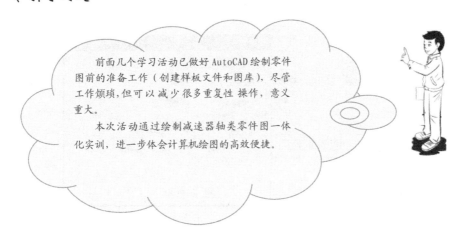

　　前面几个学习活动已做好 AutoCAD 绘制零件图前的准备工作（创建样板文件和图库），尽管工作烦琐，但可以减少很多重复性 操作，意义重大。

　　本次活动通过绘制减速器轴类零件图一体化实训，进一步体会计算机绘图的高效便捷。

二、任务描述

1. 提出工作任务

使用 AutoCAD 绘制减速器主动轴（齿轮轴）和从动轴的零件图。

2. 任务讲解

(1) 存盘要求：在个人文件夹里创建一文件夹，文件夹名为减速器零件图，本次任务创建的文件均保存于此。

(2) 作业提交。将已保存的图形文件，使用"作业提交"功能上交教师机，供任课教师评改（具体操作步骤可参看桌面"教师机共享"里的"学生机作业提交"视频）。

(3) 知识点：①零件图包含的内容；②轴类零件图的特点；③AutoCAD 绘制零件图的方法和步骤；④几何公差的标注；⑤图块的使用：插入和修改。

三、知识链接

1. 单行文字 DText 和多行文字 MText 的应用场合

AutoCAD 中有两类文字对象，一类是单行文字，另一类是多行文字，它们分别由 DT 和 MT（命令简写）来创建。一般来讲，一些比较简短的文字项目（如标题栏内容、视图名称等），常采用_____文字；而对带有段落格式的信息（如文字类的技术要求等），则使用_____文字。

2. 几何公差的标注（见图 12 - 21）

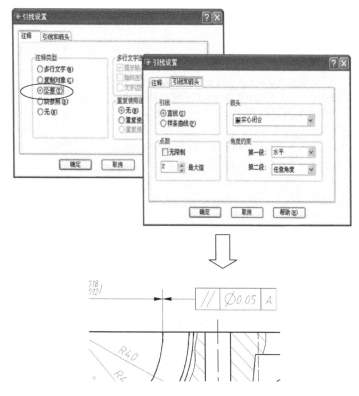

图 12 - 21　引线设置对话框和公差标注

AutoCAD 在尺寸标注工具栏里提供了专门的标注命令 ⊕1，但在标注时不要使用此命令，因为用其标注的结果没有引线，而使用"_____"命令标注则能满足需要。

3. 尺寸公差标注的方法（见图 12 - 22）

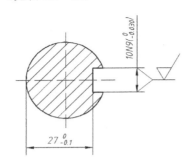

图 12 - 22

(1) 使用"特性"命令修改：

> 注意 修改"公差"列表项和修改"文字格式"这两种方法不能同时使用

1) 修改特性对话框里的"公差"项（见图 12 - 23）。

换算后缀	
公差	
显示公差	极限偏差
公差下偏差	0.1
公差上偏差	0
水平放置公差	下
公差精度	0.00
公差消去前导零	否
公差消去后续零	是
公差消去零英尺	是
公差消去零英寸	是
公差文字高度	1
换算公差精度	0.000
换算公差消去前导零	否
换算公差消去后续零	否
换算公差消去零英尺	是
换算公差消去零英寸	是

图 12 - 23

2) 修改"文字替代"里的文字格式（见图 12 - 24）。

文字位置 Y 坐标	50.1013
文字旋转	0
测量单位	27
文字替代	\A1;◇ {\H0.7x;\S 0^-0.1;}
调整	
尺寸线强制	开

图 12 - 24

"\ A1；<> {\ H0.7x；\ S 0^—0.1;}"文字格式意义：

$\begin{cases} \text{\ A1；} & \text{表示公差数值与尺寸数值底边距离；} \\ \text{〈〉} & \text{表示 AutoCAD 自动测量的尺寸数值；} \\ \text{\ H0.7x；} & \text{表示公差数值的字高是尺寸数值高度的 0.7 倍；} \\ \text{\ S 0^—0.1；} & \text{表示堆叠，"^"符号前的数值是上偏差 0，其后的数字是下偏差 0.1。} \end{cases}$

(2) 标注尺寸时右击，选用"多行文字"功能注写（见图 12 - 25 和图 12 - 26）。

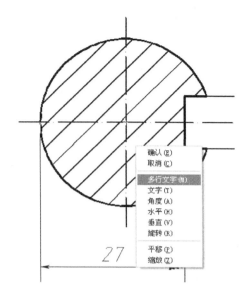

图 12 - 25

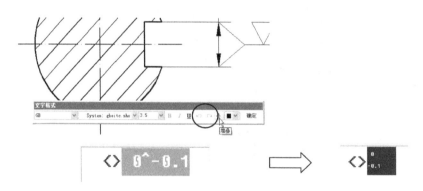

图 12 - 26

"文字格式"的 $\boxed{\frac{a}{b}}$ "字符堆叠"是对分数、公差和配合的一种_____方式。在 AutoCAD 中有 3 种字符堆叠控制符:

/(分式形式)、♯(比值形式)、^(上下排列形式,和分式类似,只少了一条横线),见图 12 - 27。

$$\phi32\,H7/h6 \quad \phi32\,\frac{H7}{h6} \quad \phi32\,H7\#h6 \quad \phi32\,{}^{H7}\!/_{h6} \quad 27\,0\,{}^{\wedge}\!-0.1 \quad 27\,{}^{0}_{-0.1}$$

图 12 - 27

4. 文字的上标和下标的注写 (见图 12 - 28)

图 12 - 28

306

通过"_____" $\frac{a}{b}$ 的方法也可创建文字的上标或下标，输入方式为"_____"或"_____"：

5. 图块的使用

（1）插入图块——Insert；

（2）分解图块——Explode；

（3）属性图块的修改操作：直接双击图块，弹出如图 12-29 所示对话框，对相应项目进行修改即可。

图 12-29

四、做一做

（1）通过查阅资料，了解零件图包含哪些内容。

（2）通过查阅资料，了解轴类零件的特点。

轴类零件一般为同轴的细长_____体。这类零件在视图表达时，只需要画出_____图，适当的_____图和尺寸标注，就可以把主要形状特征以及局部结构表达清楚。

标注尺寸时，以_____作为径向尺寸基准；_____方向的基准通常选用端面、接触面（轴肩）或加工面等。

（3）AutoCAD 绘制零件图的步骤：

1）选择符合_____的_____文件，改文件名保存；

2）插入_____属性块文件；

3）画出各视图的_____线、轴线和基准线，把各视图的位置定下，各图之间要留有充分的_____空间；

4）由主视图开始，绘制各视图主要轮廓线，注意图层的选择；

5）画出各视图上的局部特征，如倒角、螺纹孔等；

6）检查并绘制_____线；

7）标注_____，注写_____要求；

8）调整细节，检查无误后保存图形文件。

学习活动五 绘制盘盖类零件

【学习目标】

(1) 掌握 AutoCAD 快速修改零件图的方法和技巧。
(2) 绘制减速器盘盖类零件图：端盖、齿轮和垫片等。
建议学时：4 学时
学习地点：AutoCAD 实训室

【学习准备】

计算机、AutoCAD 软件、投影仪、教材、学生工作页、教学视频。

【学习过程】

一、引导问题

> 通过绘制减速器盘盖类零件图的一体化实训，
> 掌握利用已有图形绘制结构相同尺寸不同图形的
> 绘图方法，如关键点编辑、特性编辑、复制等快
> 速修改图形命令。

何为关键点？它是什么样的？如何使用？AutoCAD 和 Windows 都提供了复制命令，它们之间有区别吗？

二、任务描述

1. 提出工作任务

使用 AutoCAD 绘制减速器盘盖类零件图：端盖、齿轮和垫片等。

2. 任务讲解

(1) 存盘要求：在个人文件夹里创建一文件夹，文件夹名为减速器零件图，本次任务创建的文件均保存于此。

(2) 作业提交：将已保存的图形文件，使用"作业提交"功能上交教师机，供任课教师评改（具体操作步骤可参看桌面"教师机共享"里的"学生机作业提交"视频）。

(3) 知识点：①盘盖类零件图的特点；②利用已有图形绘制结构相同尺寸不同图形的方法。

三、做一做

(1) 通过查阅资料，了解盘盖类零件的特点。

盘盖类零件基本形状是 _____，一般有端盖、_____、_____、

_____等。它们的主要结构大体是_____，并带有各种形状的_____、均布的_____等局部结构。

选择视图时，一般选择_____或回转轴线的剖视图作为_____图，再增加其他视图，以表达零件的外形和分布结构。

标注盘盖类零件的尺寸时，通常选用通过_____的轴线作为_____尺寸基准，长度方向通常选择重要的_____。

（2）查阅资料，回答何为关键点？它的形状和颜色？

（3）查阅资料，回答关键点编辑模式有几种？如何激活关键点编辑状态？

（4）修改图形对象大小的缩放比例命令是_____，可使图形对象按指定的_____并相对于_____放大或缩小。若比例因子小于_____，_____对象；否则，放大对象。

（5）AutoCAD 的 Copy 命令和 Windows 的复制 Ctrl＋C 命令的区别：

AutoCAD 的 Copy 命令可指定任意点为图形的_____；

Windows 的复制命令 Ctrl＋C 并（能、不能）指定插入点，复制图形后，使用_____命令 Ctrl＋V 插入图形对象，其插入点位于图形_____，（还可、不可）插入不同的图形文件中。

学习活动六　绘制箱壳类零件

【学习目标】

（1）掌握 AutoCAD 绘制形状结构复杂图形的方法和技巧。

（2）绘制减速器箱壳类零件图：箱体和箱盖。

建议学时：8 学时

学习地点：AutoCAD 实训室

【学习准备】

计算机、AutoCAD 软件、投影仪、教材、学生工作页。

【学习过程】

一、引导问题

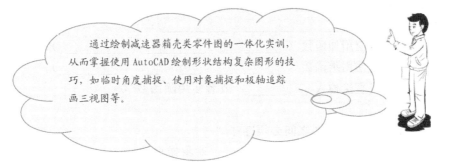

通过绘制减速器箱壳类零件图的一体化实训，从而掌握使用 AutoCAD 绘制形状结构复杂图形的技巧，如临时角度捕捉、使用对象捕捉和极轴追踪画三视图等。

二、任务描述

1. 提出工作任务

利用 AutoCAD 绘制减速器箱壳类零件图：箱体、箱盖。

2. 任务讲解

（1）存盘要求：在个人文件夹里创建一文件夹，文件夹名为减速器零件图，本次任务创建的文件均保存于此。

（2）作业提交：将已保存的图形文件，使用"作业提交"功能上交教师机，供任课教师评改（具体操作步骤可参看桌面"教师机共享"里的"学生机作业提交"视频）。

（3）知识点：①箱壳类零件图的特点；②AutoCAD 绘制形状结构复杂零件图的方法和技巧。

三、做一做

（1）通过查阅资料，了解箱壳类零件的特点。

箱壳类零件的 _____、_____ 比较复杂，一般有减速器箱体、_____、_____等。需要根据实际情况选择合适的_____、断面图、_____和斜视图等，以清晰地表达零件的_____结构。

尺寸标注方面，通常选择设计上要求的_____、_____、接触面（或加工面）、箱壳主要结构的_____等作为尺寸基准。对于箱壳上需要切削加工的部分，应尽可能按便于_____和检验的要求来标注尺寸。

（2）临时角度捕捉的角度值：_____时针方向为_____；_____时针方向为_____。

角度捕捉格式，如＜45。"＜"代表启用_____功能；"＜"和"角度值"之间（有、无）空格；"＜45"表示只能沿与_____轴正向成_____度角或_____度角方向上确定点位置。

（3）绘制"_____线超出轮廓_____mm"的命令有：

1）"_____"命令。除了能在命令行直接输入 Lengthen 使用，还能从_____菜单里点击使用。适合于细点画线（多、少）零件图，被拉长的细点画线原来的角度和方向（变、不变）；

2）关键点_____编辑模式——被拉长的细点画线不能保证原有的角度和方向，只适合于细点画线（多、少），且处于_____和_____方向的特殊情况。

（4）在 AutoCAD 命令行进行简单运算。

函数格式（_____ _____ _____）；

如计算 12＋4，使用加函数（_____ _____ _____）；

计算 23.5×3，使用乘函数（_____ _____ _____）；

计算 15÷2，可直接输入_____，或者使用除函数（_____ _____ _____）。

（5）画三视图时，各视图之间必须遵守"_____、_____、_____"的三等投影关系。AutoCAD 提供的_____、对象捕捉和_____功能可方便地保证三视图三等投影关系的精确实施。

当绘制"俯、左视图宽相等"时，应在_____视图右下角添加一条_____辅助线，请在图 12-30 中画出辅助线及各点的对应关系。

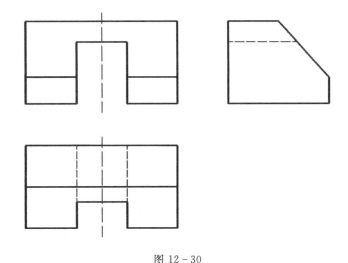

图 12-30

学习活动七　拼画减速器装配图

【学习目标】

（1）了解 AutoCAD 绘制装配图的要点。

（2）掌握 AutoCAD 中零件序号的标注。

（3）掌握利用已有零件图拼画装配图的方法和步骤。

建议学时：12 学时

学习地点：AutoCAD 实训室

【学习准备】

计算机、AutoCAD 软件、投影仪、教材、学生工作页。

【学习过程】

一、引导问题

在前面的学习活动中，我们已将减速器的非标准件的零件图绘制好，如何利用这些零件图快速无误地拼画成装配图呢？

二、任务描述

1. 提出工作任务

使用 AutoCAD 利用已有零件图拼画减速器装配图。

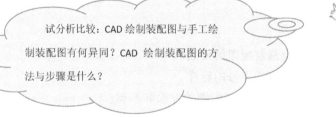

AutoCAD 绘制装配图与绘制零件图类似，只是在绘图过程中需要注意绘图顺序，而且在 AutoCAD 中还可以利用已经绘制好的零件图拼画装配图，无须从零开始一条线、一个圆地绘制，这样不仅可以提高装配图的绘制效率，还可以检验零件尺寸是否有误。

2. 任务讲解

（1）存盘要求：保存在个人文件夹里。

（2）作业提交：将已保存的图形文件，使用"作业提交"功能上交教师机，供任课教师评改（具体操作步骤可参看桌面"教师机共享"里的"学生机作业提交"视频）。

（3）知识点：①绘制装配图的基本方法；②利用已有零件图拼画装配图的方法和步骤。

三、知识链接

试分析比较：CAD 绘制装配图与手工绘制装配图有何异同？CAD 绘制装配图的方法与步骤是什么？

1. AutoCAD 绘制装配图的方法

（1）直接绘制；

（2）利用已有零件图拼画；

（3）混合绘制（先将绘制好的部分零件图拼画起来，然后根据装配关系绘制其他零件）。

2. 利用已有零件图拼画装配图的方法和步骤

参与装配的零件可分为_____和_____。对_____应用已绘制完成的零件图；对_____则无须画零件图，可通过建立图库，即创建_____，随用随调。

零件在装配图中的表达与在零件图（相同、不尽相同），应先对零件图做以下调整：

（1）统一各零件的绘图_____，_____尺寸所在的_____；

（2）在每个零件图中选取画装配图时需要的_____，一般还要根据需要改变表达方法，如把零件图中的_____改为装配图中所需的局剖视图，而对被遮挡的部分则需

312

要进行_____等；

（3）将上述处理好的各零件图使用_____命令，粘贴到装配图；

（4）使用_____命令将零件图组合起来；

（5）按照装配图的规定画法，调整细节。

四、做一做

（1）AutoCAD 中零件序号标注，可使用_____命令，试叙述快速引线标注样式设置过程？

（2）简述利用已有图形拼画减速器装配图的步骤。

（3）简述利用已有零件图拼画装配图的优点。

学习活动八　图形文件的输出

【学习目标】

（1）了解模型空间和图纸空间出图的区别。

（2）掌握 AutoCAD 打印图形文件的方法和步骤。

建议学时：2 学时

学习地点：AutoCAD 实训室

【学习准备】

计算机、AutoCAD 软件、投影仪、教材、学生工作页。

【学习过程】

一、引导问题

如何设置打印参数，使 AutoCAD 规范出图？

使用 AutoCAD 绘图的最终目的 —— 打印出图。
AutoCAD 具有强大的打印功能，可以将图形文件输出到打印机、绘图仪进行打印，还可输出成其他电子文档格式，方便信息交流。

二、任务描述

1. 提出工作任务

使用 AutoCAD 打印图形。

2. 任务讲解

（1）了解模型空间和图纸空间出图的区别。

（2）AutoCAD 打印图形步骤。

（3）打印参数的设置。

三、做一做

（1）通过查阅资料，回答采用原值比例（1∶1）进行 CAD 绘图的好处。

（2）通过查阅资料，了解在 AutoCAD 里设置图形界限的作用。

（3）一个 AutoCAD 图形文件中可以绘制一张工程图，也可以绘制_____工程图。当一个图形文件中只绘制一张工程图时，通常基于"_____"输出图形；当一个图形文件绘制了_____工程图，则应通过"_____"输出图形。

（4）"_____"扩展名文件为 AutoCAD 内部打印机；_____打印样式可将颜色打印为_____。

（5）打印比例：_____的比值。当测量单位为_____，打印比例设为 1∶2 时，表示图纸上 1mm 代表_____个图形单位。

（6）设置打印区域方式有_____种，它们分别是：

_____

（7）打印预览完毕后，按_____或_____键可返回【打印】对话框。

（8）试述 AutoCAD 打印图形步骤。

（9）试述保存打印设置的操作过程。

学习活动九　工作总结、展示与评价

【学习目标】

（1）掌握总结报告的格式与写法，独立撰写工作总结。

（2）了解 PPT 的制作方法。

（3）展示工作成果并进行工作总结。

建议学时：2 学时

学习地点：AutoCAD 实训室

【学习准备】

计算机、AutoCAD 软件、投影仪、教材、学生工作页。

【学习过程】

一、引导问题

你能通过 PPT 制作，把使用 AutoCAD 拼画减速器装配图综合实训的工作过程及工作成果展示出来吗？

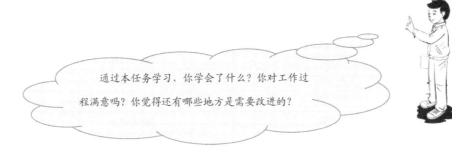

通过本任务学习，你学会了什么？你对工作过程满意吗？你觉得还有哪些地方是需要改进的？

二、任务描述

1. 提出工作任务

总结报告书写格式、PPT 演示文稿制作方法。

2. 任务讲解

配合多媒体课件，介绍高年级优秀生的 PPT 总结报告，指导学生自评、互评，独立撰写工作总结报告，讲授演讲技巧，指导学生展示、汇报学习成果。

三、做一做

(1) 你准备通过什么样的形式来展示你的工作成果？

(2) 你对工作过程满意吗？你觉得还有哪些地方是需要改进的？

(3) 试通过网络或书本知识的学习，概括总结你整个学习过程的收获与感受。

四、工作总结报告（见表 12－7）

表 12－7

一体化课程名称	机械技术基础——机械制图与零件测绘		
任务	CAD 二维绘图——绘制减速器零件图与装配图		
姓　名		地　点	
班　级		时　间	
学习目的			
学习流程与活动			
收获与感受			

【评价与分析】

评价方式：自我评价、小组评价、教师评价，结果请填写在表 12－8 中。

任务十二：CAD 二维绘图——绘制减速器零件图与装配图　考核评分标准表

表 12－8

序号	项目	项目配分	子项	子项配分	表现结果	评分标准	自我评价	小组评价	教师评价
1	纪律	12	迟到	1		违规不得分			
			走神	1		违规不得分			
			早退	1		违规不得分			
			串岗	1		违规不得分			
			旷课	6		违规不得分			
			其他（玩手机）	2		违规不得分			
2	安全文明	10	衣着穿戴	2		不合格不得分			
			行为秩序	2		不合格不得分			
			6S	6		每S至少扣1分			
3	学习过程	8	学习主动	4		酌情扣分至少扣1分			
			协作精神	4		酌情扣分至少扣1分			
4	课题项目	70	完成学习活动一工作页	5		酌情扣分至少扣1分			
			完成学习活动二工作页	10		酌情扣分至少扣2分			
			完成学习活动三工作页	10		酌情扣分至少扣2分			
			完成学习活动四工作页	8		酌情扣分至少扣2分			
			完成学习活动五工作页	8		酌情扣分至少扣2分			
			完成学习活动六工作页	8		酌情扣分至少扣2分			
			完成学习活动七工作页	12		酌情扣分至少扣2分			
			完成学习活动八工作页	5		酌情扣分至少扣1分			
			完成学习活动九工作页	4		酌情扣分至少扣1分			
5	总分	100							

学习任务十三

CAD 三维实体造型——绘制减速器零件

【学习目标】

(1) 掌握三维造型的基础知识。

(2) 掌握 AutoCAD 创建 3D 实体的方法及操作步骤。

(3) 掌握 AutoCAD 编辑 3D 对象的方法与技巧。

(4) 掌握 AutoCAD 渲染模型方法。

(5) 了解 AutoCAD 视口组成，掌握将三维模型投影成二维视图的命令的使用方法。

【建议课时】

40 学时

【工作流程与活动】

学习活动一：领取任务、查阅资料、制订工作计划　　　　　　　2 学时
学习活动二：三维绘图基础　　　　　　　　　　　　　　　　　2 学时
学习活动三：创建 3D 实体及曲面　　　　　　　　　　　　　　8 学时
学习活动四：编辑 3D 对象　　　　　　　　　　　　　　　　　8 学时
学习活动五：渲染模型　　　　　　　　　　　　　　　　　　　4 学时
学习活动六：将三维模型投影成二维视图　　　　　　　　　　　4 学时
学习活动七：打印图形　　　　　　　　　　　　　　　　　　　4 学时
学习活动八：编辑减速器零件　　　　　　　　　　　　　　　　6 学时
学习活动九：工作总结、展示与评价　　　　　　　　　　　　　2 学时

【工作情景描述】

在生产实践中，为了推广和学习先进技术，某企业要求我们仿制和改造一减速器设备，现需对减速器装配体进行实物测量，将手工绘制的零件图和装配图，使用计算机绘图软件 AutoCAD 绘制成三维实体模型。

学习活动一　领取任务书、查阅资料、制订工作计划

【学习目标】

(1) 解读任务书，描述 CAD 三维实体造型的学习任务。

（2）制订工作计划书。

建议学时：2 学时

学习地点：AutoCAD 实训室

【学习准备】

计算机、AutoCAD 软件、投影仪、教材、学生工作页、PPT。

【学习过程】

一、引导问题

我们在接到一个工作任务以后，为了完成这个任务，我们需要完成哪些方面的知识储备？

前面任务的学习，我们已经掌握了使用 AutoCAD 绘制单级圆柱直齿轮减速器零件图与装配图的方法和步骤，但平面图纸有一个严重的缺陷——不能直观地展现零件结构和立体效果。

AutoCAD 除具有强大的二维绘图功能外，还具备三维造型能力。本任务通过对减速器的三维建模，使大家对利用AutoCAD 进行三维设计有一个更清晰的认识。

二、任务描述

1. 提出工作任务

AutoCAD 制作减速器三维实体模型。

2. 任务讲解

（1）三维造型基础知识；

（2）创建 3D 实体及曲面；

（3）编辑 3D 对象；

（4）渲染模型；

（5）将三维模型投影成二维视图；

（6）打印图形；

（7）编辑减速器零件；

（8）工作总结、展示与评价。

三、做一做

（1）查阅资料、分析减速器图纸，回答以下问题：

1）减速器由 _____ 种零件组成，其中标准件有 _____ 种，非标准件有

_____ 种；

2）轴类零件：_____；

盘盖类零件：JSJ－02 反光片、＿＿＿＿＿＿＿＿＿＿＿、＿＿＿＿＿＿＿＿＿＿＿＿；

箱壳类零件：＿＿＿＿＿＿＿＿＿＿＿＿＿＿＿＿＿＿＿＿＿；

标准件：＿＿＿＿＿＿＿＿＿＿＿＿、＿＿＿＿＿＿＿＿＿＿＿。

（2）AutoCAD 保存立体模型和平面图形的文件后缀名（是、否）一样。

（3）请列举 AutoCAD 三维造型功能的工具栏：

＿＿＿＿＿＿＿＿＿＿＿＿＿＿＿＿＿＿＿＿＿＿＿＿＿＿＿＿＿＿＿＿＿＿＿＿

＿＿＿＿＿＿＿＿＿＿＿＿＿＿＿＿＿＿＿＿＿＿＿＿＿＿＿＿＿＿＿＿＿＿＿＿

＿＿＿＿＿＿＿＿＿＿＿＿＿＿＿＿＿＿＿＿＿＿＿＿＿＿＿＿＿＿＿＿＿＿＿＿

＿＿＿＿＿＿＿＿＿＿＿＿＿＿＿＿＿＿＿＿＿＿＿＿＿＿＿＿＿＿＿＿＿＿＿＿

（4）解读使用 AutoCAD 制作减速器立体模型的工作目标，并制订工作计划书（见表 13－1）。

表 13－1

任务十三	CAD 三维实体造型——绘制减速器零件		
工作目标			
活　动	学习内容与执行步骤	课时分配	总课时
学习活动一			
学习活动二			
学习活动三			
学习活动四			
学习活动五			
学习活动六			
学习活动七			
学习活动八			

学习活动二　三维绘图基础

【学习目标】

（1）了解右手定则——笛卡尔坐标系，熟悉 AutoCAD 坐标系。

（2）了解 AutoCAD 三维模型类型，掌握观察、消隐和着色等操作。

（3）掌握基本体的创建方法和操作。

（4）熟悉布尔运算的使用方法与操作。

建议学时：2 学时

学习地点：AutoCAD 实训室

【学习准备】

计算机、AutoCAD 软件、投影仪、教材、学生工作页、教学视频、PPT。

【学习过程】

一、引导问题

毕竟三维建模与二维绘图有所不同，使用 AutoCAD 制作单级圆柱直齿轮减速器零件的实体模型，需要具备哪些三维造型基础知识？

> 在机械设计领域，三维图形的应用越来越广泛，若零件并无复杂的外表曲面或多变的空间结构，AutoCAD 可以使用基本体结合布尔运算的方法很方便地创建其三维模型。

二、任务描述

1. 提出工作任务

三维绘图基础。

2. 任务讲解

（1）存盘要求。在桌面的"存盘位置"里创建个人文件夹，文件夹名以学生姓名命名（今后如无特殊要求，后续学习活动绘制的图形文件均按要求保存在个人文件夹里）。

（2）作业提交。将已保存的图形文件，使用"作业提交"功能上交教师机，供任课教师评改（具体操作步骤可参看桌面"教师机共享"里的"学生机作业提交"视频）。

（3）知识点：

①右手定则——笛卡尔坐标系；②AutoCAD 坐标系和类型；③AutoCAD 三维模型类型；④观察三维模型的方法和操作；⑤三维模型消隐和着色操作；⑥基本体种类和创建方法；⑦布尔运算类型和使用方法。

三、做一做

（1）试回答何为右手定则，并在图 13-1 中标示：

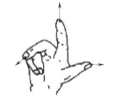

右手大拇指代表＿＿＿＿轴＿＿＿＿向

食指代表＿＿＿＿＿轴＿＿＿＿向

中指代表＿＿＿＿＿轴＿＿＿＿向

图 13-1

（2）AutoCAD 坐标系有＿＿＿＿＿＿＿＿＿＿＿＿＿＿＿＿＿＿＿＿＿＿＿＿＿＿＿＿＿

它们之间的区别是：

＿＿＿

（3）AutoCAD 三维模型有_____种，分别是_____。

（4）AutoCAD 观察三维模型的方法有哪些？

（5）AutoCAD 基本体有_____种，分别是_____。

（6）AutoCAD 布尔运算类型有：_____。

（7）使用基本体＋布尔运算命令制作酒杯、骰子和连接体的三维模型：

1）酒杯、骰子等图纸存放在"教师机共享"里"三维绘图基础练习"文件夹里；

2）在个人文件夹里创建名为基本体造型的新文件夹，所有立体图形文件均保存于此；

3）文件名分别保存为酒杯.dwg、骰子.dwg 和连接体.dwg。

（8）使用基本体＋布尔运算命令制作 JSJ－25 从动轴的三维模型：

在个人文件夹里创建名为减速器三维造型的新文件夹，文件名为 25－从动轴.dwg。

学习活动三　创建 3D 实体及曲面

【学习目标】

（1）掌握面域的创建方法和操作。

（2）掌握 AutoCAD 创建盘盖类零件的方法和操作。

（3）掌握 AutoCAD 创建回转体的方法和操作。

建议学时：8 学时

学习地点：AutoCAD 实训室

【学习准备】

计算机、AutoCAD 软件、投影仪、教材、学生工作页、教学视频。

【学习过程】

一、引导问题

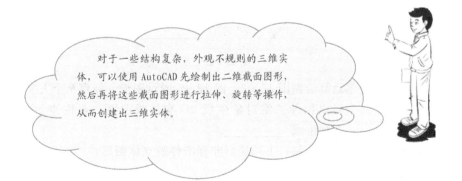

对于一些结构复杂，外观不规则的三维实体，可以使用 AutoCAD 先绘制出二维截面图形，然后再将这些截面图形进行拉伸、旋转等操作，从而创建出三维实体。

二、任务描述

1. 提出工作任务

创建 3D 实体及曲面。

2. 任务讲解

（1）存盘要求。在个人文件夹里创建名为减速器三维造型的新文件夹，本次学习活动创建的立体图形文件均保存于此。

（2）作业提交。将已保存的图形文件，使用"作业提交"功能上交教师机，供任课教师评改（具体操作步骤可参看桌面"教师机共享"里的"学生机作业提交"视频）。

（3）知识点：①面域概念及其创建方法和操作；②创建 UCS 的方法和操作；③AutoCAD 创建盘盖类零件的方法和操作；④AutoCAD 创建回转体的方法和操作。

三、做一做

（1）面域是指 _____ 的 _____ 图形，由 _____、_____、_____ 及样条曲线等对象组成，但应保证相邻对象间 _____ 的端点，否则 _____ 创建。

（2）面域造型的特点是_____，当图形边界比较复杂时，这种作图方法的效率是很高的。要采用这种方法作图，首先_____，以确定应生成哪些面域对象，然后_____。

（3）指出图 13-2 具有_____个面域，试画出该图形执行"并"、"差"、"交"布尔运算后的结果。

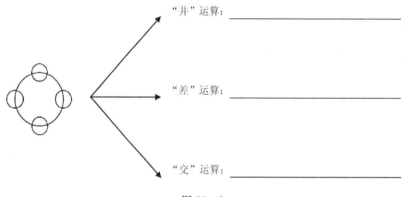

"并"运算：_____

"差"运算：_____

"交"运算：_____

图 13-2

（4）利用面域及布尔运算绘制图 13-3、图 13-4 所示图形，保存至个人文件夹里。

（5）_____命令可以拉伸二维对象生成 3D 实体或曲面，若拉伸_____对象，则生成_____，否则生成_____。

（6）使用面域＋拉伸命令绘制以下减速器非标准件的立体图形：

【零件图号】

JSJ－02 反光片　JSJ－03 垫片　JSJ－04 油位指示片　JSJ－05 油标盖

JSJ－11 视孔盖垫片　JSJ－12 视孔盖　JSJ－20 轴套　JSJ－21 齿轮

JSJ－23，32 透盖　JSJ－27，33 闷盖　JSJ－29 挡油环　JSJ－26，35 调整环

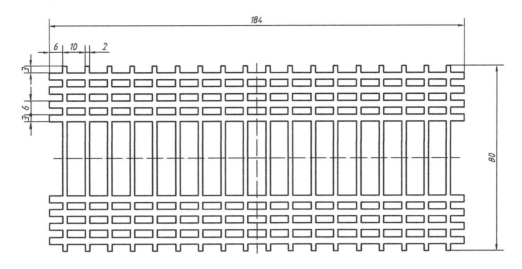

图 13-3

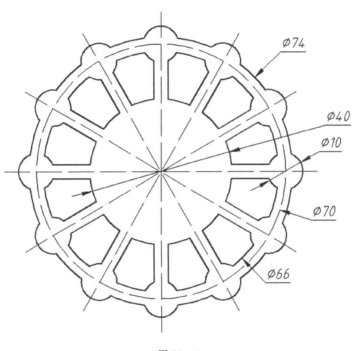

图 13-4

【绘图要求】

文件名命名为图号一零件名.dwg，保存在减速器三维造型文件夹里。

（7）_____命令可以旋转二维对象生成 3D 实体或曲面。通过选择_____、指定两点或_____、轴来确定旋转轴。

（8）使用面域＋旋转命令绘制以下减速器非标准件的立体图形：

【零件图号】

JSJ—14 透气塞　JSJ—19 螺塞　JSJ—30 齿轮轴

【绘图要求】

文件名命名为图号—零件名 .dwg，保存在减速器三维造型文件夹里。

学习活动四　编辑 3D 对象

【学习目标】

（1）掌握 AutoCAD 三维编辑操作。

（2）了解 AutoCAD 二维与三维编辑操作的异同。

（3）掌握 UCS 的创建方法和操作。

建议学时：8 学时

学习地点：AutoCAD 实训室

【学习准备】

计算机、AutoCAD 软件、投影仪、教材、学生工作页、教学视频、PPT。

【学习过程】

一、引导问题

丰富且功能强大的编辑命令使 AutoCAD 的设计能力变得更强，对于二维平面绘图常用的编辑命令，如 Move、Copy、Mirror 等，这些命令当中只有一些适用于三维对象，因此掌握 AutoCAD 三维编辑操作命令，对于三维建模是非常重要的。

二、任务描述

1. 提出工作任务

编辑 3D 对象。

2. 任务讲解

（1）作业提交。将已保存的图形文件，使用"作业提交"功能上交教师机，供任课教师评改（具体操作步骤可参看桌面"教师机共享"里的"学生机作业提交"视频）。

（2）AutoCAD 三维操作命令：①3D 阵列；②3D 镜像；③3D 旋转；④对齐；⑤UCS 的创建方法和操作。

(1) UCS 命令用于创建＿＿＿＿＿坐标系，与固定的世界坐标系不同，用户坐标系可以＿＿＿＿＿和＿＿＿＿＿，可以设定三维空间的任意一点为＿＿＿＿＿。

(2) 绘制图 13-5、图 13-6 所示图形，保存至个人文件夹里。

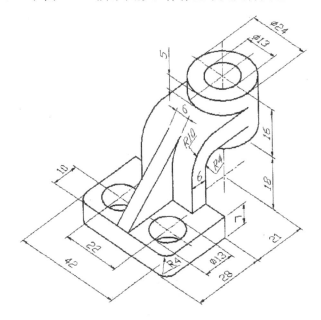

图 13-5

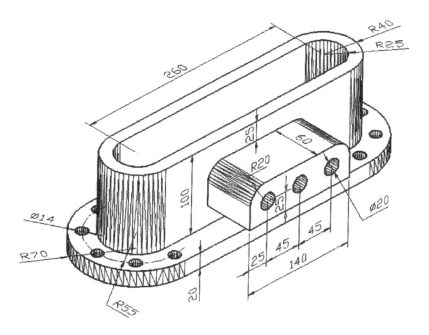

图 13-6

学习活动五　渲染模型

【学习目标】

(1) 了解 AutoCAD 三维模型的着色模式。
(2) 了解 AutoCAD 渲染模型的方式。
建议学时：4 学时
学习地点：AutoCAD 实训室

【学习准备】

计算机、AutoCAD 软件、投影仪、教材、学生工作页。

【学习过程】

一、引导问题

为了使机械零件的三维模型更具有立体感和真实感，可以使用 AutoCAD 的着色和渲染功能。
渲染的一般过程是添加光源、设定光源特性、给模型附着材质及制定渲染背景。

二、任务描述

1. 提出工作任务
渲染模型。

2. 任务讲解

(1) 作业提交：将已保存的图形文件，使用"作业提交"功能上交教师机，供任课教师评改（具体操作步骤可参看桌面"教师机共享"里的"学生机作业提交"视频）。

(2) 知识点：①着色模式及其操作；②渲染方式及其操作。

三、做一做

(1) 通过查找资料，了解 AutoCAD 的渲染方式有哪几种。

(2) 对减速器非标准件进行渲染并设置灯光、材质、背景和贴图，完成后以原名保存。

学习活动六　将三维模型投影成二维视图

【学习目标】

掌握 AutoCAD 将三维模型投影成二维视图的方法。

建议学时：4 学时

学习地点：AutoCAD 实训室

【学习准备】

计算机、AutoCAD 软件、投影仪、教材、学生工作页、教学视频。

【学习过程】

一、引导问题

AutoCAD 的图纸布局功能强大，可将绘制好的三维模型生成二维视图。

当进入图纸空间后，创建多个视口以形成不同视图，调整各视图位置及缩放比例并标注尺寸，这样就形成了一张完整的平面图纸。

二、任务描述

1. 提出工作任务

将三维模型投影成二维视图。

2. 任务讲解

（1）作业提交：将已保存的图形文件，使用"作业提交"功能上交教师机，供任课教师评改（具体操作步骤可参看桌面"教师机共享"里的"学生机作业提交"视频）。

（2）知识点：①SolView 命令创建视图；②根据三维模型生成二维视图并标注尺寸的操作步骤。

三、做一做

（1）在 AutoCAD 的图纸空间，如何由三维模型生成二维投影图？

（2）给图纸空间上的视图标注尺寸的方法有哪些？

学习活动七　打印图形

【学习目标】

(1) 了解模型空间和图纸空间出图的区别。

(2) 掌握 AutoCAD 打印图形文件的方法和步骤。

建议学时：4 学时

学习地点：AutoCAD 实训室

【学习准备】

计算机、AutoCAD 软件、投影仪、教材、学生工作页。

【学习过程】

一、引导问题

如何设置打印参数，使 AutoCAD 规范出图，如何操作？

使用 AutoCAD 绘图的最终目的 —— 打印出图。AutoCAD 具有强大的打印功能，可以将图形文件输出到打印机、绘图仪进行打印，还可输出成其他电子文档格式，方便信息交流。

二、任务描述

1. 提出工作任务

使用 AutoCAD 打印图形。

2. 任务讲解

(1) 了解模型空间和图纸空间出图的区别。

(2) AutoCAD 打印图形步骤。

(3) 打印参数的设置。

三、做一做

(1) 设置完打印参数后，应如何保存以便再次使用？

(2) 从模型空间出图时，怎样将不同绘图比例的图纸放在一起打印？

学习活动八　编辑减速器零件

【学习目标】

了解和掌握 AutoCAD 编辑实心体的表面、棱边和整体的专用命令。

建议学时：6 学时

学习地点：AutoCAD 实训室

【学习准备】

计算机、AutoCAD 软件、投影仪、教材、学生工作页。

【学习过程】

一、引导问题

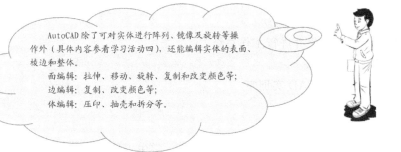

AutoCAD 除了可对实体进行阵列、镜像及旋转等操作外（具体内容参看学习活动四），还能编辑实体的表面、棱边和整体。

面编辑：拉伸、移动、旋转、复制和改变颜色等；

边编辑：复制、改变颜色等；

体编辑：压印、抽壳和拆分等。

二、任务描述

1. 提出工作任务

编辑减速器零件。

2. 任务讲解

(1) 认识【实体编辑】工具栏（见表 13-2）。

(2) 掌握实心体的面、边和体的编辑操作。

表 13-2　　　　　　　　　　【实体编辑】工具栏命令按钮的功能

命令按钮	功能描述	命令按钮	功能描述
◎	"并" 运算	◙	
◎		◙	将实体表面修改颜色，以增强着色效果或是便于根据颜色附着材质

命令按钮	功能描述	命令按钮	功能描述
⊚		⟨□	
▱		▯	
▱⁺	移动实体表面	▱	
▱		▮	清理实体中多余的棱边、顶点等。
▱		▯	
▱		▱	
▱	沿指定方向使实体表面产生锥度	♫	

学习活动九　工作总结、展示与评价

【学习目标】

（1）掌握总结报告的格式与写法，独立撰写工作总结。

（2）了解 PPT 的制作方法。

（3）展示工作成果并进行工作总结。

建议学时：2 学时

学习地点：AutoCAD 实训室

【学习准备】

计算机、AutoCAD 软件、投影仪、教材、学生工作页。

【学习过程】

一、引导问题

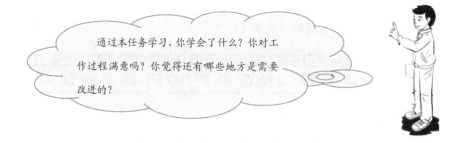

通过本任务学习，你学会了什么？你对工作过程满意吗？你觉得还有哪些地方是需要改进的？

二、任务描述

1. 提出工作任务

总结报告书写格式、PPT 演示文稿制作方法。

2. 任务讲解

配合多媒体课件，介绍高年级优秀生的 PPT 总结报告，指导学生自评、互评，独立

330

撰写工作总结报告，讲授演讲技巧，指导学生展示、汇报学习成果。

三、做一做

（1）你准备通过什么样的形式来展示你的工作成果？

（2）你对工作过程满意吗？你觉得还有哪些地方是需要改进的？

（3）试通过网络或书本知识的学习，概括总结你整个学习过程的收获与感受。

四、工作总结报告（见表 13-3）

表 13-3

一体化课程名称	机械技术基础——机械制图与零件测绘		
任　务	CAD三维绘图——绘制减速器零件		
姓　名		地　点	
班　级		时　间	
学习目的			
学习流程与活动			
收获与感受			

【评价与分析】

评价方式：自我评价、小组评价、教师评价，结果请填写在表 13-4 中。

任务十三：CAD三维实体造型——绘制减速器零件　考核评分标准表

表 13-4

序号	项目	项目配分	子　项	子项配分	表现结果	评分标准	自我评价	小组评价	教师评价
1	纪律	12	迟　到	1		违规不得分			
			走　神	1		违规不得分			
			早　退	1		违规不得分			
			串　岗	1		违规不得分			
			旷　课	6		违规不得分			
			其他（玩手机）	2		违规不得分			

序号	项目	项目配分	子 项	子项配分	表现结果	评分标准	自我评价	小组评价	教师评价
2	安全文明	10	衣着穿戴	2		不合格不得分			
			行为秩序	2		不合格不得分			
			6S	6		每S至少扣1分			
3	学习过程	8	学习主动	4		酌情扣分至少扣1分			
			协作精神	4		酌情扣分至少扣1分			
4	课题项目	70	完成学习活动一工作页	4		酌情扣分至少扣1分			
			完成学习活动二工作页	10		酌情扣分至少扣2分			
			完成学习活动三工作页	10		酌情扣分至少扣2分			
			完成学习活动四工作页	8		酌情扣分至少扣2分			
			完成学习活动五工作页	8		酌情扣分至少扣2分			
			完成学习活动六工作页	8		酌情扣分至少扣2分			
			完成学习活动七工作页	8		酌情扣分至少扣2分			
			完成学习活动八工作页	10		酌情扣分至少扣2分			
			完成学习活动九	4		酌情扣分至少扣1分			
5	总分	100							

附　录
实训相关规定

一、实训学员守则

<table>
<tr><td colspan="6" align="center">珠海市高级技工学校</td></tr>
<tr><td>文件名称</td><td>实训学员守则</td><td>编写日期</td><td colspan="3">2011 年 8 月</td></tr>
<tr><td>文件编号</td><td>JXJC—01</td><td>版次</td><td>A0</td><td>组号</td><td></td></tr>
<tr><td>目的</td><td colspan="5">为使学员养成良好的工作习惯，规范学员日常行为，培养学员职业素养，确保实训正常进行，提高实训质量，特制定本守则</td></tr>
<tr><td>适用范围</td><td colspan="5">公差实训室、机械制图实训室、机械原理实训室、CAD/CAM 机房</td></tr>
<tr><td>责任部门</td><td colspan="5">机械技术系 机械技术基础教研室</td></tr>
<tr><td>内容</td><td colspan="5">
1. 学员在实训前须接受实训室规章制度及安全文明生产教育，否则不准参加实训
2. 学员在进入实训室前须按规定穿戴好工作服、鞋帽，否则不准进入实训车间，并作旷课处理
3. 实训前，在班主任及实训教师指导下做好分组工作，并选出组长
4. 实训期间，学员必须严格遵守出勤制度，不得无故迟到、早退或无故离岗，请假必须填写《学员请假单》，经实训指导教师或班主任批准后方为有效，否则作旷课处理
5. 实训期间，学员必须严格听从实训指导教师的安排，不许做与实训内容无关的事情
6. 实训期间，不允许看报纸、杂志、小说等与实训无关的书籍、资料
7. 实训期间，不允许带早餐、零食等进入实训场
8. 实训期间，不允许带手机、游戏机、MP3、MP4 进入实训场内，不允许使用充电器
9. 实训期间，不允许趴在或倚靠在课桌、工具柜
10. 实训期间，各学员必须注重安全文明生产，严禁在实训场内追逐打闹
11. 实习期间，各学员必须遵守 6S 相关规定，自觉维护良好的实训工作环境
12. 上、下午实训课结束后，各组学员按指定地点集合，值日生考勤，实训教师宣布下课后方可离开
13. 每周五下午结束实训前半小时，由值日生安排全体学员进行卫生大扫除
</td></tr>
<tr><td>核准</td><td></td><td>审核</td><td></td><td>责任人</td><td></td></tr>
</table>

二、实训室工具量具管理规则

<table>
<tr><td colspan="6" align="center">珠海市高级技工学校</td></tr>
<tr><td>文件名称</td><td>实训室工具量具管理规则</td><td>编写日期</td><td colspan="3">2011 年 8 月</td></tr>
<tr><td>文件编号</td><td>JXJC—02</td><td>版次</td><td>A0</td><td>组号</td><td></td></tr>
<tr><td>目的</td><td colspan="5">为使学员养成良好的工作习惯，规范工具量具的使用，培养学员的责任心，确保实训的正常进行，特制定本规则</td></tr>
</table>

适用范围	公差实训室、机械制图实训室、机械原理实训室
责任部门	机械技术系 机械技术基础教研室
内容	1. 实训室按每组配备相应的工具量具一批（附清单），不得随意挪动或调乱 2. 学员在开始实训时在指导教师处领取工具量具，学员在确认各物品完好无损及数量、规格型号无异议后在《工具量具领用单》上签名；实训完成后，经指导教师检验确认后归还，并在《工具量具领用单》上签名 3. 在实训过程中，小组各成员共同使用工具量具，各成员必须爱护公物，规范使用工具量具 4. 学员应严格按照相关规程保管、放置、使用工具量具。每次使用完工具量具后要按照实训室规定对工具量具进行清洁，保养并放入盒内，不得随意摆放 5. 实训结束后，各组应按《量具保养规程》对量具进行保养 6. 对于管理不善、保养不良、使用不当的学员，视情节轻重分别给予相应的处罚 7. 工具量具因人为因素损坏或丢失，由小组成员共同照价赔偿

核准		审核		责任人	

三、实训室值日生职责

珠海市高级技工学校

文件名称	实训室值日生职责	编写日期		2011 年 8 月
文件编号	JXJC—03	版次	A0	组号	
目的	为培养学员良好的工作习惯及工作规范，维护实训环境，确保实训的正常进行，特制定本规程			
适用范围	公差实训室、机械制图实训室、机械原理实训室、CAD/CAM 机房			
责任部门	机械技术系 机械技术基础教研室			
内容	1. 值日生以小组为单位，各小组轮流担任，组长统筹安排组员当天值日工作 2. 负责检查实训学员出勤情况，每天上下班时负责集合全体学员考勤点名，做好记录并报告实训指导教师 3. 负责批准实训学员的临时离岗申请，发放和收回离岗卡（同一时间只允许一人离岗），并同时做好记录 4. 在实训过程中和实训完成后，检查实训学员 6S 执行情况，并做好记录 5. 随时对违反学校及实训室规章制度的实训学员提出警告并做好记录 6. 上、下午实训结束后，负责清洁清扫教学场及公共卫生责任区，负责关窗、关门，整理公共使用的设备、工具，由值日生组长负责监督实施 7. 每天实训结束后，及时更新实训管理看板，如实填写每天的实训情况 8. 每周五下午负责组织、带领全体学员进行大扫除 9. 每天上午班前开会，汇报、点评前一天 6S 检查情况及违章违纪情况			

核准		审核		责任人	

四、实训室 6S 标准

珠海市高级技工学校

文件名称	实训室 6S 标准		编写日期		2011 年 8 月	
文件编号	JXJC—04		版次	A0	组号	
目的	为了培养学员良好的工作习惯，培养学员的责任心，建立良好的工作环境，确保实训的正常进行，特制定本规程					
适用范围	公差实训室、机械制图实训室、机械原理实训室、CAD/CAM 机房					
责任部门	机械技术系 机械技术基础教研室					
内容	1. 地面通道必须顺畅无物品堆放 2. 墙壁与天花板无手脚印，无蜘蛛网，无乱涂乱画，悬挂物品整齐，端正 3. 灯管、电扇、开关盒等无异常，无灰尘，电线、开关盒、线槽紧固，关紧 4. 值日生在放学时必须断电、断水、关门、关窗 5. 玻璃明亮、无积尘，窗帘、窗台干净无尘，无玻璃破损 6. 桌面资料、用具摆放整齐，有规律；桌子、椅子按照规定的位置摆好；计算机设备用后必须关机，做好清洁工作 7. 垃圾桶必须每日清除，保持干净 8. 看板无破损、脏污或内容过期，看板资料填写完整，整齐，有明确管理责任人 9. 工作台/电脑桌台面整齐、有序，无灰尘、油污、水渍 10. 灭火、消防器材随时保持使用状态，并标识显明悬挂位置，定期检验，专人负责，灭火设施前方无障碍物					
核准		审核		责任人		

五、书籍、资料管理规则

珠海市高级技工学校

文件名称	书籍、资料管理规则		编写日期		2011 年 8 月	
文件编号	JXJC—05		版次	A0	组号	
目的	为使学员养成良好的工作习惯，规范书籍、资料的使用，培养学员的责任心及自主学习的积极性，特制定本规则					
适用范围	公差实训室、机械制图实训室、机械原理实训室、CAD/CAM 机房					
责任部门	机械技术系 机械技术基础教研室					
内容	1. 实训室根据本实训室要求配备资料柜及相应的书籍、资料一批（附清单），不得随意挪动或调乱 2. 学员在开始实训时在指导教师处按需领取书籍、资料，学员在确认各物品完好无损及数量、编号、版本无异议后在《书籍、资料领用单》上签名；实训完后，经指导教师检验确认无误后归还，并在《书籍、资料领用单》上签名 3. 在实训过程中，小组各成员共同使用书籍、资料，各成员必须爱护公物，不得在书籍、资料上乱涂、乱写、乱画 4. 学员每次使用完后应清洁、整理好书籍、资料，不得随意摆放 5. 资料柜内不得放置其他任何物品，如工件、工量具、书包、手机等，否则作没收处理 6. 资料柜必须时刻保持干净、整洁 7. 对于管理不善、使用不当、乱涂、乱写、乱画的学员，视情节轻重分别给予相应的处罚 8. 资料柜及书籍、资料因人为因素损坏或丢失，由小组成员共同照价赔偿					
核准		审核		责任人		

六、公差实训室管理制度

珠海市高级技工学校

文件名称	公差实训室管理制度	编写日期		2011 年 8 月	
文件编号	JXJC－06	版次	A0	组号	
目的	为了培养学员良好的工作习惯，培养学员的责任心，建立良好的工作环境，确保实训的正常进行，特制定木规程				
适用范围	公差实训室				
责任部门	机械技术系 机械技术基础教研室				
内容	1. 按规定的时间到实验室，除与本次的实验有关的书籍和文具外，其他物品不得携入室内 2. 不准穿短裤、背心、拖鞋等进入实训室 3. 实验室内保持整洁、安静，严禁吸烟、乱扔纸屑和废棉花，不得随地吐痰 4. 实训之前，应在老师的指导下，了解量具量仪的结构和调整、使用方法 5. 实训时，须经教师同意后方可使用量具量仪。在接通电源时，要特别注意量仪所要求的电压，实验中要严肃认真，按规定的操作步骤进行测量，记录数据。操作要仔细，切勿用手触摸量具量仪的工作表面和光学镜片 6. 爱护实验设备，节约使用消耗性用品。若量具量仪发生故障，应立即报告教师进行处理，不得自行拆修 7. 不得动用或触摸与本次实验无关的量具量仪 8. 量具量仪的精密金属表面（如量块、量仪工作台、顶尖等）和被测工件，使用前要用优质汽油洗净，再用棉花擦干。使用后要再次清洁这些表面，并均匀涂上防锈油 9. 不遵守实验室规则且经批评仍不改正者，教师有权停止其实验。如情节严重，对实验设备造成损坏者，应负赔偿责任，并给予处分 10. 离开实训室时，值日生需按照《实训室 6S 标准》整理实训室，并做好登记				
核准		审核		责任人	

七、机械制图/机械原理实训室管理制度

珠海市高级技工学校

文件名称	机械制图/机械原理实训室管理制度	编写日期		2011 年 8 月	
文件编号	JXJC－07	版次	A0	组号	
目的	为了培养学员良好的工作习惯，培养学员的责任心，建立良好的工作环境，确保实训的正常进行，特制定本规程				
适用范围	机械制图实训室、机械原理实训室				
责任部门	机械技术系 机械技术基础教研室				
内容	1. 按规定的时间到实验室，除与本次的实验有关的书籍和文具外，其他物品不得携入室内 2. 不准穿短裤、背心、拖鞋等进入实训室 3. 实验室内保持整洁、安静，严禁吸烟、乱扔纸屑杂物，不得随地吐痰；笔屑、废纸要包好放到指定点 4. 实训室的台、凳及图板、丁字尺、量具等按照编号分配给学员，学员须填写《凳子、桌子及制图工具签领表》，实训结束时若有损坏，由签领的学员照价赔偿 5. 计算机、实物投影仪未经教师批准不得擅自使用 6. 未经老师允许，不得使用实训室模型 7. 使用制图室时，不得大声喧哗，警告二次后仍有违反者，不得使用制图室 8. 实训所需工具量具必须按照《实训室工具量具管理规则》领取和归还 9. 离开实训室时，值日生需按照《实训室 6S 标准》整理实训室，并做好登记				
核准		审核		责任人	

八、CAD/CAM 机房管理制度

文件名称	CAD/CAM 机房管理制度	编写日期	2011 年 8 月	
文件编号	JXJC—08	版次	A0	组号

珠海市高级技工学校

目的	为了培养学员良好的工作习惯，培养学员的责任心，建立良好的工作环境，确保实训的正常进行，特制定本规程
适用范围	CAD/CAM 机房
责任部门	机械技术系 机械技术基础教研室

内容	1. 学员上机要按照教学计划的内容进行，不得在机房内进行与教学内容无关的操作；进入机房后按任课教师指定的机位就座，服从管理，不得擅自使用教师机和服务器 2. 学员要严格按照计算机操作规程使用计算机，发生因违反操作规程造成的设备损坏，使用者要承担相应的责任 3. 不得随意更改计算机系统的软、硬件配置；不得移动、更改、删除计算机系统的文件以及他人的文件；不得随意对计算机软件、硬件进行加密和解密操作。机器发生故障要及时通知机房管理人员，不得擅自处理 4. 因为机房的公用特性及硬盘保护措施，一般文件均保存在桌面上的保存位置里，除非考试需要，不得乱删保存位置里的任意文件；如确有需要，经任课教师同意，可用U盘等移动设备从教师机拷贝文件 5. 学员必须维护机房卫生，不得在机房内吃零食和丢弃杂物纸屑，保持机房卫生整洁 6. 机房内不得大声喧哗，不要随意串换机位，保持良好的公共秩序和学习环境 7. 学员在上课或自习时不准玩游戏和进行与课堂无关的操作，违者视情节轻重由教师或管理人员分别予以劝阻、记名备案、勒令退场、通报 8. 自觉保持良好的上机秩序，实训结束后，按正确步骤关机，按6S要求将有关设施摆放原位；每天上午、下午放学后，各班班干部安排值日生按6S要求打扫机房卫生；最后一个离开同学关灯、关电闸，完成上述事务后相关人员才能离开

核准		审核		责任人	